中国核桃

种质资源

图书在版编目（CIP）数据

中国核桃种质资源 / 裴东，鲁新政主编. -- 北京：中国林业出版社，2011.9
（中国林木种质资源丛书）
ISBN 978-7-5038-6294-6

Ⅰ. ①中… Ⅱ. ①裴… ②鲁… Ⅲ. ①核桃－种质资源－中国 Ⅳ. ①S664.102.4

中国版本图书馆CIP数据核字（2011）第165683号

中国林业出版社·自然保护图书出版中心

策划编辑：刘家玲
责任编辑：刘家玲　张　锴

出　版：中国林业出版社（100009　北京西城区刘海胡同7号）
　　　　　网　址：lycb.forestry.gov.cn
　　　　　E-mail：wildlife_cfph@163.com　电话：83225836
发　行：新华书店北京发行所
印　刷：北京佳信达欣艺术印刷有限公司
版　次：2011年8月第一版
印　次：2011年8月第一次
开　本：880mm×1230mm　1/16
印　张：13
定　价：129.00元

中国林木种质资源丛书

国家林业局国有林场和林木种苗工作总站 / 主持

WALNUT
GERMPLASM RESOURCES IN CHINA

中国核桃种质资源

◆ 裴东 鲁新政 主编

Dong Pei and Xinzheng Lu
(Chief Editors)

中国林业出版社
China Forestry Publishing House

中国林木种质资源丛书
编委会

主　任　郝燕湘

副主任　刘　红　马志华

委　员　鲁新政　赵　兵　李世峰　丁明明

《中国核桃种质资源》
编委会

主　编　裴　东　鲁新政

编　者（按姓氏笔画排序）

王　贵　王　滑　王开良　王红霞　王根宪　朱益川　刘道平
刘朝斌　齐　静　齐建勋　张　雨　张志华　张俊佩　张美勇
杜克久　杨文忠　陆　斌　易　哲　姚小华　赵书岗　赵宝军
郝艳宾　夏国华　徐　颖　徐虎智　高本旺　常　君　梁新民
黄坚钦　韩华柏　鲁新政　裴　东　潘　刚　魏玉君

序 PREFACE

林木种质资源是林木遗传多样性的载体，是生物多样性的重要组成部分，是开展林木育种的基础材料。有了种类繁多、各具特色的林木种质资源，就可以不断地选育出满足经济社会发展多元化需求的林木良种和新品种，对于发展现代林业，提高我国森林生态系统的稳定性和森林的生产力，都有着不可估量的积极作用。切实搞好林木种质资源的调查、保护和利用是我国林业一项十分紧迫的任务。

我国幅员辽阔，地形复杂多样，造就了自然条件的多样性，使得各种不同生态要求的树种以及不同历史背景的外来树种都能各得其所，生长繁育。据统计，中国木本植物大约有9 000多种，其中乔木树种约2 000多种，灌木树种约6 000多种，乔木树种中优良用材树种和特用经济树种达1 000多种，另外还有引种成功的国外优良树种100多种，这些丰富的树种资源为我国林业生产发展提供了巨大的物质基础和育种材料，保护好如此丰富的林木种质资源是各级林业部门的历史使命，更是林木种苗管理部门义不容辞的责任。

国家林业局国有林场和林木种苗工作总站组织编撰的"中国林木种质资源丛书"是贯彻落实《中华人民共和国种子法》和《林木种质资源管理办法》的重大举措。"中国林木种质资源丛书"的出版集中展现了我国在林木种质资源调查、保护和利用方面的研究成果，同时也是对多年来我国林业科技工作者辛勤劳动的充分肯定，更重要的是为林木育种工作者和广大林农提供了一部实用的参考书。

"中国林木种质资源丛书"是以树种为基本编写单元，一本书介绍一个树种，这些树种都是多年来各省在林木种质资源调查中了解比较全面的树种，其中有调查中发现天然分布的优良群体和类型，也有性状独特、表现优异的单株，更多的是通过人工选育出的优良家系、无性系和品种。特别是书中介绍的林木良种都是依据国家标准《林木良种审定规范》的要求，由国家林业局林木品种审定委员会或各省林木品种审定委员会审定的，在适生区域内

产量和质量以及其他主要性状方面具有明显的优势,是具有良好生产价值的繁殖材料和种植材料。

"中国林木种质资源丛书"有以下五个特点：一是详细介绍了每类种质资源的自然分布区域、生物学特性和生态学特性、主要经济性状和适生区域,为确定该树种的推广范围和正确选择造林地提供了可靠的依据；二是介绍的优良类型多、品种全,多数优良类型和单株都有具体的地理位置以及详细的形态描述,为林木育种工作者搜集育种材料大开方便之门；三是详细介绍了这些优良种质资源的特性、区域试验情况和主要栽培技术要点,对于生产者正确选择品种和科学培育苗木有着很强的指导作用；四是严格按照种子区划和适地适树原则,对每个类型的林木种质资源都规定了适宜的种植范围,避免因盲目推广给林业生产带来不必要的损失；五是图文并茂,阐述通俗易懂,特别是那些优良单株优美的树形和形状奇异的果实,令人赏心悦目,可大大提高读者的阅读兴趣,是一部集学术性、科普性和实用性于一体的专著,对从事林木种质资源管理、研究和利用的工作者都具有很好的参考价值。

2008年8月18日

前言
FOREWORD

核桃 Juglans regia L. 和泡核桃 J. sigillata Dode 均属胡桃科（Juglandaceae）核桃属（Juglans），是世界重要坚果树种，也是我国两个主要栽培种，其中泡核桃还是我国独有种。山核桃 Carya cathayensis Sargent、长山核桃 C. illinoensis (Wangeh) K. Koch、麻核桃 J. hopeiensis Hu、核桃楸 J. mandshurica Maxim、野核桃 J. cathayensis Dode、黑核桃 J. nigra L. 和喙核桃 Annamocarya sinensis (Dode) Leroy 虽然分布和栽培范围较小，但由于其具有特殊的经济、生态和保护价值，也成为不可或缺的经济林。上述树种除在平原地区可以栽培之外，还适宜我国山区栽植，所以在保障粮油安全和退耕还林方面扮演重要角色。

（泡）核桃仁脂肪含量60%~75%，被称为植物油王，特别是其中的不饱和脂肪酸含量在90%以上，对人体的心脑血管疾病具有治疗和保健作用；（泡）核桃仁还含有15%~22%蛋白质，其中96%可以被人体吸收；此外，（泡）核桃仁中含有对人体有益的矿物质元素和维生素等；（泡）核桃核壳可做磨料或活性炭；叶片、青果皮和树皮因含丰富的单宁可供染料和鞣料，（泡）核桃树木材质地坚硬，纹理细致，伸缩性小，适宜制作高档器具。

核桃属中核桃、核桃楸、野核桃、麻核桃和泡核桃分布广，资源丰富，它们的分布（含栽培）范围主要包括吉林、辽宁、天津、北京、河北、山东、山西、陕西、宁夏、青海、甘肃、新疆、河南、安徽、江苏、湖北、湖南、广西、四川、贵州、云南和西藏共22个省（自治区、直辖市）。内蒙古、浙江及福建等地有少量引种或栽培。麻核桃是我国特有树种，其坚果主要用于把玩，分布在辽宁、河北、北京、山东、山西、陕西等地。黑核桃是美国主要的材果兼用树种，20世纪90年代，我国开始从美国正规引种，主要引入到辽宁、河北、北京、山东、山西、陕西、河南、宁夏、甘肃、新疆、西藏和江西等地，其生长发育情况和生态适应性还在进一步观测当中，初步结果认为黑核桃能够在我国部分地区栽培。山核桃和长山核桃主要分布在安徽、江苏、湖南、江西、浙江、四川、福建和云南。喙核桃是我国重点二级保护植物，目前在云南、广西和贵州等地零星分布。

本书以中国核桃主产区15省（自治区、直辖市）的核桃属种质资源为基础，广泛收集我国核桃主产省科研和生产单位的核桃栽培品种、主要农家类型、优良单株以及特异种质资源，将中国核桃优良种质资源进行了全面系统的归纳和汇编，目的在于将优良种质资源共享，为科学研究以及产业现代化提供基础素材。全书共分总论和主要种质资源两篇（上篇、下篇）。上篇分两章，第一章介绍核桃的起源、栽培历史以及主要用途；第二章概述核桃、山核桃和喙核桃种质资源状况。下篇分三章，一一介绍核桃、山核桃、喙核桃的各个品种，以及主要农家类型和种质资源的分布区域、植物学特性、生物学特性及主要栽培特点。其中介绍了核桃优良品种106个，实生农家类型36个，优良无性系25个，优良单株49个，特异种质资源7个，地理标志产品7个；介绍了泡核桃优良品种20个，实生农家类型16个，优良单株11个；介绍了麻核桃优良品种1个，优良无性系11个，地理标志产品1个；介绍了黑核桃优良种源家系19个；介绍了山核桃优良品种3个；介绍了长山核桃优良品种19个。还介绍了核桃楸、野核桃和喙核桃3个种。

《中国核桃种质资源》一书是在国家林木种质资源保护专项经费、国家林业局林业公益性行业科研专项经费（项目编号：200704046，201004048）的资助，以及国家林业局国有林场和林木种苗工作总站的支持下，由中国林业科学研究院林业研究所主持，山东省农业科学研究院果树研究所、山西省林业科学研究院、云南省林业科学院、中国林业科学研究院亚热带林业研究所、中国林业科学研究院林业研究所、四川省林业科学研究院、北京市农林科学院林业果树研究所、西北农林科技大学、西藏大学农牧学院、河北农业大学、河南省林业科学研究院、陕西省商洛核桃研究所、浙江农林科技大学、湖北省宜昌市林业科学研究所和新疆林业科学院等（以上单位按首字笔画排序）从事核桃种质资源研究的一线中青年专家，以20多年的自主研究成果积累为主体，参考国内外有关资料汇编而成的。其中北京地区核桃优良品种和农家类型以及麻核桃优良种质资源由郝艳宾、齐建勋整理。河北省核桃（麻核桃）优良品种和农家类型由张志华、王红霞、赵书岗整理。辽宁省核桃优良品种和农家类型由赵宝军整理。山东省核桃优良品种和农家类型以及心形核桃、吉宝核桃种质资源由张美勇、徐颖整理。山西省核桃优良品种和农家类型由王贵、梁新民整理。河南省核桃优良品种和农家类型由魏玉君整理。陕西省核桃优良品种和农家类型由王根宪、刘朝斌整理。湖北省核桃优良品种和农家类型由高本旺整理。四川省和重庆市核桃优良品种和农家类型由韩华柏、朱益川整理。云南省（泡）核桃优良品种、农家类型和种质资源（迪庆藏族自治州）以及喙核桃优良种质资源由陆斌、张雨整理。新疆维吾尔自治区核桃优良品种和种质资源由杨文忠、齐静整理。西藏藏族自治区核桃优良农家类型由潘刚、王滑整理。野核桃优良种质资源由徐颖整理。核桃楸优良种质资源由杜克久整理。黑核桃优良种质资源由张俊佩、徐虎智整理。山核桃优良种质资源由黄坚钦、夏国华整理。长山核桃优良品种和种质资源由姚小华、常君、王开良、张雨整理。

在本书的编写过程中，江苏省农业科学院园艺研究所刘广勤先生，黑龙江省林业科学研究院祁永会先生，新疆林业科学院王宝庆先生，中国林业科学研究院林业研究所王伟博士、孟丙南博士、马庆国博士生和王金星硕士等同志均曾给予多方面的支持，中国林业科学研究院林业研究所张增顺摄影师协助拍摄了部分坚果照片，在此一并表示诚挚的谢意！

编著者
2011年8月

目录 CONTENTS

序
前言

上篇　总论

第一章　核桃的起源、栽培历史及主要用途 /16
　一、食用价值 / 19
　二、药用价值 / 20
　三、其他经济价值 / 21

第二章　中国核桃种质资源概述 /22
　第一节　核桃分类概况 / 23
　第二节　核桃种质资源概述 / 25
　　一、核桃种质资源 / 25
　　二、山核桃种质资源 / 27
　　三、喙核桃种质资源 / 28
　第三节　核桃种质资源分类描述 / 29
　　一、核桃 / 29
　　二、泡核桃 / 31
　　三、麻核桃 / 32
　　四、核桃楸 / 34
　　五、野核桃 / 34
　　六、黑核桃 / 35
　　七、吉宝核桃 / 37
　　八、心形核桃 / 37
　　九、山核桃 / 37
　　十、长山核桃 / 41
　　十一、喙核桃 / 43

下篇　主要种质资源

第三章　核桃属 /46
　第一节　核桃 / 47
　　一、优良品种 / 47
　　（一）国内品种 / 47
　　1. 薄丰 Baofeng / 47
　　2. 薄壳香 Baokexiang / 48
　　3. 薄壳早 Baokezao / 48
　　4. 北京 861 Beijing 861 / 49
　　5. 川核 1 号 Chuanhe 1 / 50
　　6. 川核 2 号 Chuanhe 2 / 50
　　7. 川核 3 号 Chuanhe 3 / 51
　　8. 川核 4 号 Chuanhe 4 / 52
　　9. 川核 5 号 Chuanhe 5 / 52
　　10. 川核 6 号 Chuanhe 6 / 53
　　11. 川核 7 号 Chuanhe 7 / 54
　　12. 川核 8 号 Chuanhe 8 / 54
　　13. 川核 9 号 Chuanhe 9 / 55
　　14. 川核 10 号 Chuanhe 10 / 56
　　15. 川核 11 号 Chuanhe 11 / 56
　　16. 岱丰 Daifeng / 57
　　17. 岱辉 Daihui / 58
　　18. 岱香 Daixiang / 58
　　19. 汾州大果 Fenzhoudaguo / 59
　　20. 丰辉 Fenghui / 60
　　21. 寒丰 Hanfeng / 60
　　22. 和春 6 号 Hechun 6 / 61
　　23. 和上 1 号 Heshang 1 / 62
　　24. 冀丰 Jifeng / 62
　　25. 晋薄 1 号 JinBao 1 / 63
　　26. 晋薄 2 号 JinBao 2 / 63
　　27. 晋薄 3 号 JinBao 3 / 63
　　28. 晋薄 4 号 JinBao 4 / 63
　　29. 晋丰 Jinfeng / 64
　　30. 晋龙 1 号 Jinlong 1 / 64
　　31. 晋龙 2 号 Jinlong 2 / 65
　　32. 晋绵 1 号 Jinmian 1 / 66
　　33. 晋绵 2 号 Jinmian 2 / 66
　　34. 晋绵 3 号 Jinmian 3 / 66
　　35. 晋绵 4 号 Jinmian 4 / 66
　　36. 晋绵 5 号 Jinmian 5 / 66
　　37. 晋绵 6 号 Jinmian 6 / 66
　　38. 晋香 Jinxiang / 67
　　39. 京香 1 号 Jingxiang 1 / 68
　　40. 京香 2 号 Jingxiang 2 / 68
　　41. 京香 3 号 Jingxiang 3 / 69
　　42. 客龙早 Kelongzao / 70
　　43. 魁香 Kuixiang / 70
　　44. 礼品 1 号 Lipin 1 / 71
　　45. 礼品 2 号 Lipin 2 / 72
　　46. 里香 Lixiang / 72
　　47. 辽宁 1 号 Liaoning 1 / 73
　　48. 辽宁 2 号 Liaoning 2 / 74
　　49. 辽宁 3 号 Liaoning 3 / 74
　　50. 辽宁 4 号 Liaoning 4 / 75
　　51. 辽宁 5 号 Liaoning 5 / 76
　　52. 辽宁 6 号 Liaoning 6 / 76
　　53. 辽宁 7 号 Liaoning 7 / 77
　　54. 辽宁 8 号 Liaoning 8 / 78
　　55. 辽宁 10 号 Liaoning 10 / 78
　　56. 龙珠 Longzhu / 79
　　57. 鲁丰 Lufeng / 80
　　58. 鲁光 Luguang / 80
　　59. 鲁果 1 号 Luguo 1 / 81
　　60. 鲁果 2 号 Luguo 2 / 82
　　61. 鲁果 3 号 Luguo 3 / 83
　　62. 鲁果 4 号 Luguo 4 / 84
　　63. 鲁果 5 号 Luguo 5 / 84
　　64. 鲁果 6 号 Luguo 6 / 85
　　65. 鲁果 7 号 Luguo 7 / 86
　　66. 鲁果 8 号 Luguo 8 / 86
　　67. 鲁核 1 号 Luhe 1 / 87
　　68. 鲁香 Luxiang / 88
　　69. 绿波 Lvbo / 88
　　70. 绿岭 Lvling / 89

71. 绿早 Lvzao / 90
72. 青林 Qinglin / 90
73. 陕核 1 号 Shanhe 1 / 90
74. 陕核 5 号 Shanhe 5 / 91
75. 上宋 6 号 Shangsong 6 / 92
76. 硕宝 Shuobao / 92
77. 温 185 Wen 185 / 93
78. 西扶 1 号 Xifu 1 / 93
79. 西扶 2 号 Xifu 2 / 94
80. 西林 2 号 Xilin 2 / 94
81. 西林 3 号 Xilin 3 / 95
82. 西洛 1 号（原商地 1 号）Xiluo 1 / 95
83. 西洛 2 号（原商地 3 号）Xiluo 2 / 96
84. 西洛 3 号（原秦岭 2 号）Xiluo 3 / 96
85. 香玲 Xiangling / 97
86. 新丰 Xinfeng / 98
87. 新新 2 号 Xinxin 2 / 98
88. 新纸皮 Xinzhipi / 99
89. 元宝 Yuanbao / 100
90. 元丰 Yuanfeng / 100
91. 元林 Yuanlin / 101
92. 扎 343 Zha 343 / 101
93. 珍珠核桃 Zhenzhuhetao / 102
94. 中林 1 号 Zhonglin 1 / 102
95. 中林 2 号 Zhonglin 2 / 103
96. 中林 3 号 Zhonglin 3 / 103
97. 中林 5 号 Zhonglin 5 / 104
98. 中林 6 号 Zhonglin 6 / 104
（二）引进品种 / 105
1. 爱米格 Amigo / 105
2. 强特勒 Chandler / 105
3. 契可 Chico / 106
4. 哈特利 Hartley / 106
5. 清香 Qingxiang / 106
6. 希尔 Serr / 107
7. 泰勒 Tulare / 108
8. 维纳 Vina / 108
二、优良无性系 / 109
1. 北京 746 Beijing 746 / 109
2. 北京 749 Beijing 749 / 110
3. 丰收 5 号 Fengshou 5 / 110
4. 华山 5 号 Huashan 5 / 111
5. 陇南 15 号 Longnan 15 / 112
6. 陇南 755 号 Longnan 755 / 112
7. 慕田峪 6 号 Mutianyu 6 / 112
8. 秦优 1 号 Qinyou 1 / 113
9. 秦优 2 号 Qinyou 2 / 113
10. 秦优 4 号 Qinyou 4 / 114
11. 秦优 5 号 Qinyou 5 / 114
12. 沙河核桃 Shahehetao / 114
13. 陕核 2 号 Shanhe 2 / 115
14. 陕核 3 号 Shanhe 3 / 115
15. 陕核 4 号 Shanhe 4 / 116
16. 商洛 1 号 Shangluo 1 / 116
17. 商洛 2 号 Shangluo 2 / 116
18. 商洛 3 号 Shangluo 3 / 117
19. 商洛 4 号 Shangluo 4 / 118
20. 商洛 5 号 Shangluo 5 / 118
21. 商洛 6 号 Shangluo 6 / 119
22. 硕星 Shuoxing / 119
23. 西寺峪 1 号 Xisiyu 1 / 120
24. 夏早 Xiazao / 120
25. 郑州 5 号 Zhengzhou 5 / 121
三、优良单株 / 122
1. 101007 号 101007 / 122
2. 101022 号 101022 / 122
3. 201017 号 201017 / 123
4. 201041 号 201041 / 123
5. 201045 号 201045 / 124
6. 909012 号 909012 / 124
7. N8-19 / 124
8. S2-31 / 125
9. SLZ-13 / 125
10. WN1-2 / 125
11. WN8-20 / 125
12. WN10-13 / 125
13. WN10-15 / 126
14. WN13-1 / 126
15. WN16-16 / 126
16. WN16-23 / 126
17. WS1-19 / 126
18. WS1-36 / 127
19. WS2-19 / 127
20. WS13-7 / 127
21. 凤优 1 号 Fengyou 1 / 127
22. 红核桃 Honghetao / 128
23. 加查 1 号 Jiacha 1 / 128
24. 加查 6 号 Jiacha 6 / 129
25. 加查 11 号 Jiacha 11 / 130
26. 加查 16 号 Jiacha 16 / 130
27. 加查 21 号 Jiacha 21 / 131
28. 加查 25 号 Jiacha 25 / 131
29. 加查 29 号 Jiacha 29 / 132
30. 朗县 1 号 Langxian 1 / 132
31. 朗县 7 号 Langxian 7 / 133
32. 朗县 10 号 Langxian 10 / 134
33. 朗县 14 号 Langxian 14 / 134
34. 朗县 19 号 Langxian 19 / 135
35. 朗县 27 号 Langxian 27 / 135
36. 朗县 35 号 Langxian 35 / 136
37. 朗县 49 号 Langxian 49 / 136
38. 朗县 52 号 Langxian 52 / 136
39. 米林 1 号 Milin 1 / 137
40. 米林 8 号 Milin 8 / 138
41. 米林 16 号 Milin 16 / 138
42. 米林 17 号 Milin 17 / 139

43. 沙岭1号 Shaling 1 / 139
44. 沙岭2号 Shaling 2 / 139
45. 沙岭3号 Shaling 3 / 139
46. 泰15 Tai 15 / 140
47. 泰LW Tai LW / 140
48. 泰QLB Tai QLB / 140
49. 泰SSZ Tai SSZ / 141
四、实生农家类型 / 141
1. 白皮核桃 Baipihetao / 141
2. 薄皮核桃 Baopihetao / 141
3. 薄麻壳泡核桃 Baomakepaohetao / 141
4. 长条核桃 Changtiaohetao / 141
5. 陈仓核桃 Chencanghetao / 141
6. 楚兴核桃 Chuxinghetao / 142
7. 串核桃（又名葡萄核桃、穗核桃）
   Chuanhetao / 142
8. 大麻子核桃 Damazihetao / 142
9. 大绵仁核桃 Damianrenhetao / 142
10. 扶风隔年核桃 Fufenggenianhetao / 143
11. 瓜核桃 Guahetao / 143
12. 光滑泡核桃 Guanghuapaohetao / 143
13. 光皮核桃 Guangpihetao / 143
14. 赫核8号 Hehe 8 / 143
15. 黄泡壳核桃 Huangpaokehetao / 143
16. 鸡蛋皮核桃 Jidanpihetao / 143
17. 尖尖核桃 Jianjianhetao / 144
18. 尖尾巴核桃 Jianweibahetao / 144
19. 尖嘴核桃 Jianzuihetao / 144
20. 康县白米子 Kangxianbaimizi / 144
21. 康县穗状 Kangxiansuizhuang / 144
22. 康县乌米子 Kangxianwumizi / 144
23. 露仁核桃 Lurenhetao / 144
24. 马鞍桥核桃 Maanqiaohetao / 145
25. 马提笼核桃 Matilonghetao / 145
26. 马牙核桃 Mayahetao / 145
27. 米核桃 Mihetao / 145
28. 母核桃 Muhetao / 145
29. 牛蛋核桃 Niudanhetao / 145
30. 山口核桃 Shankouhetao / 145
31. 社核桃 Shehetao / 146
32. 圆核桃 Yuanhetao / 146
33. 早熟核桃 Zaoshuhetao / 146
34. 枣核桃 Zaohetao / 146
35. 纸皮核桃 Zhipihetao / 146
36. 周至隔年核桃
    Zhouzhigenianhetao / 146
五、特异种质资源 / 147
1. 串子核桃 Chuanzihetao / 147
2. 挂核桃 Guahetao / 147
3. 红瓤核桃 Hongranghetao / 147
4. 三棱核桃 Sanlenghetao / 147
5. 五蕾核桃 Wuleihetao / 147
6. 乌米核桃 Wumihetao / 148
7. 橡子核桃 Xiangzihetao / 148
六、地理标志产品 / 149
1. 阿克苏核桃 Akesuhetao / 149
2. 朝天核桃 Chaotianhetao / 150
3. 汾州核桃 Fenzhouhetao / 150
4. 黄龙核桃 Huanglonghetao / 151
5. 石门核桃 Shimenhetao / 152
6. 叶城核桃 Yechenghetao / 152
7. 左权绵核桃 Zuoquanmianhetao / 153
第二节　泡核桃 / 154
一、优良品种 / 154
1. 大白壳核桃 Dabaikehetao / 154
2. 大泡核桃 Dapaohetao / 154
3. 大沙壳 Dashake / 155
4. 丽53号 Li 53 / 155
5. 三台核桃（又称草果核桃）
   Santaihetao / 155
6. 维2号 Wei 2 / 156
7. 细香核桃（又称细核桃）
   Xixianghetao / 156
8. 漾江1号 Yangjiang 1 / 156
9. 漾江2号 Yangjiang 2 / 157
10. 漾江3号 Yangjiang 3 / 157
11. 漾实1号 Yangshi 1 / 157
12. 漾杂1号 Yangza 1 / 157
13. 漾杂2号 Yangza 2 / 158
14. 漾杂3号 Yangza 3 / 158
15. 永11号 Yong 11 / 158
16. 云新90301 Yunxin 90301 / 158
17. 云新90303 Yunxin 90303 / 159
18. 云新90306 Yunxin 90306 / 160
19. 云新高原核桃
    Yunxingaoyuanhetao / 160
20. 云新云林核桃 Yunxinyunlinhetao / 161
二、优良单株 / 161
1. 会5号 Hui 5 / 161
2. 丽3号 Li 3 / 162
3. 丽18号 Li 18 / 162
4. 丽20号 Li 20 / 162
5. 丽21号 Li 21 / 162
6. 宁2号 Ning 2 / 162
7. 宁3号 Ning 3 / 162
8. 漾实 Yangshi / 162
9. 彝63 Yi 63 / 162
10. 昭鲁32 Zhaolu 32 / 163
11. 昭鲁45 Zhaolu 45 / 163
三、实生农家类型 / 163
1. 草果核桃 Caoguohetao / 163
2. 大泡夹绵核桃（又称方核桃）
   Dapaojiamianhetao / 163

3. 大屁股夹绵核桃 Dapigujiamianhetao / 163
4. 二白壳核桃 Erbaikehetao / 164
5. 滑皮核桃 Huapihetao / 164
6. 鸡蛋皮核桃 Jidanpihetao / 164
7. 老鸦嘴核桃 Laoyazuihetao / 164
8. 泸水1号（又称片马核桃）Lushui 1 / 164
9. 弥渡草果核桃（又称纸皮核桃） Miducaoguohetao / 165
10. 娘青核桃（又称娘青夹绵核桃） Niangqinghetao / 165
11. 水箐夹绵核桃 Shuijingjiamianhetao / 165
12. 小夹绵核桃 Xiaojiamianhetao / 166
13. 小红皮核桃（又称小米核桃） Xiaohongpihetao / 166
14. 小泡核桃（又称小核桃） Xiaopaohetao / 166
15. 圆菠萝核桃（又称阿本冷核桃） Yuanboluohetao / 166
16. 早核桃（又称南华早核桃） Zaohetao / 167

第三节 麻核桃 / 167
一、优良品种 / 167
冀龙 Jilong / 167
二、优良无性系 / 168
1. M2号 M2 / 168
2. M9号 M9 / 168
3. M29号 M29 / 169
4. M30号 M30 / 170
5. M59号 M59 / 170
6. M60号 M60 / 171
7. 金针1号 Jinzhen 1 / 172
8. 京艺1号 Jingyi 1 / 172
9. 涞水鸡心 Laishuijixin / 173
10. 南将石狮子头 Nanjiangshishizitou / 174
11. 盘山狮子头 Panshanshizitou / 174
三、地理标志产品 / 175
涞水麻核桃（又称野三坡麻核桃） Laishuimahetao / 175
第四节 核桃楸 / 176
第五节 野核桃 / 176
第六节 黑核桃 / 177

1. 北加洲黑核桃 J. hindsii / 177
2. 魁核桃 J. major / 177
3. 东部黑核桃 J. nigra / 178
4. 比尔 Bill / 178
5. 哈尔 Hare / 178
6. 娇迪 Jodie / 179
7. 奥齐1号 Osage County 1 / 179
8. 拉兹 Wrights C-4 / 179
9. 浪花 Lamb / 180
10. 丽纹 Leavenworth / 180
11. 迈尔斯 Myers (Elter) / 180
12. 麦克 Mceinnis / 181
13. 名特 Mintle / 181
14. 皮纳 Peanut / 181
15. 帕米尔20号 Pammel Park 20 / 182
16. 奇异 Paradox / 182
17. 强悍 Qianghan / 182
18. 莎切尔 Thatcher / 183
19. 汤姆 Tom Roe / 183

第四章 山核桃属 / 184
第一节 山核桃 / 185
1. 浙林山1号 Zhelinshan 1 / 185
2. 浙林山2号 Zhelinshan 2 / 185
3. 浙林山3号 Zhelinshan 3 / 186
第二节 长山核桃 / 186
1. YLJ023 YLJ023 / 186
2. YLJ042 YLJ042 / 187

3. 波尼 Boni / 187
4. 洪宅1号 Hongzhai 1 / 188
5. 洪宅5号 Hongzhai 5 / 188
6. 洪宅9号 Hongzhai 9 / 189
7. 洪宅11号 Hongzhai 11 / 190
8. 洪宅13号 Hongzhai 13 / 190
9. 洪宅21号 Hongzhai 21 / 191
10. 洪宅26号 Hongzhai 26 / 192
11. 洪宅28号 Hongzhai 28 / 192
12. 洪宅29号 Hongzhai 29 / 193
13. 洪宅34号 Hongzhai 34 / 194
14. 洪宅35号 Hongzhai 35 / 194
15. 洪宅99号 Hongzhai 99 / 195
16. 洪宅103号 Hongzhai 103 / 196
17. 马汉 Mahan / 196
18. 茅山1号 Maoshan 1 / 197
19. 威斯顿 Western / 197

第五章 喙核桃属 / 198

参考文献 / 200
索引 / 203
    中文名索引 / 203
    拉丁名（汉语拼音）索引 / 206

上篇　总论

第一章
核桃的起源、栽培历史及主要用途

胡（核）桃科（Juglandaceae）树种在全世界有9属71种，分布于亚洲、欧洲、北美洲、南美洲和大洋洲，绝大多数种类分布于北半球。国内外学者通过对核桃科植物的地理分布、相关文献考证、地质化石分析、考古出土文物鉴定以及孢粉分析等多方面研究认为核桃科植物为本地起源，中国是核桃科植物原产地之一。四川、西藏等地核桃天然林的存在也为我国是核桃科植物原产地提供了佐证（图1-1，图1-2）。

图1-1　四川冕宁县核桃天然林

图1-2　西藏林芝县核桃天然林

目前以食用坚果为目的广泛栽培的是核桃 *Juglans regia* L.。据联合国粮农组织年鉴资料，进入21世纪以后，生产核桃的国家有60多个，如：亚洲的中国、韩国、朝鲜、日本、印度、亚美尼亚、吉尔吉斯斯坦、哈萨克斯坦、伊朗、土耳其等十几个国家；欧洲的法国、意大利、德国、西班牙、英国、波兰等20多个国家；大洋洲的澳大利亚、新西兰；北美洲的美国以及南美洲的巴西、玻利维亚和智利等国，但是，核桃产量以亚洲、北美洲和欧洲最多，占世界总产量的98%左右。亚洲的总产量又居各洲之首。各国的核桃产量同样是差异悬殊，有的年产几十万吨，而少的只有1 000吨。目前，全世界核桃年产10万吨以上的国家不足8个，它们的产量占世界核桃总产量的91%以上，因此核桃又是世界贸易较活跃的树种之一。

在中国，核桃又称为胡桃、羌桃、万岁子、长寿果等，是最古老而广域的经济树种之一，作为核桃科植物原产地之一，核桃的栽培历史悠久。在新疆等地上百年甚至近千年的核桃古树记载着核桃久远的历史（图1-3，图1-4，

图1-3　新疆和田的核桃王树体

图 1-5，图 1-6），但有关核桃描述和栽培最早可以追溯到公元 1~2 世纪马融所说的"胡桃自零"。三国时孔融书信"先日多惠胡桃"，也反映了公元 3 世纪时期核桃发展已有一定规模，其坚果已经可以作为厚重的馈赠礼品。晋代郭义恭所著《广志》中记有"陈仓胡桃薄皮多肌，阴平胡桃大而皮脆，急捉则碎"，表明秦巴地区是当时具有规

图 1-4　西藏林芝县的核桃古树

图 1-5　西藏吉隆县的核桃老树

图 1-6　云南香格里拉县核桃大树

模的核桃产区，并且古人已可按产地评价其品种优劣。在《晋官阁名》中较详细记载了"华林园胡桃八十四柱"，反映出核桃在当时贵族园林中已成为重要树种之一。唐代段成式的《酉阳杂俎》有核桃的详细描述，如："胡桃仁曰虾蟆，高丈许。春，初生叶长三寸，两两相对，三月开花如栗花，穗苍黄色，结实如青桃。九月熟时沤烂皮肉，取核内仁为果，北方多种之，以壳薄仁肥者为佳"。另外，核桃作为中草药，至少在隋、唐时期就已经钻研颇深，孙思邈（581~682）的《千金食治》、孟诜（？~713）的《食疗本草》，以及明清时期的《本草纲目》、《群芳谱》、《农政全书》、《植物名实图考》等均有核桃药理、药性、药效以及栽培和品种等记述。这些都反映我国核桃栽培历史的深度和广度（郗荣庭，1992）。

国外关于核桃的起源和发展也有很多记载，普遍认为核桃起源于中亚的伊朗黑海附近，开始是一种厚壳坚果，经过数千年的选择和适应，演化成具有广泛抗寒性和栽培意义的薄壳坚果。公元前 370 年古希腊植物学家 Theophrastus 就曾在他的书中描述说，在 Macedonia 地区的山谷中有核桃树生长；罗马博学家 Pliny（A. D. 23~79 年）在他的著作中曾经描述过 9 个核桃类型，当 *Juglans regia* 被提出时，这种 Jupiter（罗马神话中的主神）的皇室坚果，已经长期被认为是坚果树中最优异的种类了。在法国，核桃被称为高卢坚果（Gaul nut），后来在其传播过程中，特别是被引种到美国之后，高卢坚果的名称被误传为核桃（Walnut），一直沿用至今。法国的核桃品种和品系是如今蜚声国际的美国加利福尼亚州和智利核桃品种及商品化的原始材料和遗传基础，而罗马人可能对核桃传入英格兰有较大贡献，但目前英格兰栽培量很少。另外，英国人也将核桃带入北美洲的许多国家，它们被称为英国核桃（English Walnut）。

一、食用价值

核桃作为重要的坚果类经济树种，除了核桃仁具有食用价值外，其树干、根、枝、叶、青皮都有一定的利用价值。

核桃仁和人的大脑形状相似，所以长期被作为一种益智并且美味的坚果。核桃含有非常丰富的对于人体健康有益的营养物质，美国农业部分析了100g核桃仁可以提供人体每日必需的营养物质的比例，如表1-1所示。核桃不仅营养丰富并且食用方式也是多样化。

表1-1 100g核桃仁可以提供人体每日的主要营养成分

营养物质 Principle	核桃营养价值 Nutrient Value	占推荐日摄食量比例 Percentage of RDA
能量 Energy	654 Kcal	33%
碳水化合物 Carbohy Drates	13.71 g	11%
蛋白质 Protein	15.23 g	27%
总脂肪 Total Fat	65.21 g	217%
胆固醇 Cholesterol	0 mg	0%
膳食纤维 Dietary Fiber	6.7 g	18%
维生素 Vitamins		
叶酸 Folates	98 µg	24%
烟酸 Niacin	1.125 mg	7%
泛酸 Pantothenic Acid	0.570 mg	11%
维生素 B_6 Pyridoxine	0.537 mg	41%
核黄素 Riboflavin	0.150 mg	11.5%
维生素 B_1 Thiamin	0.341 mg	28%
维生素 A Vitamin A	20 IU	0.5%
维生素 C Vitamin C	1.3 mg	2%
γ-维生素 E Vitamin E-γ	20.83 mg	139%
维生素 K Vitamin K	2.7 µg	2%
电解质类 Electrolytes		
钠 Sodium	2 mg	0%
钾 Potassium	441 mg	9%
矿物质 Minerals		
钙 Calcium	98 mg	10%
铜 Copper	1.5 mg	167%
铁 Iron	2.9 mg	36%
镁 Magnesium	158 mg	39.5%
锰 Manganese	3.4 mg	148%
磷 Phosphorus	346 mg	49%
硒 Selenium	4.9 mg	9%
锌 Zinc	3.09 mg	28%
植物源营养物 Phyto-nutrients		
β-胡萝卜素 Carotene-β	12 µg	—
β-玉米黄质 Crypto-xanthin-β	0 µg	—
叶黄素 Lutein-zeaxanthin	9 µg	—

1. 直接食用

核桃仁营养价值极高、风味独特，其中脂肪含量60%~75%，被称为植物中的油王，特别是脂肪中的不饱和脂肪酸占90%以上，主要为人体必需脂肪酸——亚油酸、亚麻酸及油酸，特别是预防心脑血管疾病的ω-3多不饱和脂肪酸（亚麻酸）含量位于常见坚果之首；蛋白质含量占15%~22%，其中人体可吸收性蛋白在96%以上，与大豆、花生、杏仁、榛子、鸡蛋相比是最高的；所含的18种氨基酸总量占核桃仁的20%左右，另外8种人体必需的氨基酸含量都较高，另外精氨酸和鸟氨酸能刺激脑垂体分泌生长激素，控制多余的脂肪形成；核桃较之其他某些干鲜果品，碳水化合物含量较低，但矿物质和某些维生素的含量较高，矿物质元素有磷、钾、钙、镁、锰、铜、铁、锌等；此外，还含有丰富的维生素（例如：维生素E、胡萝卜素、硫胺素核黄素等）、多酚、类黄酮、磷脂、褪黑素等多种功效成分，是世界公认的保健食品，具有健脑益智、预防心脑血管疾病、抗癌、补肾强体、抗衰老、美容等多种保健功效。

2. 食品加工原料

核桃仁除直接食用外，常用作各种糕点、家常食品、风味小吃、烹调菜点、营养乳粉及饮料等的重要配料。

3. 高端油品

核桃油中的脂肪酸主要是油酸和亚油酸，这两种不饱和脂肪酸占总量的90%左右，亚油酸(Omega-6脂肪酸)和亚麻酸(Omega-3脂肪酸)是人体必需的两种脂肪酸，是前列腺素，EPA（二十碳五烯酸）和DHA（二十二碳六烯酸）的合成原料，对维持人体健康、调节生理机能有重要作用。而这两种脂肪酸需要保持一定比例才有利于人体的健康，核桃仁中这两种脂肪酸的比例约为4~10∶1，对人体的健康非常有利，因此，容易被消化，吸收率高。试验表明，核桃油能有效降低突然死亡的风险，减少患癌症的概率，即使在钙摄入不足的情况下，也能有效降低骨质疏松症的发生。常食不仅不会升高胆固醇，还能软化血管、减少肠道对胆固醇的吸收，阻滞胆固醇的形成并使之排出体外，很适合动脉硬化、高血压、冠心病患者食用。此外核桃油中的亚麻酸还具有减少炎症的发生和促进血小板凝聚的作用，对人体健康具有重要的作用，亚油酸又能促进皮肤发育和保护皮肤营养，也有利于毛发健美。因为核桃油高温易产生苦味且营养丧失，所以，使用核桃油不宜高温加热处理。另外，核桃油也可广泛应用于工业，由于核桃油流动性好等方面的特性，欧洲自文艺复兴时期直至现在，画家利用核桃油作为材料制作油画。

丰富的核桃系列产品，见图1-7所示。

图1-7 丰富的核桃系列产品

二、药用价值

核桃因其含有最适宜人体健康的ω-3脂肪酸、褪黑激素、生育酚和抗氧化剂等，可有效减缓和预防心脏病、癌症、动脉疾病、糖尿病、高血压、肥胖症和临床抑郁症等的发生，因此核桃药用价值是近年来研究的热点之一。

（1）保健食品。我国古人誉称核桃为"万岁子"、"长寿果"，国外则称它为"大力士食品"或"营养丰富的坚果"，其保健价值早已被国内外所公认。核桃仁中的丰富营养对少年儿童的身体和智力发育大有益处，并有助于老年人的健康长寿。核桃仁中高含量的锌和磷脂可以补脑；维生素E可防止细胞老化和记忆力及性机能的减退；核桃仁中丰富的亚油酸可以光滑皮肤、软化血管、阻滞胆固醇的形成并使之排出体外，对预防和治疗Ⅱ型糖尿病、癌症、老年人心血管疾病均有良好的作用。

（2）核桃仁入药。我国中医记载核桃仁有通经脉、润血脉、补气养血、润燥化痰、益命门、利三焦、温肺润肠等功用，常服骨肉细腻光润。古代和中世纪的欧洲，核桃被用来治疗秃发、牙疼、狂犬病、皮癣、精神痴呆和大脑麻痹等症，涉及神经、消化、呼吸、泌尿、生殖等系统以及五官、皮肤等科。

（3）枝条入药。枝条制剂能增加肾上腺皮质的作用，并提高内分泌等体液的调节能力。

（4）核桃叶入药。核桃叶提取物有杀菌消炎、治疗伤口、皮肤病及肠胃病等作用。

（5）核桃根皮入药。根皮制剂为温和的泻剂，可用于慢性便秘。

（6）核桃树皮。可单独熬水治瘙痒，若与枫杨树叶共熬水，可治疗肾囊风等。

（7）核桃青皮。含有某些药物成分，在中医验方中，称为"青龙衣"，可治疗一些皮肤病及胃神经病等。

三、其他经济价值

核桃除用于人们熟悉的食品工业及药用价值外，还可以用于园林绿化、木材加工、化工、工艺美术等领域（图1-8，图1-9）。

（1）荒山绿化、水土保持园林绿化树种。根系发达、树冠枝叶繁茂，多呈半圆形，具有较强的拦截烟尘、吸收二氧化碳和净化空气的能力。

（2）珍贵木材。核桃树木材色泽淡雅，花纹美丽，质地细韧，经打磨后光泽宜人，且可染上各种色彩，是制作高级家具、军工用材、高档商品包装箱及乐器的优良材料。

（3）核桃壳可以制作高级活性炭，或用于油毛毡工业及石材打磨，也可以磨碎作肥料。

（4）核桃叶可作为饲料。

（5）核桃果实青皮中含有单宁，可制栲胶，用于染料、制革、纺织等行业。

（6）青皮浸出液可防治象鼻虫和蚜虫，以及抑制微生物的生长。总之，核桃树可谓全身是宝。

图1-8　挺拔高大的云南丽江泡核桃树

图1-9　果材兼用型核桃园

第二章
中国核桃种质资源概述

第一节 核桃分类概况

核桃科在中国有 7 属 27 种。其中核桃属（又称胡桃属）(*Juglans*)、山核桃属 (*Carya*) 以及喙核桃属 (*Annamocarya*) 部分种的坚果具有极高的食用价值而被广泛栽培利用。

核桃科绝大多数分布于北半球，为落叶乔木或灌木，芽具鳞，小枝髓部呈薄片状分隔，幼树皮多光滑，老时有深浅不一的纵裂，叶为奇数羽状复叶，互生，有时顶退化。小叶对生，多具锯齿，稀全缘。雌雄花为同株异形异花，雄花芽为裸芽，花为葇荑花序并下垂，具多数雄花，着生于前一年生枝的叶腋。雄花具短梗，苞片 1 枚，小苞片 2 枚，分离；花被片 3 枚，分离，贴生于花托，与苞片相对生。雌蕊多 4~40 枚，插生于花托上，花丝甚短，近无，花药具毛或无毛，药隔较发达，伸出于花药顶端。雌花穗状，着生于 1 年生枝顶部，稀着生于顶部和侧芽，雌花通常 2~30 个，每雌花苞片 2 枚，并与 2 枚小苞片愈合成 1 壶状总苞贴生于子房。花被 4 枚，高出于总苞。子房下位，2 心皮组成。柱头 2 裂，呈羽状。果实为假核果，外果皮（青皮）由总苞和花被发育而成，肉质，表面光滑或有小突起，被绒毛，完全成熟时多伴不规则开裂，少不开裂。每个果实有种子 1 个，稀 2 个。内果皮（核壳）骨质，表面具不规则刻沟、刻窝、突起或皱纹。果核内不完全 2~4 室，壁内及隔膜内常具空隙。种皮膜质，极薄，子叶肉质，富含脂肪和蛋白质。由于其中部分种的坚果具有极高食用价值，所以被广泛栽培和利用。本书中将栽培用的核桃属和山核桃属以及喙核桃属植物按坚果统称为核桃。

我国现有核桃属植物 9 个种，其中 4 个种为引进种。山核桃属植物 6 个种，其中 1 个种为引进种。喙核桃属植物有 1 种。

按照 1979 年《中国植物志》第 21 卷和 2004 年《中国植物志》第 1 卷的分类方法，结合近年引进种情况，将我国核桃属植物分为 3 个组，共 9 个种，其中山核桃 2 个种，喙核桃 1 个种，它们分别是：

核桃属 (*Juglans*)
核桃组（又名：胡桃组）(Section *Juglans*)
    核桃 *J. regia* L.
    泡核桃 *J. sigillata* Dode
核桃楸组（又名：胡桃楸组）(Section *Cardiocaryon*)
    核桃楸 *J. mandshurica* Maxim
    野核桃 *J. cathayensis* Dode
    麻核桃（又名河北核桃）*J. hopeiensis* Hu
    吉宝核桃 *J. sieboldiana* Maxim
    心形核桃 *J. cordiformis* Maxim
黑核桃组 (Section *Rhysocaryon*)
    黑核桃 *J. nigra* L.
    北加州黑核桃（又名函兹核桃）*J. hindsii* Rehd

山核桃属 (*Carya*)
    山核桃 *C. cathayensis* Sargent
    长山核桃（又名薄壳山核桃）*C. illinoensis* (Wangeh) K. Koch

喙核桃属 (*Annamocarya*)
    喙核桃 *Annamocarya sinensis* (Dode) Leroy

泡核桃（又名铁核桃，别名漾濞泡核桃、深纹核桃、茶核桃）于 1906 年由法国人杜德（Louis-Albert Dode）命名，该种植物主要分布于我国西南部地区（图2-1），从表型性

图 2-1 云南大理州的泡核桃山地栽培

状上看，与核桃有明显的差异，但杨自湘等（1989）利用过氧化物同工酶对核桃属的 10 个种进行了分析，在研究了泡核桃与核桃不同野生类型、农家品种和栽培品种后，认为泡核桃与核桃的主要酶谱一致，酶谱分析说明其种下的生态型平行，不宜划分为另一个种；王滑等（2007）采用 SSR 分子标记方法对我国 4 个核桃居群及 4 个泡核桃居群的遗传结构进行了分析，结果表明遗传距离和地理距离显示出较大的相关性，泡核桃很可能是核桃的一个地理生态型；另外，方文亮等（1980）采用人工授粉的方法获得了泡核桃与核桃的杂交种并且培育出一批优良杂种新品种，说明泡核桃与核桃两种之间不存在生殖隔离现象。

在核桃属植物中值得一提的是麻核桃类型（图 2-2），麻核桃是 1930 年周汉藩在河北（今属北京）昌平县夏口村发现的一种表型性状介于核桃楸和核桃之间的新类型，1934 年由胡先骕定名为麻核桃 *J. hopeiensis* Hu，《中国植物志》（2004）认为麻核桃是核桃楸的极端变异种，所以未将该种单独列入。关于麻核桃分类地位的研究有以下几方面：许多科学家根据麻核桃的植物学性状，估计为核桃楸与核桃的天然杂种，1987 年成锁占等利用 5 种同工酶分析证实，麻核桃是核桃楸与核桃的天然杂种；吴燕民（1999）等利用 RAPD 分子标记方法证实核桃楸与核桃的天然杂交是核桃形成的主要机制；在麻核桃形成过程中，核桃楸的遗传贡献率大于核桃，因此，在核桃属分类中麻核桃应归为核桃楸组。由于麻核桃种子的胚败育率很高，花粉母细胞减数分裂极不正常（穆英林等，1990），其性状也不稳定，自然分布范围很窄，植株数量有限等特点，所以本书不列为单独种介绍。

野核桃有一个变种，称为华东野核桃，又名华胡桃 *J. cathayensis* Dode var. *formosana* (Hayata) A. M. Lu et R. H.，在形态上与野核桃的区别是：坚果壳较光滑，仅具 2 条纵向棱脊，皱褶不明显，没有刺状突起及深凹窝。在《中国植物志》（第一卷，2004）中曾描述华东野核桃与俄罗斯远东哈萨林至日本的吉宝核桃为一个种系，而与美国东北部的灰核桃 *J. cinerea* L. 有隔离分化现象。由于华东野核桃主要呈野生状态分布在我国福建、台湾、浙江等地，分布范围和数量均较少，本书不再单独介绍。

《中国植物化石》一书中曾介绍到，在我国地质年代第三纪（距今约 1 300 万~4 000 万年）和第四纪（距今 200 万~1 300 万年）时已有 6 个种分布于我国的西南和东北地区，它们是：披针叶核桃 *J. acuminata* AI. Braum ex Vnger、核桃楸 *J. mandshurica* Maxim、短果核桃 *J. mandshurica* Maxim var. *tokunagai* Endo、长果核桃 *J. mandshurica* Endo、鲁核桃 *J. cathayensis* Hu et Chaney 和山旺核桃 *J. shanwangensis* Hu et Chaney。其中山旺核桃与核桃极为相似归为核桃种内，短果核桃和长果核桃作为核桃楸的变种归入核桃楸种中，鲁核桃归入野核桃种中，披针叶核桃在我国目前已经罕见，以上种的核桃不再详细叙述。另外，根据《中国植物志》（第二十一卷）规定将 *J. sinensis* Dode 定为核桃的一个变种，所以此处不再单独描述。本书根据张新时（1973）、林培钧等（2000）多年对新疆核桃的实地考察，结合成锁占等（1987）对新疆野核桃同工酶测定结果，以及王滑等（2007）对新疆野核桃居群 SSR 分析结果，认为新疆天山的野生核桃林的新疆野核桃 *J. fallax* Dode 应归为核桃 *J. regia* L. 种内。

美国起源的核桃属树种有黑核桃（Black Walnut, *J. nigra* L.），亦称东部核桃，目前是美国重要的用材型树种，主要分布在落基山脉的东侧，用作木材和胶合板材的加工。北加州黑核桃起源于加州北部，现已被广泛用作核

图 2-2　河北涿鹿县的麻核桃树

桃砧木。在白种人刚移居至加州时，北加州黑核桃只有少数的散生片林，移民们用作坚果生产和行道树扩大了其栽植面积。北加州黑核桃比黑核桃生长快速，坚果壳面光滑，但风味不及黑核桃。其他种还有：*J. californica* S.Wats.，其树冠开张，常呈灌木状生长在加州南部山地，过去也曾用作核桃砧木；*J. rupestris* Engelm，起源于亚利桑那州、新墨西哥州和德克萨斯州；*J. major* Heller，起源于新墨西哥州、亚利桑那州和科罗拉多州。灰核桃 *J. cinerea* L. 起源于北美，自佐治亚州、阿肯色州到加拿大的新不伦瑞克省均有分布。生长相当缓慢，坚果风味好，但难以脱壳。根系比同属其他树种分布浅，能在土层浅薄的岩石山地生长。我国对美国核桃属的引种是 1984 年中国林业科学研究院从美国内布拉斯加州立大学和北美坚果协会等引进 5 个黑核桃种开始的，这 5 个种分别为奇异核桃（Paradox）、黑核桃、北加州黑核桃、魁核桃和小果黑核桃 *J. microcarpa* Berlandier。20 世纪 90 年代末我国开始从美国系统引进黑核桃种，共引进 123 个优良的种源家系，覆盖美国 3 个气候区，引种后分别栽植在北京、山西、河南、山东、宁夏、甘肃、陕西、新疆、江西和吉林等地区，并观察其生长和结实情况（裴东，2000）。由于这些种的植物仍在引种试验阶段，许多测试结果还不够完善，书中将部分品种作了简单介绍。山核桃属植物由于自然分布出现隔离状况，所以有学者将山核桃细分成：大别山山核桃 *C. dabishanensis* M. C. Liu & Z. J. Li、湖南山核桃 *C. hunanensis* Cheng & R. H. Chang 和贵州山核桃 *C. kweichowensis* Kuang & Lu 等种，由于这些种在形态特征上与山核桃区分甚微或难以区分，所以本书中将它们归并在山核桃种中，统一描述和介绍。

喙核桃 *A. sinensis* (Dode) Leroy 为喙核桃属（*Annamocarya*）单种植物，是第三纪的古老植物，是我国重点二级保护植物。其种仁含油率高，可榨油作为食用和工业用品；其木材质地坚韧，是优良的军工、乐器用材。因此，喙核桃具有重要的物种保存和科研价值，本书中也对喙核桃进行了相关介绍。

第二节　核桃种质资源概述

一、核桃种质资源

（一）核桃种质资源分布区域及特点

核桃属原产于我国的约有 5 个种，即核桃 *J. regia* L.、核桃楸 *J. mandshurica* Maxim、野核桃 *J. cathayensis* Dode、泡核桃 *J. sigillata* Dode 和麻核桃 *J. hopeiensis* Hu。其中分布广、栽培广泛的是核桃和泡核桃。核桃遍及中国南北，而泡核桃则主要分布在西南地区（云南、贵州及四川西部、西藏南部最为集中），泡核桃的结果状及部分坚果类型见图 2-3 和图 2-5，这两个种构成了中国栽培核桃的主体，分布（含栽培）范围主要包括辽宁、天津、北京、河北、山东、山西、陕西、宁夏、青海、甘肃、新疆、河南、安徽、江苏、湖北、湖南、广西、四川、重庆、贵州、云南和西藏共 21 个省（自治区、直辖市）。内蒙古、黑龙江、吉林、浙江及福建等省（自治区）只有少量引种或栽培。我国原产核桃种质资源特点如下（王红霞，张志华，玄立春等，我国核桃种质资源及育种研究进展）（图 2-3 至图 2-8）。

核桃主要分布和栽培于我国华北、西北地区，中南

图 2-3　四川黑水县穗状核桃结果状

图 2-4 新疆喀什三棱（三条缝合线）核桃

地区大部，华东地区北部，以及四川和西藏东南地区等。新疆野生核桃分布于新疆天山伊犁谷地巩留县南部的凯特明山中的野核桃沟和霍城县境内的博罗霍洛山的大西沟和小西沟内，生于海拔 1 200~1 600 m 的山坡下部或峡谷沟底（图 2-4）。

泡核桃主要分布和栽培于云贵高原，又称为西南高地。其生长的适宜生态条件是：海拔 1 800~2 200 m，年平均气温 16℃ 左右，适应气温范围为 -2~35℃；年降水量 800~1 200 mm；无霜期 250~300 天；喜偏酸性土壤。

核桃楸适应性广，一些类型可耐 -50℃ 的严寒。分布于我国华北和东北山地，可用作核桃砧木。

麻核桃是 1930 年在北京昌平县（当时隶属河北省）长陵乡下口村采集到的，经我国植物分类学家胡先骕教授命名为新种。麻核桃是核桃属中最珍稀的 1 个种，常与核桃和核桃楸混生，主要分布在北京、河北、山西、陕西等有核桃和核桃楸混交的区域，其中在有核桃楸密集分布的沟谷地分布较多。

野核桃分布于我国亚热带地区山地，向南可达到广西和台湾。

除了原产种外，吉宝核桃 J. sieboldiana Maxim、黑核桃 J. nigra L. 等已在我国有几十年的引种历史。1985 年还从美国引进了北加州黑核桃 J. hindsii、小果黑核桃 J. microcarpa，奇异核桃 J. hindsii × J. regia 的杂交种等树种，这些树种的引入也为核桃品种与砧木的遗传改良提供了更为丰富的种质资源。

（二）核桃主要栽培种的区域栽培特点

核桃为喜温暖树种，在年平均温度 9~16℃，极端最低温度 -25~2℃，极端最高温度 38℃ 以下，有霜期 150 天以下的地区皆适宜核桃生长发育。核桃属中泡核桃则只适于亚热带气候条件下生长，耐湿热。适宜年平均气温 12.7~16.9℃，最冷月平均气温 4~10℃，极端最低温度 -5.8℃

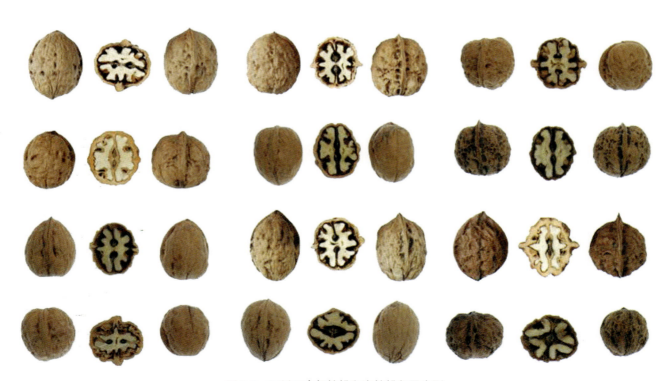

图 2-5 四川西南部核桃和泡核桃坚果类型

的条件，过低难以越冬。

核桃喜光，光照可影响核桃的生长和花芽分化。全年日照时数要在 2 000 h 以上，才能保证核桃的正常生活发育，如低于 1 000 h，核壳、核仁均发育不良。进入结果期后充足的光照直接影响核桃质量和产量。

核桃喜疏松土质和排水良好、含钙并呈微碱性的土壤。其生长最适 pH 值为 6.5~7.5，土壤含盐量宜在 0.25% 以下。核桃喜肥，增施氮肥、磷肥和钾肥都可以增加出仁率，提高产量，磷肥和钾肥还可以改善核仁的品质。同时，增加土壤有机质有利于核桃的生长和发育。

核桃对水分要求因核桃种以及品种不同而有不同要求。核桃栽培区年降水量为 12.6 (新疆吐鲁番)~1 518.8 mm (湖北恩施)。核桃耐干燥的空气，而对土壤水分状况却比较敏感，土壤过旱或过涝均不利于核桃的生长和结实。长期晴朗而干燥的气候，充足的日照和较大的昼夜温差，有利于促进开花结实和提高果实品质。新疆核桃早实、丰产的特性正是长期在这样的条件下形成的。

二、山核桃种质资源

（一）山核桃种质资源分布区域及特点

我国山核桃属（*Carya* Nutt.）植物共 6 种，其中引种栽培 1 种。山核桃、大别山山核桃、湖南山核桃、贵州山核桃、越南山核桃从华中向西南各占据一个相对隔离的分布区域，分布由华中向西南呈一狭长分布带。2002 年以来在湖南进行了山核桃的引种栽培，生长良好，并能形成经济产量。以湖南山核桃为砧木进行嫁接，生长速度快，适应性广。因此，通过砧木选择研究，山核桃潜在的适宜引种栽培范围更广，包括从云南东南部到浙江的狭长区域，大部分气候地理条件相似的立地均可发展种植。种质资源分布区域及特点如下。

（1）山核桃 *C. cathayensis* Sargent　主要分布于浙皖交界的天目山区，地理位置位于 29°~31°N，118°~120°E，主要包括浙江省的临安、淳安、安吉、桐庐、富阳、建德以及安徽省的宁国、歙县、绩溪、旌德等地（张若蕙，1979；匡可任，1979），生于海拔 200~1 200 m 的山麓林中或山谷，喜土层深厚、水分条件较好的避风处，以及冬暖夏凉，雨量充沛，空气湿润，较为阴湿的山区环境。

（2）大别山山核桃 *C. dabishanensis* M. C. Liu & Z. J. Li　主要分布在安徽西部大别山山系的金寨县天堂寨镇等（刘茂春，1984），尚处于野生状态。

（3）湖南山核桃 *C. hunanensis* Cheng & R. H. Chang　产

图 2-6　'丰辉'核桃坚果

图 2-7　平原区 2m×4m 矮化密植园

图 2-8　山区核桃经营模式

于湖南西部、贵州东南、东部、广西等地，分布于海拔约800 m的山谷、溪边土层深厚地段。

(4) 贵州山核桃 C. kweichowensis Kuang & Lu 主要分布在贵州西南部，生于海拔1 000~1 300 m的石灰岩山地或杂木林中。

(5) 越南山核桃 C. tonkinensis Lecomte 该品种是裸芽山核桃组中分布范围最广的种，主要分布在越南山罗(Son La)地区、中国云南南部到西北部、广西隆林以及中缅边境和印度，生于海拔约1 300~2 200 m的路边或山坡森林中。在印度也有分布。

(6) 长山核桃(又名薄壳山核桃) C. illinoensis (Wangeh) K.Koch 天然分布于北美密西西比河流域和墨西哥。我国从19世纪末开始引种，栽培广泛，但未形成规模化生产基地。在福建、湖南、江苏南部、浙江、江西、四川、河北、河南、北京、上海等地都有栽培(张若蕙，1979；张日清等，2002，2003；Golf, 1996)。

(二) 山核桃栽培区域栽培特点

1. 栽培区气候特点

山核桃为中性偏阴树种，年光照时数1 700~1 800h，日照率为50%。喜冬暖夏凉、雨量充沛、空气湿润的山地环境，年平均气温15~20℃，1月平均气温5~10℃，7月平均气温25~30℃，绝对最低温度-13.3℃，全年降水量1 000~2 000 mm，降雨集中在4~9月，年平均相对湿度79%。山核桃必须经受60~80天连续5℃左右的低温，否则将不开花或开花不盛，结果不多。4~5月气温在15℃以上，遇到10℃以下低温天气影响花的发育。夏季酷热、土温高，也对苗木生长不利，且苗木易遭受病害。

山核桃幼年期易受日灼危害，但能在郁闭度为0.8的林下生长。成林投产后需要充足的光照，但在低海拔的低山丘陵地区、阳光直射的阳坡生长受抑制，在夏秋季节易受高温干旱危害，使果实发育受到影响。低海拔阴坡的山核桃坚果较重，出仁率、果仁含油率等性状略优于阳坡的山核桃。

坡度、坡向、坡位和海拔高度会影响土壤、水分和光能的分布。山核桃种植地点以缓坡、半阴坡或半阳坡为宜，目前产区沙回头的高产林几乎全部分布在海拔200~700 m，坡度5°~25°的中、缓坡地带。陡坡水土流失严重，土层薄，肥力差，易遭旱害，产量不高、不稳定；5°以下的平地因排水不良，土壤通气性差，产量也不高。在峰峦层叠的"山里山"，应选阳坡种植。低山阳坡的土层必须深厚，阴坡土层可稍薄。凡土层瘠薄的向阳坡、山脊迎风坡和土壤为粗砂砾、重黏土以及积水的地段均不宜栽山核桃。

2. 栽培区土壤特点

土壤肥力是影响山核桃生长发育的主导因子。山核桃喜深厚肥沃，微酸至中性、透水性强、保水性好、盐基饱和度高的土壤，怕干燥、强酸和积水的土壤。

山核桃分布区低山丘陵所处立地为震旦系—奥陶系不纯碳酸盐岩类，泥盆系砂砾岩类，侏罗系流纹质熔结凝灰岩、凝灰熔岩等组成的火山岩类。

(1) 碳质灰岩、碳质页岩组合，发育形成碳质黑泥土，俗称"油黑泥"，砂黏比为0.5左右，质地为轻黏土，山核桃生长最好。

(2) 钙质泥页岩、泥质灰岩互层组合，发育形成黄红泥，俗称"黄泥土"，砂黏比1.0左右，质地为重壤土，山核桃生长好，长期套种的黄泥土，山核桃高产稳产。

(3) 泥灰岩、白云质灰岩组合，发育形成油黄泥，俗称"板砂土"，砂黏比0.9左右，质地为重壤土，山核桃生长好。碳质黑泥土、黄红泥和油黄泥上的土壤质地一般为重壤—轻黏土，其吸湿水含量为2.7%~10.1%，而石砾(1~10 mm粒径)含量一般为7%~25%，土壤质地疏松透气，保水保肥性能好。

(4) 泥页岩组合，发育形成黄泥土，砂黏比约为1.9，质地为中壤土，其吸湿水含量1.48%~2.95%，山核桃生长较差。此外,黄泥砂土、砾黄泥土等石砾组成过高(35%~90%)，保水保肥性能差，山核桃的产量和质量都低。90%以上的山核桃分布在碳酸盐岩类出露区，这类岩层含钙质高，同时由于岩性不纯，各种矿质营养元素含量高。在这些岩类上生长的山核桃苗壮茂盛，单株产量高，亩产量在80 kg以上。

三、喙核桃种质资源

喙核桃是胡桃科喙核桃属单种属植物，为第三纪古热带子遗植物。一般分布在海拔200~1 500 m的山地，分布区狭窄，多见于北热带地区山谷阔叶林中，向北可延伸至中亚热带的山谷或河流两岸的阔叶林内。在越南和我国云南、广西、贵州等地零星分布。由于繁殖较为困难，且生境条件随常绿阔叶林的破坏而渐趋恶化，致使繁殖、更新遭受很大影响，成为种群数量急剧减少的渐危植物。

第三节 核桃种质资源分类描述

一、核桃

（一）核桃种质资源的植物学特性

落叶大乔木，树高 10~30 m，寿命一般为 100~200 年，最长可达 800 年以上。幼树树冠半直立，进入成龄期后，树冠大而开张，呈自然半圆头或圆头状。树干皮呈灰白色、光滑、浅纵裂，老树或生长在雨量较大地区的树干皮色变暗。枝条粗壮、光滑，1 年生枝呈绿褐色，具白色皮孔。混合芽呈圆形或三角形，营养芽为三角形，隐芽很小，着生在枝条的基部；雄花芽为裸芽，圆柱形，呈鳞片状。奇数羽状复叶，复叶柄圆形，基部肥大，有腺点，脱落后叶痕呈三角形。小叶互生，小叶数 5~9 片，呈长圆形、倒卵圆形或广椭圆形，具短柄，先端微尖，基部呈心形或扁圆形，叶缘全缘或具微锯齿。雄花序为葇荑花序，长 8~12 cm，花被 6 裂，每小花有雄蕊 12~26 枚，花丝极短，花药成熟时为杏黄色。雌花序顶生，小花 2~3 朵簇生，子房外密生细柔毛，柱头 2 裂，偶有 3~4 裂，呈羽状反曲，浅绿色。果实为假核果（园艺分类属坚果），圆形或长圆形，果皮肉质，表面光滑或具柔毛，绿色，表面着黄白色果点，果皮内有 1 枚种子，外种皮骨质，也称为坚果壳或核壳，表面具刻沟或皱纹（图 2-9）。种仁，又称坚果仁或核仁呈脑状，被黄白色或黄褐色的种皮，上面有深浅不一的脉络。

图 2-9 核桃坚果大小差异

（二）核桃主要栽培种的生物学特性

1. 适宜的环境条件

在我国核桃属植物的主要栽培种是核桃和泡核桃，以生产坚果为目的。引进种黑核桃为美国果材兼用型树种，本书以主栽种为主介绍其生物学特性。

核桃属植物寿命可达百年以上，在我国的西部地区，例如：新疆、西藏、云南等地均有年龄在 500 年以上的大树（如图：新疆核桃王，西藏米林核桃等）。它们分布范围很广，形成了多种生态类型。核桃集中分布区在暖温带，泡核桃集中分布区在亚热带，在我国核桃和泡核桃分布的地理位置为 21°29′~44°54′ N，77°15′~124°21′ E，年均气温 3~23℃，绝对最低气温 -28.9~-5.4℃，绝对最高气温 27.5~47.5℃，无霜期 90~300 天。垂直分布 -30~4 200 m，上述地区均有栽培或自然分布。

最适栽培区域是：核桃，年均气温 8~15℃，极端最低气温 < -30℃，极端最高气温 < 38℃，无霜期多于 150 天；泡核桃，年均气温在 16℃左右，极端最低温 < -10℃，极端最高温 < 38℃。核桃和泡核桃树最忌讳晚霜危害，从展叶至开花期间的气温低于 -2℃，持续时间 > 12 h 以上低温，会造成当年坚果绝收，而气温长时间大于 40℃的干热危害，会造成果实和叶片灼伤。

核桃属植物均属于喜光喜水喜空气干燥的树种。年日照时数最好 > 2 000 h，果园郁闭会造成坚果产量下降。在自然状态下，降水量 600~800 mm 的地区核桃就能生长良好，对于降水量较低的地区，如果适时适量灌溉，仍能保证坚果产量；泡核桃适宜在降水量 800~1 200 mm 地区生长。长时间降水会导致果实发育受阻和病害发生。因此，选择核桃园址，最好在背风向阳处。另外，核桃喜土质疏松，排水良好，地下水位低于 1.5 m 的土壤。

2. 生命周期和年周期的生物学特性

（1）生命周期的生物学特性

按园艺学方法，核桃整个生命周期可以划分为 4 个年龄阶段，即：幼龄期、生长结果期、盛果期和衰老更新期，栽培种核桃需要针对不同时期，采取相应的栽培管理措施，以确保得到最大经济收益。

幼龄期 核桃的幼龄期是指从种子萌发至雌花开放这段时期，栽培种核桃的幼龄期是指从苗木定植至开花结实以前的时期，这段时间的长短因核桃种类、品种和接穗年龄不同而有很大的差异，一般情况下核桃属植物实生苗的幼龄期在6~15年，早实类型为1~3年，极少类型播种当年可以开雌花，并正常结实。接穗年龄状态对嫁接苗始果期早晚影响很大，通常情况下，采用成龄态接穗所获得的嫁接苗，1~3年内始果，幼态接穗的嫁接苗始果年龄要推迟。另外，采取修剪和肥水等栽培管理措施，可以促使提早开花结实。

生长结果期 从始果逐渐到大量结果，再到稳定结果这段时期，称为生长结果期。这一时期的主要特点是：树体生长旺盛，树冠快速扩大，中长枝条量急剧增多，果实产量逐年递增；随着结实量的进一步增多，树体分枝角度逐渐开张，直至离心生长渐缓，树冠大小趋于稳定，产量趋于平缓，一般这段时间持续大约7~24年，有些树种还需更晚一些。

盛果期 从果实产量达到高峰并持续维持稳产的时期，早实核桃8~12年，晚实核桃15~20年，泡核桃25年左右进入盛果期，盛果期的长短除与品种特性有关外，适宜的栽植条件和良好的栽培管理措施十分重要。一般盛果期可以在几十年，甚至百年以上。

衰老更新期 在盛果期以后，果实产量明显下降，骨干枝开始枯死，后部或树冠内堂发生更新枝，表示树体进入衰老更新期，晚实核桃和泡核桃一般80~100年进入此时期，早实核桃进入衰老更新期较早。

(2) 年周期的生物学特性

每年春季根系首先开始活动，河北昌黎3月31日出现新根，一年当中发生新根时间在春秋两季，萌芽受气候影响较大，当日平均温度稳定在9℃左右时，芽开始膨大，新梢生长受植株年龄、营养状况和着生部位影响，幼龄树和壮枝一年可以出现2~3次生长高峰，新梢旺盛生长时间，从芽萌动后再持续20天左右，在此期间，生长量可达到总生长量的90%以上，之后随着果实的发育而逐渐减缓，对于幼龄树或壮枝，6月下旬新梢又开始第二次生长，一般持续到8月中下旬。核桃雌雄花芽分别为枝条顶芽与侧芽的同源器官，但雄花芽原基比腋芽原基发育快，另外，从雌花序形态分化至开花需要约10个月。

(3) 授粉受精及果实发育的生物学特性

核桃花粉系风媒传播，可以自花结实，同株花具有雌雄异熟的特性，在雌雄异熟类型中，雄先型占多数。核桃花粉的生活力对环境条件有苛刻的要求，实验表明，自然状态下花粉粒散放后4 h即失去生活力，而雌花的受精高峰期也较短，从柱头裂片分离至45°角开张，这一时期柱头表面分泌柱头液，能促进花粉萌发，其他时期授粉率较低，另外，花粉落入柱头后只有极少数花粉管伸入胚珠，此时柱头上过量的花粉既非必需，又易引起柱头失水，不利于花粉萌发，所以栽培果园应注意合理搭配授粉树，使雌雄花可以同期吻合，还要注意授粉树与主栽品种的距离。核桃的受精过程属于双受精，即花粉管释放2个精子，分别与卵细胞和中央核结合完成受精过程，一个完整的核桃果实总体上说由一朵雌花发育而成，具体讲青皮是由包围雌蕊的总苞和花萼发育而成的，坚果由子房经受精后形成，子房壁的外层部分发育成核壳，核仁源于受精的胚珠，它由薄薄的种皮和胚两部分组成，而胚则由2片肥厚的子叶及短胚轴（包括胚根和胚芽）组成，第二精子在完成与中央核结合后，发育成流质状胚乳，提供子胚迅速生长所需营养。

科学地讲，果实发育期的起点是从上一年花芽分化时开始的，但园艺上习惯将果实发育与花芽分化区分为2个阶段，所以，果实发育从雌花受精时开始算起，一般需要130天左右，发育过程分为4个阶段：迅速生长期、硬核期、油脂转化期和果实成熟期。试验表明，从雌花开放至其后15~20天内，果实生长无须花粉与受精作用的刺激，也就是说在这段时间内，无论授粉与否雌花均能迅速膨大生长，之后未经授粉的果实才开始脱落。授粉后50~60天内为果实迅速膨大时期，70天左右果实的体积达到最大值，此时营养物质开始大量积累直至果实成熟。

（三）核桃种质资源的主要经济性状

核桃是一种集脂肪、蛋白质、糖类、纤维素、维生素五大营养要素于一体的优良坚果类食物，具有很好的营养价值。我国核桃产量大，在营养品质方面与国外核桃不分上下。核桃仁的营养价值很高，许多成分具有营养保健和医药功能。核桃仁中的主要营养成分是脂肪和蛋白质（它们是评价核桃品质的主要指标），含量分别为63%和15%左右。核桃仁中还含有一些碳水化合物、矿质元素、维生素以及多酚类物质。

1. 脂肪和脂肪酸

核仁中的脂肪酸主要由棕榈酸、硬脂酸、油酸、亚油酸和亚麻酸（α-亚麻酸）等组成，含量由高到低依次为：亚油酸、油酸、亚麻酸、软脂酸、硬脂酸组成（王晓燕等，2004），其中不饱和脂肪酸含量约占总量的90%以上。亚油酸（ω-6脂肪酸）和亚麻酸（ω-3脂肪酸）是人体必需的两种脂肪酸，是前列腺素、EPA和DHA等重要代谢产物的前体化合物，核仁中这两种脂肪酸的比例约为4~10：1，对维持人体健康、调节生理机能有重要作用。核桃粗脂肪中还含有Beta-谷甾醇、delta(5)-燕麦甾醇和菜油甾醇等固醇成分，不同种源地和品种间过氧化值、脂肪酸和固醇含量存在差异。试验表明，长期摄入核桃脂肪能阻滞胆固醇的形成并使之排出体外，有效降低心脑血管疾病患者的猝死风险，减少癌症发病率。此外核桃油中的亚麻酸还具有减少炎症的发生和血小板凝聚的作用，亚油酸又能促进皮肤发育和保护皮肤营养，也有利于毛发健美。

2. 蛋白质和氨基酸

核仁中蛋白含量一般在15%左右，因其消化率和净蛋白比值较高而系优质蛋白。通常由清蛋白、球蛋白、醇溶谷蛋白和谷蛋白4种蛋白质组成，其中谷蛋白占核仁总蛋白70%以上。核仁蛋白中人体可吸收蛋白与大豆、花生、榛子、杏仁和鸡蛋相比是最高的。核仁蛋白中含有18种氨基酸，其中8种为人体不能自身合成而需要从饮食中获得的必需氨基酸。每100 g核仁中含赖氨酸424 mg、精氨酸2 278 mg，二者比值为0.19（与之相比，大豆中赖氨酸和精氨酸比值为0.58，牛奶中赖氨酸和精氨酸比值为2.44）。精氨酸和鸟氨酸能刺激脑垂体分泌生长激素，控制多余脂肪的形成。较高的精氨酸摄入量和较低的赖氨酸与精氨酸比值均可以降低患动脉粥样硬化的危险。

3. 碳水化合物、矿质元素和维生素

同某些干、鲜果品相比较，核仁的碳水化合物含量较低，但矿质元素和某些维生素含量却很高。矿物质元素有磷、钾、钙、镁、锰、铜、铁、锌等，维生素有硫胺素（VB_1）、核黄素（VB_2）、尼克酸（VB_5）、维生素A、维生素C、维生素E等。核仁中维生素E的含量平均为26.70~34.74 mg/10 g。维生素E是生命有机体的一种重要的自由基清除剂，可提高机体免疫力，保持血红细胞的完整性，调节体内化合物的合成，促进细胞呼吸，保护肺组织免遭空气污染等作用。

4. 多酚类物质

核仁中含有丰富的具有生理活性的多酚类物质，主要是没食子酸、鞣花酸单体和鞣花单宁等，其中核仁种皮中酚酸类物质及黄酮类物质的种类及含量明显多于无种皮核仁部分的含量（王克建等，2007）。现代药理实验表明，多酚类物质对人体具有抗氧化性、抗诱变性和抗癌活性，如咖啡酸用于治疗各种原因引起的白细胞减少症、血小板减少症；绿原酸为众多药材和中成药抗菌解毒、消炎利胆的主要有效成分，具有清除自由基、抗脂质过氧化、抗诱变作用，通常被作为定性甚至定量的指标；阿魏酸在人体内具有抗血栓、抗炎镇痛、抗氧化、抗自由基等作用，临床主要用于冠心病、脑血管、脉管炎及白细胞和血小板减少等病症；芦丁是黄酮醇类的主要来源，有维生素的作用，能降低血管脆性及异常通透性，可作防治高血压及动脉硬化的辅助治疗剂；槲皮素具有较好的祛痰、止咳、平喘、降低血压、增强毛细血管抵抗力、减少毛细血管脆性、降血脂、扩张冠状动脉、增加冠脉血流量等作用，用于治疗慢性支气管炎，对冠心病及高血压患者也有辅助治疗作用。核桃仁中还含有丰富的黄酮类物质，黄酮类化合物具有扩张冠状血管、降低高血压、增强心脏收缩、抑制肿瘤细胞和保肝等多种功效。

二、泡核桃

泡核桃起源于云南、四川、西藏等省（自治区），其中地处滇西的漾濞县占有重要位置。云南学者杨源于1980年在泡核桃著名产地——漾濞，发现一段地下泡核桃古木，距今已有3386±75年（即公元前1375±75年）。四川省林业科学研究所于1981年在四川省冕宁县彝海子发掘出大量木材、果实、枝叶等森林遗迹，距今6058±167年。西藏农牧科学院以及中国农业科学院的学者于20世纪80年代通过对泡核桃分布地区考察以后发现，在西藏，不仅有核桃和泡核桃的原始群落，而且还有栽培类型。在西藏的加查县、林芝县、米林县、波密县等地年龄上千年的泡核桃古树比比皆是，总数高达上千株。

（一）泡核桃种质资源的植物学特性

落叶大乔木，树高10~30 m，寿命一般为100~200年，最长可达600年以上。幼树树冠半直立，进入成龄期后，树冠大而开张，呈自然半圆头或圆头状。树干皮呈灰褐色、光滑、浅纵裂,老树或生长在雨量较大地区的树干皮色变暗,呈暗褐色。枝条粗壮、光滑,1年生枝呈绿色或绿褐色,具白色皮孔。混合芽呈圆形或三角形,营养芽为三角形,隐芽很小,着生在枝条的基部;雄花芽为裸芽,圆柱形,呈鳞片状。奇数或偶数羽状复叶,复叶柄圆形,基部肥大,有腺点,脱落后叶痕呈三角形。顶叶较小或退化,小叶互生,小叶数9~13片,呈长圆形或椭圆披针形,具短柄,先端渐尖,基部呈心形或扁圆形,叶缘全缘或具微锯齿。雄花序为荑黄花序,长5~25 cm,每小花有雄蕊12~30枚,花丝极短,花药成熟时为杏黄色。雌花序顶生,小花2~4朵簇生,稀穗状结果,子房外密生细柔毛,柱头2裂,初时呈粉红色,后变为浅绿色,呈羽状反曲,浅绿色。果实为核果,圆形或长圆形,果皮肉质,表面光滑或具柔毛,绿色,表面着黄白色果点,果皮内有1枚种子,外种皮骨质,也称为坚果壳或核壳,表面具刻窝。种仁,又称坚果仁或核仁呈脑状,被黄白色的种皮,极薄,上面有深浅不一的脉络。

(二) 泡核桃种质资源的生物学特性

泡核桃是风媒花,在雌雄花器和开花期间,多阴雨,气温低于10℃,或降温幅度大,对传粉坐果极为不利。泡核桃树高大,干性强,顶芽及附近芽易抽生,中下部萌发力弱,为促幼树早结果,对骨干枝可适当短截。为管理方便,通常在进入盛果期(10~15年)去顶,将树高控制在5 m左右。

泡核桃为半阳性植物,喜温湿气候。由于其为深根性果树,要求土壤深厚肥沃,pH值5.5~7.0(6.0~7.0最佳),在海拔300~700 m的低山处种植,较丰产稳产。繁殖泡核桃以播种育苗为主。也可扦插,用根或1~2年生的枝条扦插,移栽定植可在秋季落叶后至翌年春发芽前进行,但春植宜早不宜迟。

通常9月上、中旬果实外部总苞颜色由绿或蓝绿色转变为黄褐色,即成熟。若受精不良等原因造成的空果则不易分离,以此可区别优劣果实。脱苞后的坚果要立即蒸煮脱涩,烘干,否则很易变质。不能及时处理的坚果,应薄薄地摊在室内通风处阴干。

(三) 泡核桃种质资源的主要经济性状

泡核桃仁营养丰富,脂肪含量59.06%~72.84%,蛋白质含量11.19%~15.17%,含胡萝卜素、维生素B_1、维生素B_2、维生素C及钙、磷、铁、锌、铜、碘等多种无机盐。泡核桃油中不饱和脂肪酸含量高达83%,对人体具有特殊的保健功能。泡核桃仁蛋白质中含有18种氨基酸,除8种人体必需氨基酸含量较高外,还含有较多的精氨酸。泡核桃花粉营养丰富,含蛋白质11.31%,碳水化合物23.38%,31种氨基酸,脂肪3.35%,维生素A、维生素C、维生素D、维生素E,矿物质P、Ca、Fe等。

桃仁具有健胃、补血、润肺、益肾和补脑等多种功能,是一种很好的滋补品。泡核桃对内科、外科、儿科、妇科、泌尿科及皮肤科等上百种疾病都有一定的治疗作用,对某些疾病则有相当高的疗效,对各种年龄的人都有保健作用。妇女妊娠期间常吃泡核桃,可促使婴儿身体发育良好,尤其对孩子的大脑发育很有益处。中老年人每天适当地食用泡核桃仁,能软化血管,减少肠道对胆固醇的吸收,对预防高血压、血管栓塞、动脉硬化等心血管系统疾病有积极作用,还能消除和减轻失眠、多梦、健忘、心悸、眩晕等神经衰弱症状。泡核桃仁中的丰富营养对少年儿童身体和智力的发育大有益处。青年人常吃泡核桃仁,能减轻劳动和工作引起的疲劳程度,使精力易于恢复。泡核桃枝条同鸡蛋共煮后吃蛋,或枝条制取液加龙葵全草制成的核葵注射液,对宫颈癌、甲状腺癌有不同程度的疗效。民间常用泡核桃树叶片来治疗伤口、皮肤病及肠胃病等。在中医验方中,泡核桃树皮可单独熬水治瘙痒,若与枫杨树叶共熬水,可治疗肾囊风等。

泡核桃果实青皮中含有单宁和某些药物成分,单宁可制烤胶,用于染料、制革、纺织等行业。青皮浸出液是理想的生物农药,可用于防治象鼻虫和蚜虫等害虫。泡核桃壳是制作高级活性炭的原料,亦可作燃料,或磨碎后作肥料。泡核桃具有较强的拦截灰尘、吸收二氧化碳和净化空气的能力。广大产区将泡核桃树作为"四旁"绿化树种,香格里拉还将泡核桃作为公路行道树。其木材色泽和纹理特殊,密度适中,耐冲击力强,是世界性的优良材种,主要用于军工、胶合板、乐器、体育器械、文具、仪器和高级家具等。

三、麻核桃

麻核桃是周汉藩先生于1930年在北京昌平县(当时隶属河北省)长陵乡下口村的半截沟采集到,经我国植物分类学家胡先骕教授命名为新种,并认为是核桃与核桃楸的天然杂交种。

麻核桃是核桃属中最珍稀的1个种,常与核桃 $J.$

regia L. 和核桃楸 *J. mandshurica* Maxim 混生，主要分布在北京、河北、山西、陕西等有核桃和核桃楸混交的区域，其中在有核桃楸密集分布的沟谷地分布较多（图 2-10，图 2-11）。

麻核桃的许多形态特征，如"叶形"、"小叶数量"、"坚果形状"等介于核桃与核桃楸之间。根据形态特征和孢粉学、酶学、分子生物学的实验证据，认为麻核桃是核桃与核桃楸的杂交种。研究者通过 cpSSR 标记证实，野生麻核桃绝大部分来自核桃楸 × 核桃，但也有极少量来自核桃 × 核桃楸。

图 2-10 北京地区生长在沟谷的野生麻核桃树（中）

图 2-11 河北涞水县麻核桃坚果

（一）麻核桃种质资源的植物学性状

落叶乔木，树皮灰白色，幼时光滑，老时纵裂；嫩枝密被短绒毛，后脱落近无毛。奇数羽状复叶，长 45~80 cm，叶柄被短绒毛；小叶 7~15 枚，长椭圆至卵状椭圆形，顶端急尖或渐尖，基部歪斜、圆形，表面深绿色，光滑；背面淡绿色，叶脉有短绒毛，叶缘具不规则锯齿或全缘。雄花序长 20~25 cm，花序轴有稀疏腺毛。雌花序 3~8 朵小花串状着生于被有短绒毛的花轴上，每花序着果 1~4 个，果实近球形，被疏腺毛或近无毛；坚果形状多样，有长圆、近半圆、圆形、方形、心形，顶端有尖或较平，基部平、圆或凹，刻沟、刻点深，有 6~8 条不明显脊棱，缝合线突出；壳厚不易开裂，内褶壁发达、骨质，横隔膜骨质，极难取仁，不堪食。

（二）麻核桃种质资源的主要经济性状

麻核桃食用价值较低，因其果壳质地坚硬、果形好、纹理美观、沟壑深且富于变化，可作为人们日常休闲健身的"掌中宝"，用于揉手健身和手疗；同时也可雕刻成工艺精美的艺术品，具有很高的开发利用价值（图 2-12，图 2-13）。

麻核桃是我国的特有树种，种群数量极少。由于其食用价值较低，一直未受到重视，许多麻核桃树被砍伐。改革开放以后，随着人们物质文化生活的提高和保健意识的增强，对麻核桃作为健身用品的认识也逐步加深。揉核桃被认为是一种保健时尚，许多中医养生保健方面的书籍建议通过揉核桃达到健身和治疗的目的。目前，揉核桃不仅局限于老年人，越来越多的年轻人也加入到揉核桃健身的行列，其消费群体和市场在不断扩大。

麻核桃也是进行核桃艺术品雕刻的主要原料。根据麻核桃的天然纹理，因势作形，可以雕刻成艺术品。

图 2-12 （未）经手揉的麻核桃

（左边一对为经手揉后的'虎头'，右边一对为当年采摘的'虎头'）

图 2-13 麻核桃雕刻艺术品

核桃楸是核桃属中最抗寒的一个种，麻核桃作为核桃与核桃楸的杂交种，其中必蕴涵着许多优良的基因，是核桃遗传改良（尤其是抗寒、抗病育种）的优良亲本。

四、核桃楸

（一）核桃楸种质资源的植物学特性

乔木，高20~25（30）m，胸径30~40（80）cm；树冠宽卵形；树干通直；树皮灰或暗灰色，交叉纵裂，裂缝菱形；小枝色淡，被毛（图2-14）。小叶9~17（19）枚，矩圆形，长6~18 cm，宽3~7.6 cm，先端尖，基部圆，不对称，边缘细锯齿，幼叶有短柔毛及星状毛，后上面仅中脉有毛，下面有星状毛及柔毛。雄花序长10~27 cm。雌花序有5~7（10）朵花，密被腺毛，柱头面暗红色。果近球形或卵形，先端尖，长3.5~7.5 cm，径3~5 cm，被褐色腺毛，果核暗褐色，长卵形或长椭圆形，长2.5~5.0 cm，先端锐尖，具8条纵棱脊，中间有不规则深凹陷。

（二）核桃楸种质资源的生物学性状

核桃楸（图2-14）主产东北东部山地海拔300~800 m的地带，多散生于沟谷两岸及山麓，与红松、沙松、水曲柳、黄波罗、白桦、糠椴、槭类等组成混交林。喜光，不耐荫庇，耐寒。深根性，适生于土层深厚肥沃、排水良好的沟谷或山腹。种子繁殖。河北、山西有少量分布，山东、河南、甘肃、新疆等地有栽培。前苏联、朝鲜、日本亦有分布。

（三）核桃楸种质资源的主要经济性状

核仁含油脂（40%~50%）、蛋白质（15%~20%）、糖（1%~1.5%）及维生素C等。核仁可以直接食用，广泛应用于滋补营养的食疗。核桃楸成熟果皮、未成熟果实中含有大量萘醌及其苷类、二苯庚烷类、黄酮类、有机酸以及萜类物质，具有抗肿瘤、抗氧化、抗HIV、镇痛以及抗菌等药理活性（刘艳萍等，2010）。

其木材坚硬致密，纹理直，木材有光泽、耐腐、耐湿、耐磨、不翘不裂、耐冲击，可作成枪托、航空器材、高档家具、仿古家具、车工、旋工、雕刻、装饰品等。

北方地区常用为嫁接核桃之砧木。

五、野核桃

野核桃又名华胡桃。

（一）野核桃种质资源的植物学性状

落叶乔木，树高5~20 m，树冠半直立，呈自然半圆头或广圆形。枝条较粗壮，1年生枝灰绿色，具腺毛。顶芽裸露，锥形，黄褐色，密生毛。奇数羽状复叶，多40~50 cm，长者可达100 cm以上，叶柄及叶轴被毛，小叶互生，小叶数9~17片，表面暗绿色，有稀疏柔毛，背面浅绿色，密生星状毛，中脉及侧脉均被腺毛，侧脉数11~17对。小叶呈长卵圆形或卵状短圆形，无柄，先端渐尖，基部斜圆或扁心形，叶缘具微锯齿。雄花序为葇荑花序，长20~25 cm。雌花序顶生，小花6~10朵，呈串状着生，柱头2裂，呈羽状反曲，红色或粉红色。果实卵圆形或长圆形，先端急尖，果皮内有1枚种子，外种皮骨质，坚厚，表面具6~8条棱脊。内褶壁骨质，种皮上脉络不明显，极薄。

（二）野核桃种质资源的生物学性状

野核桃萌芽比普通核桃晚，一般3月下旬芽萌动，4月初萌芽，中旬开始抽枝展叶。4月下旬雄花开放，4月中上旬雌花开放，果实9月上中旬成熟，11月中下旬落叶。

野核桃分布于新疆、江苏、江西、浙江、四川、贵州、甘肃、陕西，以及东北，华北大部，垂直分布在海拔800~2 000 m。

图2-14　核桃楸树干

（三）野核桃种质资源的主要经济性状

坚果富含维生素C、脂肪（40%~45%）、蛋白质（15%~20%）、糖（1%~15%），壳可做优质颗粒活性炭原料，可与椰壳媲美，是一种优质健脑食品，此外还具有壮阳功能。

六、黑核桃

黑核桃原产于美国，是美国东部的乡土树种，常被称为东部黑核桃，它属于胡桃科 Juglandaceae 核桃属 *Juglans* 黑核桃组，是该组栽培面积最广、经济价值最高的一个种。1984年中国林业科学研究院林业研究所在林业部（现国家林业局）种苗总站的支持下，与河南省洛宁县林业局协作，分别在河南和北京建立了黑核桃引种试验点，引进了黑核桃组的树种5个、品种10个，并进行了初步引种试验；1996年国家将黑核桃列为首批重点引进项目，在北京、河南、山西等地设立了种源、品种试验区，吉林、新疆、陕西、宁夏、河北、山东、江苏、贵州、江西等地也已引种试栽，为黑核桃在我国的推广和发展奠定了良好的基础（图2-15，图2-16）。

图2-16　河南洛宁县6年生材用型黑核桃林

图2-15　河南洛宁县8年生果用型黑核桃园

（一）黑核桃种质资源的植物学性状

叶具 7~25 片小叶，叶缘锯齿，背面有毛或长成后近于光滑；枝条呈灰褐色，被灰色绒毛，皮孔稀而凸起；具芽座（2 cm）与 2 个副芽叠生；花药有毛，雌花序常具 5~11 朵小花，青果皮成熟时与坚果硬壳不分离，坚果壳具深纵向刻沟；坚果内褶壁木质，4 心室，果实单生或 2~5 簇生，果皮有短绒毛、发黏。

（二）黑核桃种质资源的生物学性状

黑核桃为我国引进树种，由于引种时间较短，考虑到与美国具有同纬度地带性的特点，所以将其在美国的生物学特性介绍于本书中。黑核桃是温带落叶阔叶树种，其自然分布于美国的东部和中西部地区，分布区涵盖 24 个州（30°~40° N 和 75°~100° E），4~8 个气候区。因此形成了多种生态类型，既能分布在生长季 140 天，1 月最低气温达 -31~-6℃的寒冷地带，也能生长在生长季长达 280d 的南部地区。黑核桃自然分布区内的年降水量范围较广，北部内布拉斯加州为 635 mm，到南部阿巴拉契亚山脉为 1 778 mm；分布区东南部为 1 000 mm，西南和中北为 580 mm。

黑核桃的自然分布区主要属于北美森林植物带的中部阔叶林区，具大陆性气候特点，年均气温 8~13℃，年降水量 762~1 143 mm，纬度地带性和经度地带性均明显，夏末可能有 4~6 周的干旱期。林区内的自然地理区域包括内陆低高原、中央低地、奥克萨高原和威斯康星州的无冰碛地区。土壤盐基饱和度处于中高水平，风化层厚度 100~130 cm，黏土层厚度 30 cm，密西西比河与密苏里河邻近的土壤母质为黄土，内陆低高原为残积土，大多数为淋溶土。

黑核桃为生长速度中等的落叶乔木，树高可达 40 m 以上；花期随分布区由南向北从 4~6 月不一，雌雄同株异花，1 年生枝顶端结果，并以树冠外围结果为主，因此增加树冠表面积或提高新枝数量可增加潜在成花部位。实生黑核桃 6~8 天开始结果，20~30 年进入盛果期，结果年龄在 100 年以上；嫁接树 2~3 年即可挂果，坚果的出仁率一般在 20%~30%，优良品种可达 38%；黑核桃的成材期为 40~100 年。

黑核桃是一个不耐荫树种，如将耐荫性分为 5 级（极耐荫、耐荫、中等耐荫、不耐荫、极不耐荫），黑核桃属于第四级；但它比颤杨、三角叶杨、刺槐要耐荫。黑核桃与其分布区内的树种比较，属于耐旱树种；在耐渍方面，属于弱度耐渍树种；其耐渍性低于洋白蜡和悬铃木。黑核桃的枝、叶、根都分泌核桃醌，这类物质对与其混生的乔灌木和草本植物都有毒害作用，但大豆的耐受力较强；羊茅不怕核桃醌的毒害。黑核桃可在 pH 4.6~8.2 的各种土壤上生长，但以中性－微碱性土壤生长最好。在土层深厚（>100 cm），排水良好，中等湿润、肥沃的土壤上生长最好。黑核桃不适于在有厚的黏质间层和土层浅薄土壤上生长。怕早晚霜危害，尤其是幼树，容易引起抽梢条。

（三）黑核桃种质资源的主要经济性状

黑核桃是世界公认的最佳硬阔材树种之一，其木材结构紧密、力学强度较高、纹理色泽美观，是优良的家具和胶合板用材，在欧美已成为建筑装饰中高雅富贵的象征。由于黑核桃木材消耗量较大，而其原产国美国的资源不足，出口量逐年减少，从而使其价格高于其他树硬阔树种，美国 1995 年曾以 1 株（直径 60 cm）3 万美元的价格出售。欧盟目前也把发展材用型核桃作为 20 世纪末及今后林业发展的重点，以法国为首的包括意大利、德国等五国参加的材用型核桃（核桃与黑核桃种间杂种）攻关项目正在进行之中。我国也开展了核桃与黑核桃种间杂交的研究，其杂交后代奇异核桃表现出生长速度快等材用木材的特点（图 2-17）。

黑核桃在生产木材的同时，自栽后 6 年开始生产坚果（高接树第二年即可结实），坚果的果仁营养丰富（含蛋白质 28%、脂肪 52%）、风味浓香，可生食、烤食，广泛用于冰淇淋、糖果、点心的配料和风味添加剂，在美国每千克黑核桃仁的售价为 16 美元，高出核桃仁 4 倍以上；其市场的需求量约为 9 亿千克，而目前的产量远不能

图 2-17　河南洛宁县 10 年生奇异核桃

满足要求。黑核桃的种皮（坚果壳）碾成不同直径的颗粒后，因具有适中的硬度、弹性、无毒、无粉尘等特点，可广泛用于金属抛光、机械清洗及化妆品（洗面乳、牙膏等）。在加工黑核桃坚果时，获得的核仁与壳粉的产值相等。坚果生产可以增加早期收入，达到以短养长的目的。

七、吉宝核桃

落叶乔木，树高20~25 m，树干皮灰褐色或暗灰色，浅纵裂。1年生枝黄褐色，密生细腺毛，皮孔白色微隆起。芽呈三角形，其上密生短柔毛。叶为奇数羽状复叶，小叶13~17片，为长椭圆形，基部斜形，先端渐尖，边缘微锯齿，无柄，复叶柄密生腺毛。雄花序长15~20 cm，雌花序顶生有8~11朵小花，呈串状着生。子房和柱头紫红色，子房外密生腺毛，柱头2裂。果实长圆形，先端突尖，绿色，密生腺毛。坚果有8条明显的棱脊，两条棱脊之间有刻点，坚果壳坚厚，内褶壁骨质，种仁难取。

原产于日本，20世纪30年代引入我国。

八、心形核桃

落叶乔木，树高20~25 m，树干皮灰褐色或暗灰色，浅纵裂。1年生枝黄褐色，密生细腺毛，皮孔白色微隆起。芽呈三角形，其上密生短柔毛。叶为奇数羽状复叶，小叶13~17片，为长椭圆形，基部斜形，先端渐尖，边缘微锯齿，无柄，复叶柄密生腺毛。雄花序长15~20 cm，雌花序顶生有8~11朵小花，呈串状着生。子房和柱头紫红色，子房外密生腺毛，柱头2裂。果实扁心形，光滑，先端突尖，缝合线两侧较宽，另外侧面较窄，相当于较宽面的1/2左右，中间各有1条纵凹沟。坚果壳坚厚，无内褶壁，从缝合线处可取整仁，出仁率30%~36%。

原产于日本，20世纪30年代引入我国。

九、山核桃

（一）山核桃种质资源的植物学特性

乔木，高可达30 m，胸径35~70 cm。树皮灰白色，平滑；冬芽密被褐黄色腺鳞；小枝无毛，密被褐黄色腺鳞。复叶长13.5~30 cm；小叶5~7枚，叶片椭圆状披针形或倒卵状披针形，长7.3~22 cm，宽2~5.5 cm，先端渐尖，基部楔形，边缘有细锯齿，上面绿色，主侧脉上初有簇毛及单毛，后近无毛，叶缘有毛，下面色稍淡，密被褐黄色腺鳞，叶初有短柔毛及腺鳞，后近无毛；叶柄无毛，顶小叶柄长5 mm，侧小叶无柄。雄花序长7.5~12 cm；花序总梗长5~12 mm；雄花有雄蕊5~7枚，花药有毛；雌花1~3朵生于新枝顶。果卵状球形或倒卵形，长2.5~2.8 cm，径2.2~2.5 cm，密被褐黄色腺鳞，具4纵脊，自果实顶部达基部，或仅相对两纵脊不达果实基部，成熟时4瓣开裂至中部以下，果瓣厚约2~3 mm，干后果瓣边缘波状；果核卵圆形，倒卵形，长2~2.5 cm，径1.2~2 cm，壳厚约1 mm，仁甜，无腔隙。花期4~5月，果期9月。

（二）山核桃种质资源的生物学特性

1. 山核桃营养生长特性

（1）胸径生长　山核桃1~10年胸径生长缓慢，胸径年均生长0.12 cm；10年后生长迅速，胸径年均生长0.70 cm，胸径停止生长受立地和经营管理影响大，立地和经营管理好的植株50年后仍能保持较好的生长量，反之30年山核桃胸径生长停止，进入衰老期。

（2）树高生长　山核桃1年生幼苗生长慢，第二年开始加快，2~3年地上部分开始分枝，高生长迅速期为3~15年，其中3~7年生长最快，树高年生长量81.8~112.6 cm，13年生树高8.5 m，平均冠幅3.2 m。冠幅扩展受种植密度影响大，中等密度（20~25株/亩）条件下，3~20年为冠幅迅速扩展期，年均扩展35~60 cm，20年后基本郁闭，冠幅扩展变慢，35年后逐渐停止，50年后主侧枝自上而下，由外而内向心枯死，冠缩小。正常管理情况下，8~10年开始结果，15年后产量增加很快，18年后进入盛果期，至50~65年以后，产量下降，进入衰老期，在立地和经营管理条件好的孤立树或"四旁"散生树，百年以上大树仍结果良好。

（3）根系生长　山核桃主根十分粗壮，但其穿透力不强，生长过程中，遇到石块或到达土壤母质，即扭曲或分叉，然后沿水平方向辐射伸展，有绕过石块继续向下生长的，但其粗度要明显变细。一般粗大主侧根多着生于主根上部，近地表40 cm的土层内，几乎与地表平行向四周辐射扩展。主根下部着生的侧根较细小，与主根交角小，斜向下生长，细根及须根多着生于侧根两侧及下面。土壤深厚，主根深达1.5 m以上，一般土壤深度在1.0 m左右，细侧根（直径在8 mm以下）垂直分布以近地表30 cm的土层内最多，占细侧根总量的70%~98%，而主侧根（直径在8 mm以上）占主侧根总量的69%~100%。

因此，山核桃的主根分布深度受坡度、坡位、土壤性质以及栽培技术等的影响。

幼年时期，根系生长最快。1~5年为旺盛生长期，根幅旺盛生长期限为3~22年，其中3~13年生长最快，35年以后根系发生向心枯死，根幅缩小。山核桃根系发展过程中，侧须根数量变化非常显著，在15年以前，侧须根数量增加很快，很少有死亡，以后随着年龄增长，死根数及其所占比例不断增加。

2. 山核桃枝芽特性与结果枝的发育过程

(1) 山核桃枝芽特性　山核桃结果以前由生长枝的顶芽和侧芽(短枝状裸芽)组成，侧芽翌年能发育成带雄花芽的结果母枝(生产上称仁果类为结果枝，以下均称结果枝)，多数结果枝着生同一枝形成结果枝组，结果枝组是产量的基础。

(2) 结果枝的发育过程　山核桃的结果枝可由生长枝的顶芽、侧芽(短枝状裸芽)，结果枝基部(雄花序下方)裸芽以及结果枝果序基本裸芽发育而成。幼龄期以生长枝的顶芽最先转化为结果枝，此后侧芽是形成结果枝的主要来源；成林主要由结果枝果序基本裸芽发育形成。

进入结果期，结果枝组能不断更新形成结果枝，这是山核桃高产的生物学基础，结果枝的更新主要由果序基本的1~2个侧芽发育而成。

3. 山核桃雄花、雌花形态发生

(1) 雄花形态发生　雄花芽着生在结果枝基部，呈宽

图2-18　雌花形态发生

1. 新梢顶芽；2. 新梢伸长；3. 柱头初现；4. 柱头青绿色；5. 柱头鲜红色；6. 柱头紫红色；7. 柱头紫黑色；8. 幼果形成；9. 幼果膨大

图 2-19 山核桃果实膨大过程
1. 坐果；2. 结果枝伸长；3~4. 果实迅速膨大；5. 果实间营养竞争；6. 果实成熟

卵形至卵状三角形，长 0.45~0.55 cm，5月上旬果序基部的 1~2 个芽发育成次年结果枝。5月下旬随果实膨大而生长，至7月下旬下端第 2~4 个芽进行雄花芽的分化，此后进入休眠期，次年3月下旬开始进行花序轴的伸长生长，5月上旬成熟散粉。

(2) 雌花形态发生　4月初，结果枝顶端开始伸长（图2-18-1），雌花芽开始分化，4月中旬进入花芽形态分化期，生长锥快速生长（图2-18-2），进入花序分化期。4月中下旬，顶芽由锈黄色转为黄绿色（黄色为表面的鳞腺），陆续可见雌花柱头呈青绿色（图2-18-3，图2-18-4），通常顶端有3朵小花，两侧雌花发生早，先突起膨大，基部无花柄，中间（顶端）一个较小，出现晚，通常具花柄。此后柱头迅速伸长膨大，由于柱头四周生长快，中间生长慢，在纵剖面上呈双峰状，柱头继续膨大，颜色也发生相应的变化，因此可以从柱头的颜色判断雌花生长发育时期。4月下旬，雌花顶端显现绿色圆点后即进入显花期，柱头合拢，之后子房逐渐膨大，柱头开始向两侧横向生长，两侧开始出现微红色，雌花柱头正面突起不断扩大，表面成皱褶状，颜色先后变为鲜红色（图2-18-5）、紫红色（图2-18-6），最后变为紫黑色（图2-18-7），此时幼果已经形成，之后幼果不断膨大（图2-18-8、图2-18-9），进入果实生长期。

4．山核桃果实生长规律

山核桃坐果后，体积膨大没有明显的生长停滞期（图2-19-1）。5月中旬至7月中旬果蒲体积增长迅速，至7月中旬完成果径（果蒲）生长量的70%以上，该阶段为次年结果枝大量形成、雄花芽完成前期形态分化的时期，植物体需要消耗大量的养分，因此存在激烈的营养生长与生殖生长（图2-19-2）、生殖生长与生殖生长的竞争（图2-19-5），突出地表现为6月的落果高峰，因此该阶段的肥水条件、光照条件对山核桃产量影响大，不仅影响到当年的产量，也影响到次年的产量。

7月中旬至果实成熟采收前，果实体积生长缓慢，同时次年结果枝基本停止生长，雄花序完成前期分化并进入休眠期，果实进入内含物充实期（图2-20-3）。7月中旬，果实中仅种皮及胚可见，胚呈圆筒状，种皮厚、鲜黄色，胚乳为透明澄清的液体，略有黏性，子叶形成四瓣的雏形（图2-20-5）；8月上旬果实胚乳变为浓稠状（图2-20-3），并逐渐被子叶吸收，子叶明显膨大；8月中旬，子叶完全充满整个果核腔室，胚乳则完全被吸收（图2-20-7），但此时种仁尚不饱满。果实种仁充实的关键时期在7月中旬

图 2-20 山核桃果蒲体积膨大和种仁充实过程
1~4. 种仁充实过程，对应时间依次为 7 月上旬、7 月下旬、8 月上旬、8 月中旬；5. 圆筒状胚；6. 果实进入充实期；7. 饱满籽粒

至 8 月中旬，此时需要大量的水分和养分来维持果实正常的生长发育，主要是糖转变为蛋白质、糖转变为脂肪以及脂肪酸间的转化作用，因此该阶段是种仁油脂和粗蛋白积累的关键时期，高温干旱明显增加空瘪籽的比率。

5. 山核桃周年生长发育规律

根据山核桃枝、芽与生长结果的关系，雄花、雌花形态发生及其开花物候规律，落花落果规律，果实膨大和种仁充实规律，总结了山核桃周年生长发育进程（图 2-21）。

（三）山核桃种质资源的主要经济性状

山核桃是我国特有的优质干果和木本油料树种。山核桃坚果营养丰富，风味独特，是高档休闲食品；种仁富含油脂，含粗脂肪 67.50%~71.69%，粗蛋白 7.8%~9.6%。富含人体所必需的 K、Ca、Mg、Na 等矿质元素，可制各种糖果糕点；山核桃油富含不饱和脂肪酸，占粗脂肪的 88.38%~95.78%，具有润肺、滋补功效，可降低血脂，预防冠心病等高危疾病。山核桃油的不皂化物主要为甾醇，其次为二萜类，还含有 8.7~20 mg/100 g 的生育酚和 8~16 mg/100 g 的角鲨烯等抗氧化剂，能抗氧化防辐射，防止衰老，并能延年益寿。山核桃青果皮中含有 γ-亚麻酸，γ-亚麻酸具有软化血管，防治高血压及心脏病等特殊功效，具有极高的食用和营养价值。山核桃树体通直、木材坚硬、纹理美观、抗腐、抗韧强，在军工、船舶、建筑等行业用途广泛（张若惠，1979；黎章矩，2003）。

山核桃的副产品利用价值很高。果蒲可用于作为无土栽培的基质，也可制碱，含碱率达到 20%~30%，碱中

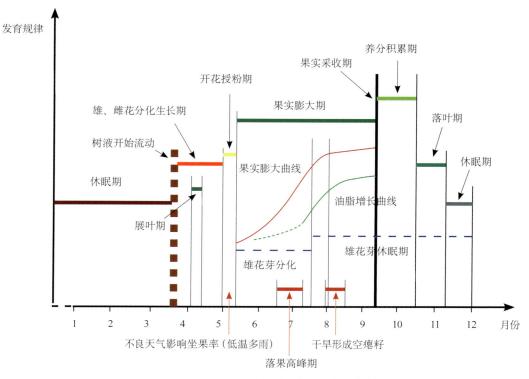

图 2-21 山核桃周年生长发育规律

碳酸钾含量高达 60% 以上，为重要的化工、医药和轻工原料。果蒲含苯醇抽出物 3.71%、木质素 38.05%、纤维素 30.88% 和半纤维素 27.26%，含有钙、铁、锰、镁、钾、锌、铜、砷等 8 种矿物元素和生物碱、黄酮、皂苷、蒽醌等生物活性物质；此外果蒲还含有抗菌抑菌的成分，对小麦赤霉病、水稻纹枯病等有很好的抑制效果，可用于生物源农药助剂的开发，对人体浅表性皮炎、湿疹、荨麻疹等也有一定疗效。此外，果蒲中含有的核桃醌，具有明显的抑菌和抗癌活性。

十、长山核桃

（一）长山核桃种质资源的植物学特征

落叶乔木，高 20~25 m。树皮纵裂呈片状剥落。奇数羽状复叶互生，长 20~30 cm，小叶 7~15，长椭圆形至长椭圆状披针形，叶轴上部小叶长 14~20 cm，宽 4~8 cm，下部较小，先端渐尖，基部楔形，边缘有细齿。雌雄同株植物，花单性，雌雄花期不一致，为雌雄异熟，一般雌蕊先熟，授粉期大约可持续 5~7 天。雌花生于上年生枝叶腋部，为三出葇荑花序；雌花着生于当年生新梢顶端，穗状花序下垂。果实倒卵形，坚果长卵形或长圆形，长 2.5~6.0 cm，光滑，具暗褐色斑痕和条纹。

（二）长山核桃种质资源的生物学特性

1. 生态习性

长山核桃的栽培分布范围较广，适宜于亚大陆性气候带的广大地区引种栽培，在南、北纬 25°~35°的地区生长结实表现更佳。立地选择以生长季大于 250 天，年均气温 15~20℃，1 月平均气温 5~10℃，7 月均温 25~30℃，极端最低温度 -30~8℃，小于 10℃天不低于 750℃，≥10℃年积温 3 500~5 500℃，年降水量 1 000~1 500 mm，pH值为 6.0~8.0（7.0 最佳）的冲积土或坡度小于 15°的山地砂壤土或黏壤土为宜。我国原有大多数引种地的纬度、地形地貌、气候和土壤等地理生态环境条件均能较好地满足其生长发育的要求（图 2-22）。

2. 生长发育

长山核桃为雌雄同株、雌雄异熟植物。实生苗定植 8~10 年左右始果，但采用嫁接繁殖，定植后 3~4 年即开始挂果，大树高接 1~2 年始果，6~8 年后进入盛果期，结实盛期长达 50~70 年。在我国浙江杭州地区、江苏南京地区

图 2-22 云南漾濞县长山核桃结果状

等,长山核桃 4 月上旬开始萌动,花期 5 月上旬至 5 月中下旬,果实灌浆期 7 月中旬至 8 月下旬,果实成熟期 10 月中下旬至 11 月初,11 月中下旬开始落叶,从开花到果实成熟大约需要 160 天,从萌动到全部落叶大约经历 220 天。

3. 种质资源分布

长山核桃原产美国和墨西哥北部,现以美国为中心产区,种植于该国东南部、中部和西南部的 16 个州,主要产区在佐治亚、亚拉巴马、路易斯安那、德克萨斯、新墨西哥等州。墨西哥、意大利、法国、以色列、日本和中国等地均有分布。

我国于 19 世纪末 20 世纪初开始引种长山核桃,当时由一些中外文化、商务人士自发地从原产地美国带进种子或苗木,数量很少,栽种在通商口岸的学校、教堂和私人宅第。20 世纪 30 年代,江苏的江阴和南京金陵大学开始有计划的引种,栽于江阴和南京等地,数量亦不多。新中国成立后,我国分别于 20 世纪 50 年代末至 60 年代初和 70 年代末至 80 年代初,出现过两次引种长山核桃的热潮,第一次在包括直接从原产地引种和国内间接引种,范围扩大到了长江流域的 20 多个省(自治区、直辖市)。20 世纪 90 年代以后,由于长山核桃果用价值越来越受到人们的肯定,为了扩大长山核桃在我国的种植规模,提高该优良干果的产量和改善其品质,中国林业科学研究院亚热带林业研究所、原林业部中南林学院、中国科学院南京中山植物园等单位为长山核桃优良新品种和先进栽培经营技术的引进做了大量的工作,仅中国林业科学研究院亚热带林业研究所就收集保存以品种、无性系、优株等引进、实生筛选或创育的长山核桃种质资源 100 余个。目前,我国栽培分布主要集中在浙、江、皖、滇、豫、赣等地。

4. 引种栽培区划

根据张日清等人的研究结果,以现实气候生态条件和前期引种效果为主要依据的初步研究表明,我国可划分为 4 个长山核桃引种栽培区划,即适宜区(Ⅰ)、次适宜区(Ⅱ)、边缘区(Ⅲ)和不适宜区(Ⅳ)。

适宜区(Ⅰ):位于北纬 25°~35°、东经 100°~122°的亚热带东部和长江流域,包括江苏、上海、浙江、福建、重庆、安徽全部、江西、湖南、湖北大部和贵州东北部、四川东部和南部和河南南阳、驻马店以南的部分地区。

次适宜区(Ⅱ):分为南、北两个亚区。北部次适宜亚区(ⅡA)包括山东全部和河北(石家庄以南)、河南(南阳、驻马店以北)、湖北(十堰以北)和陕西(西安以南部分地区)。南部次适宜亚区(ⅡB)包括贵州大部分和云南(大理以南、景洪以北、宾川、华坪以东)、广东(韶关、南雄以北)和广西(桂林以北)的部分地区。

边缘区(Ⅲ):由北部边缘亚区(ⅢA)和南部边缘亚区(ⅢB)组成。ⅢA 包括天津、北京全部和辽宁(辽东湾)、河北(石家庄以北)、山西(太原以南)、陕西(延安以南,西安以北)、甘肃(兰州以南)和四川(松潘)部分地区。ⅢB 包括云南(景洪以南)、广西(桂林以南,柳州以北)、广东(韶关、南雄以南,英德以北)和台湾(台北以北)的部分地区。

不适宜区(Ⅳ):分为北部不适宜亚区(ⅣA)和南部不适宜亚区(ⅣB)两部分。ⅣA 包括黑龙江、吉林、内蒙古、青海、新疆、西藏全部和辽宁(中、北部)、山西(中、北部)、陕西(北部)、宁夏(固原以北)、甘肃(中、北部)、四川(西北部)等地区。ⅣB 包括海南全部和广西柳州以南、广东英德以南和台湾台北以南的地区。

(三)长核桃种质资源的主要经济性状

其坚果个大(约 80~100 粒/kg),壳薄,出仁率高(50%~70%),取仁容易,产量高(1 500~2 250 kg/hm²)。其果仁色美味香,无涩味,营养丰富,含有多种矿物质和维生素,如:磷、铁、锌、胡萝卜素、核黄素及维生素 A、维生素 B、维生素 C、维生素 E 等,每 100 g 核仁含蛋白质 12.1 g,脂肪 70.7 g,碳水化合物 12.2 g,每千克果仁约有 32 kJ 热量,是理想的保健食品或面包、果糖、冰激凌等食品的添加原料。核桃仁还有医疗效用,它可以顺气补血,温肠补肾,止咳润肺,治疗胆石症,防止心脑血管疾病等。核桃油还可以作为保健品，促进血液循环，改善消化系统功能，保护皮肤，提高内分泌系统和防癌防辐射等。当前，市场上销售的长山核桃，主要以进口进行加工出售为主，它在美国每千克售价约为7~8美元，国内市场售价为80~90元/kg，深受消费者喜爱，我国长山核桃产量很难满足现在市场需求，因此，在我国发展长山核桃，具有很广阔的市场空间。

长山核桃亦是重要的木本油料植物。其种仁油脂含量高达70%以上，优于油茶(55%)、核桃(60%)和文冠果(57%)；不饱和脂肪酸含量达97%，高于茶油(91%)、核桃油(89%)、花生油(82%)、棉籽油(70%)、豆油(86%)和玉米油(86%)。长山核桃油脂有很好的储藏性，是上等的烹调油和色拉油(冷餐油)。

长山核桃还是优良的材用和庭园绿化树种。其树干通直，木材坚固强韧，纹理致密，富有弹性，不易翘裂，是优良的家具、胶合板及工艺用材，也是优良的建筑用材树种。长山核桃生长迅速，树体高大，枝叶茂密，树姿优美，又是很好的城乡绿化及园林观赏树种。因此，长山核桃是一个用途广，受益期长(50~70年)、经济效益高、社会效益和生态效益明显的优良经济树种。

十一、喙核桃

（一）喙核桃种质资源的植物学特性

落叶乔木，高达20 m；小枝幼时有细毛和橙黄色皮孔，后变无毛，髓心充实；芽裸露，通常叠生。奇数羽状复叶，长30~40 cm，叶柄及轴幼时有短柔毛和橙黄色腺体；小叶通常7~9，近革质，全缘，上端小叶较大，长椭圆形至长椭圆状披针形，长12~15 cm，宽4~5 cm，下端小叶较小，通常卵形，小叶柄长3~5 mm。雄性葇荑花序长13~15 cm，下垂，通常3~9序成一束，生于花序总梗上，自新枝叶腋生出；雌性穗状花序顶生，直立，雌花3~5。坚果核果状，近球形或卵状椭圆形，长6~8 cm，直径5~6 cm，顶端具渐尖头；外果皮厚，干后木质，4~9瓣裂开，裂瓣中央具1~2纵肋，顶端具鸟喙状渐尖头；果核球形或卵球形，顶端具一鸟喙状渐尖头，并有6~8条细棱，连喙长6~8 cm，基部常具一线形痕，内果皮骨质。

（二）喙核桃种质资源的生物学特性

喙核桃分布区年平均气温18.1~21.3℃，最冷月(1月)平均气温8.1~12.6℃，最热月(7月)平均气温24.6~28.4℃，极端最低温-2.4~5.2℃，极端最高温35.5~39.5℃，有霜期150天以下，年降水量1 200~2 000 mm；相对湿度79%~82%。喙核桃喜光，进入结果期以后更需要充足的光照条件，全年日照时数要在2 000 h以上才能保证喙核桃的正常生长发育，如低于1 000 h，核壳、核仁均发育不良。喙核桃喜土质疏松和排水良好并且土层深厚(大于1 m)的土壤，土壤过旱或过湿均不利于喙核桃的生长与结实，在地下水位过高和黏重的土壤上生长不良，而在含钙的微碱性土壤上生长最佳，土壤pH值适应范围为6~8。

喙核桃的正常生长发育要求较好的热量条件，且不耐荫蔽，所以在海拔较高的河谷斜坡上部及森林较为茂密的地段一般均无分布，而是分布在河谷地带森林边缘及林窗之下。

种子繁殖。果实成熟时，外果皮自行裂开，必须及时采种(图2-23)，如不能冬播，可在室内用湿沙贮藏，使内果皮开裂，待翌年春季播种。苗圃地宜选择土壤肥沃、土层深厚、排水良好山坡下部，开沟条播或点播。也可试验用扦插繁殖。

（三）喙核桃种质资源的经济性状

木材材质优良，为工业、军工及器具用材；种子油可供工业用。

图2-23 核桃适时采收

下篇　主要种质资源

第三章
核桃属

第一节 核 桃

一、优良品种

（一）国内品种

1 薄丰 *Baofeng*

河南省林业科学研究院1989年育成，从河南嵩县山城新疆核桃实生园中选出。

树势强，树姿开张，分枝力较强。1年生枝呈灰绿或黄绿色，节间较长，以中和短果枝结果为主，常有二次梢。侧花芽比率90%以上。每雌花序着生2~4朵雌花，多为双果，坐果率64%左右。坚果卵圆形，果基圆，果顶尖。纵径4.2~4.5 cm，横径3.2~3.4 cm，侧径3.3~3.5 cm，坚果重12~14 g。壳面光滑，缝合线窄而平，结合较紧密，外形美观。壳厚0.9~1.1 mm，内褶壁退化。核仁充实饱满，浅黄色，核仁重6.2~7.6 g，出仁率55%~58%。

在河南3月下旬萌动，4月上旬雄花散粉，4月中旬雌花盛花期，属雄先型品种。9月初坚果成熟，10月中旬开始落叶。

该品种适应性强，耐旱，丰产，坚果外形美观，商品性好，品质优良，适宜在华北、西北丘陵山区发展。

图 3-2 '薄丰'结果状

图 3-1 '薄丰'树体

图 3-3 '薄丰'坚果

图 3-4 '薄丰'雄花

2 薄壳香 Baokexiang

北京林果所从新疆核桃实生后代中选出。1984年定名。

树势强，树姿较直立，分枝力较强。1年生枝常呈黄绿色，中等粗度，节间较长；果枝较长，属中枝型。顶芽近圆形，侧芽形成混合芽的比率为70%。小叶7~9片，顶叶较大。每雌花序多着生2朵雌花，坐果1~2个，多单果，坐果率50%左右。坚果倒卵形，果基尖圆，果顶微凹。纵径3.80 cm，横径3.38 cm，侧径3.50 cm。壳面较光滑，色较浅；缝合线微凸，结合较紧。壳厚1.1 mm，内褶壁退化，横隔膜膜质。核仁充实饱满，浅黄色，核仁重7.2 g。出仁率58%，脂肪含量64.3%，蛋白质含量19.2%。

在北京4月上旬萌芽；雌、雄花期在4月中旬，雌花略早于雄花，属雌雄同熟型。9月上旬坚果成熟，11月上旬落叶。

该品种适应性强，较耐瘠薄，较抗病，丰产性较强，坚果品质优，风味极佳，适宜北方核桃产区发展。

图3-6 '薄壳香' 树体

图3-7 '薄壳香' 结果状

图3-8 '薄壳香' 雌花

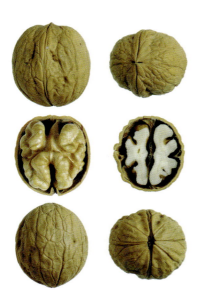

图3-5 '薄壳香' 坚果

图3-9 '薄壳早' 树体

图3-10 '薄壳早' 花

3 薄壳早 Baokezao

四川省林业科学研究院（以下简称四川省林科院）于2007年从当地核桃实生树中选出。2009年经四川省林木品种审定委员会认定为优良品种并定名。已在四川省内试种。

该品种树势强，主干明显，树姿较开张，分枝力中等，1年生枝常呈黄褐色，节间短。早实型核桃特征明显，结果母枝侧生混合芽率83%，二次花现象普遍。顶芽呈阔三角形，顶叶较大，复叶长46 cm，着生小叶5~9片。每雌花序着生雌花1~4朵，坐果1~4个，多数3果，坐果率60%以上。23年生母树年结果15 kg左右。坚果近圆形，略扁，果面较光滑，偶见轻微露仁，顶具小尖，果基圆钝，缝合线较低平，结合紧密。坚果纵径3.44 cm，横径3.59 cm，侧径3.27 cm，单果重11.41 g。壳厚1.01 mm，

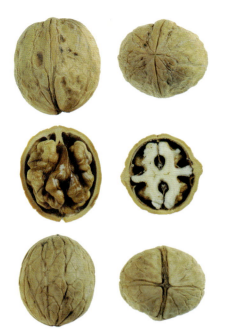

图 3-11 '薄壳早' 坚果

图 3-12 '薄壳早' 结果状

内褶壁退化，横隔膜膜质，易取全仁。核仁充实饱满，仁色浅，核仁重 6.06 g，出仁率 61.2%。含粗脂肪 65.33%，蛋白质 17.63%，味香甜，无涩，风味佳。

在四川黑水县 3 月下旬萌动，4 月中下旬雄花散粉，4 月下旬雌花盛花期，雄先型。9 月中旬坚果成熟，11 月下旬落叶。

该品种树势强，耐寒、耐旱，较丰产，坚果壳薄，取仁容易，品质优良，带壳销售或取仁销售均宜。适宜在川西北、川西南山地和盆地北缘、东北缘核桃栽培区发展。

图 3-13 '北京 861' 树体

4 北京 861
Beijing 861

北京农林科学院林业果树研究所（以下简称北京林果所）从新疆核桃实生后代中选出。1990 年定名。

树势强，树姿较开张，分枝力较强。1 年生枝常呈黄绿色，中等粗度，节间较短；果枝较短，属中、短枝型。顶芽近圆形，侧芽形成混合芽的比率为 95%。小叶 5~7 片，顶叶较大。每雌花序多着生 2~3 朵雌花，坐果 1~3 个，多双果，坐果率 60% 左右。坚果长圆形，果基圆，果顶平。纵径 3.60 cm，横径 3.40 cm，侧径 3.40 cm。壳面较光滑，色较浅，麻点小，个别有露仁；缝合线窄而平，结合较紧。壳厚 0.9 mm，内褶壁退化，横隔膜膜质。核仁充实饱满，浅黄色，核仁重 6.6 g。出仁率 67%，脂肪含量 68.7%，蛋白质含量 17.1%。

在北京地区 4 月上旬萌芽；雌花期在 4 月中旬，雄花期在 4 月中下旬，属雌先型。9 月上旬坚果成熟，11 月上旬落叶。

图 3-14 '北京 861' 结果状

图 3-15 '北京 861' 雄花

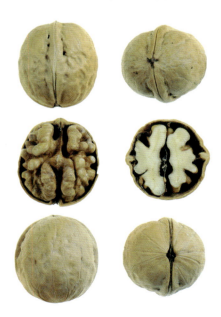

图 3-16 '北京 861' 坚果

该品种适应性强，较耐瘠薄，较抗病，丰产性强，坚果品质优良，涩味稍重，适宜北方核桃产区发展。

5 川核1号
Chuanhe 1

四川省林科院于1999年从当地晚实核桃中选出。原代号为'川核018'，2001年经四川省林木品种审定委员会认定为优良品种并定名。

树势强，树姿半开张，分枝力中等，1年生枝常呈黄褐色，节间长。顶芽呈阔三角形，顶叶较大，着生小叶5~9片。每雌花序着生雌花1~3朵，坐果1~3个，多双果，坐果率60%以上。坚果近圆形，果形端正，果顶具小尖，壳面多刻窝，较光滑，缝合线微隆起，结合紧密。坚果纵径3.96 cm，横径4.02 cm，侧径3.82 cm，单果重17.3 g。壳厚1.2 mm，内褶壁退化，横隔膜膜质，易取整仁。核仁充实饱满，黄白色，核仁重10.2 g，出仁率58.96%。含粗脂肪69.3%，蛋白质14.3%，风味香。

在四川秦巴山区3月中旬萌动，4月中旬雄花散粉，4月下旬雌花盛花期，雄先型。9月下旬果实成熟，11月上旬落叶。

该品种长势强，丰产性较好，坚果品质优良，适宜在四川秦巴山区核桃栽培区发展。

图3-17 '川核1号'树体

图3-18 '川核1号'坚果

图3-19 '川核1号'花

图3-20 '川核1号'结果状

6 川核2号
Chuanhe 2

由四川省林科院于1999年从当地晚实核桃中选出。原代号为'川核025'，2001年经四川省林木品种审定委员会认定为优良品种并定名。

树势强，树姿半开张，分枝力中等，1年生枝常呈黄褐色，节间长。顶芽呈阔三角形，顶叶较大，着生小叶5~9片。每雌花序着生雌花1~3朵，坐果1~3个，多双果，坐果率60%以上。坚果近圆形，果形端正，果顶微尖，壳面光滑，缝合线低平，结合紧密。坚果纵径3.68 cm，横径3.82 cm，侧径3.52 cm，单果重17.3 g。壳厚1.2 mm，内褶壁退化，横隔膜膜质，易取整仁。核仁充实饱满，浅紫色，核仁重7.35 g，出仁率57.6%。含粗脂肪67.8%，蛋白质12.4%，味香稍涩。25年生母树年产坚果11.5 kg。

在四川秦巴山区3月中旬萌动，4月中旬雄花散粉，4月下旬雌花盛花期，雄先型。9月下旬果实成熟，11月上旬落叶。

该品种长势强，丰产性较好，坚果品质优良，适宜在四川秦巴山区核桃栽培区发展。

图3-21 '川核2号'树体

图3-22 '川核2号'结果状

图3-23 '川核2号'花

7 川核3号
Chuanhe 3

四川省林科院于1999年从当地晚实核桃中选出。原代号为'川核026',2001年经四川省林木品种审定委员会认定为优良品种并定名。

树势强,树姿半开张,分枝力中等,1年生枝常呈黄褐色,节间长。顶芽呈阔三角形,顶叶较大,着生小叶5~9片。每雌花序着生雌花1~3朵,坐果1~3个,多双果,坐果率60%以上。坚果宽椭圆形,果形端正,果顶具小尖,果基圆钝,壳面多小坑,较光滑,缝合线隆起,结合紧密。坚果纵径4.15 cm,横径3.96 cm,侧径3.86 cm,单果重17.0 g。壳厚1.25 mm,内褶壁退化,横隔膜膜质,可取整仁或半仁。核仁充实饱满,仁色浅,核仁重10.07 g,出仁率58.96%。含粗脂肪71.5%,蛋白质12.9%,风味香。

在四川秦巴山区3月中旬萌动,4月中旬雄花散粉,4月下旬雌花盛花期,属雄先型品种。9月下旬果实成熟,11月上旬落叶。

该品种长势强,丰产性较好,坚果品质优良,适宜在四川秦巴山区核桃栽培区发展。

图3-27 '川核3号'花

图3-25 '川核3号'树体

图3-26 '川核3号'结果状

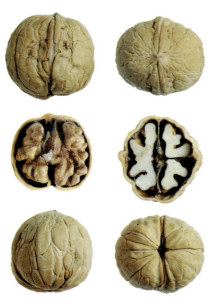

图3-24 '川核2号'坚果

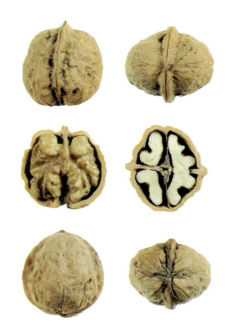

图3-28 '川核3号'坚果

8 川核4号
Chuanhe 4

四川省林科院于1999年从当地晚实核桃中选出。原代号为'川核104',2001年经四川省林木品种审定委员会认定为优良品种并定名。

树势中庸,树姿半开张,分枝力中等,1年生枝常呈黄褐色,节间长。顶芽呈阔三角形,顶叶较大,着生小叶5~9片。每雌花序着生雌花1~3朵,坐果1~3个,多双果,坐果率60%以上。坚果近圆形,果形端正,果顶具小尖,壳面多刻窝,较光滑,缝合线隆起,结合紧密。坚果纵径3.73 cm,横径3.47 cm,侧径3.42 cm,单果重12.6 g。壳厚1.15 mm,内褶壁退化,横隔膜膜质,易取整仁。核仁充实饱满,黄白色,核仁重7.37 g,出仁率58.5%。含粗脂肪72.2%,蛋白质11.3%,味香稍涩。

在四川秦巴山区3月中旬萌动,4月中旬雄花散粉,4月下旬雌花盛花期,雄先型。9月下旬果实成熟,11月上旬落叶。

该品种长势强,丰产性较好,坚果品质优良,适宜在四川秦巴山区核桃栽培区发展。

图3-29 '川核4号'树体

图3-31 '川核4号'结果状

图3-30 '川核4号'花

图3-32 '川核4号'坚果

9 川核5号
Chuanhe 5

四川省林科院于1999年从当地晚实核桃中选出。原代号为'川核116',2001年经四川省林木品种审定委员会认定为优良品种并定名。

树势强,树姿半开张,分枝力中等,1年生枝常呈黄褐色,节间长。顶芽呈阔三角形,顶叶较大,着生小叶5~9片。每雌花序着生雌花1~3朵,坐果1~3个,多双果,坐果率60%以上。坚果卵椭圆形,上宽下窄,果顶具突尖,壳面光滑,有少量刻窝,缝合线较平,结合紧密。坚果纵径3.67 cm,横径3.39 cm,侧径3.12 cm,单果重12.85 g。壳厚1.27 mm,内褶壁退化,横隔膜膜质,可取整仁或半仁。核仁充实饱满,黄白色,核仁重7.17 g,出仁率55.8%。含粗脂肪71.7%,蛋白质12.0%,味香无涩。

在四川秦巴山区3月中旬萌动,4月中旬雄花散粉,4月下旬雌花盛花期,雄先型。9月下旬果实成熟,

图3-33 '川核5号'树体

11月上旬落叶。

该品种长势强,丰产性较好,坚果品质优良,适宜在四川秦巴山区核桃栽培区发展。

图3-34 '川核5号'雄花

图3-35 '川核5号'结果状

图3-36 '川核5号'坚果

10 川核6号
Chuanhe 6

四川省林科院于1999年从当地晚实核桃中选出。原代号为'川核129',2001年经四川省林木品种审定委员会认定为优良品种并定名。

树势强,树姿半开张,分枝力中等,1年生枝常呈黄褐色,节间长。顶芽呈阔三角形,顶叶较大,着生小叶5~9片。每雌花序着生雌花1~3朵,坐果1~3个,多双果,坐果率60%以上。坚果扁圆形,果顶具突尖,壳面光滑,缝合线两侧有少量刻窝,缝合线略凸、结合紧密。坚果纵径3.22 cm,横径3.85 cm,侧径3.42 cm,单果重13.1 g。壳厚1.03 mm,内褶壁退化,横隔膜膜质,可取整仁。核仁充实饱满,仁色浅,核仁重8.47 g,出仁率64.7%。含粗脂肪74.0%,蛋白质10.8%,味香无涩。17年生母树年产坚果15 kg。

在四川秦巴山区3月中旬萌动,4月中旬雄花散粉,4月下旬雌花盛花期,雄先型。9月下旬果实成熟,11月上旬落叶。

该品种长势强,丰产性好,坚果壳薄,取仁容易,含油率高,品质优良,适宜在四川秦巴山区核桃栽培区发展。

图3-37 '川核6号'树体

图3-38 '川核6号'花

图3-39 '川核6号'结果状

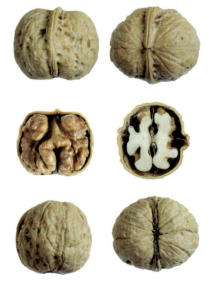

图3-40 '川核6号'坚果

11 川核7号
Chuanhe 7

四川省林科院于1999年从当地晚实核桃中选出。原代号为'川核135'，2001年经四川省林木品种审定委员会认定为优良品种并定名。

树势强，树姿半开张，分枝力中等，1年生枝常呈黄褐色，节间长。顶芽呈阔三角形，顶叶较大，着生小叶5~9片。每雌花序着生雌花1~3朵，坐果1~3个，多双果，坐果率60%以上。坚果长椭圆形，果顶具突尖，壳面较光滑，缝合线低平，结合紧密。坚果纵径4.06 cm，横径3.31 cm，侧径3.25 cm，单果重12.25 g，壳厚1.03 mm，内褶壁退化，横隔膜膜质，可取全仁。核仁充实饱满，黄白色，核仁重7.37 g，出仁率58.5%。含粗脂肪70.6%，蛋白质13.3%，味香稍涩。

在四川秦巴山区3月中旬萌动，4月中旬雄花散粉，4月下旬雌花盛花期，雄先型。9月下旬果实成熟，11月上旬落叶。

该品种长势强，坚果取仁容易，含油率高，品质优良，适宜在四川秦巴山区核桃栽培区发展。

图3-41 '川核7号'树体

图3-42 '川核7号'结果状

图3-43 '川核7号'花

12 川核8号
Chuanhe 8

四川省林科院于1999年从当地晚实核桃中选出。原代号为'川核139'，2001年经四川省林木品种审定委员会认定为优良品种并定名。目前已在四川秦巴山区核桃生产中推广试种。

树势强，树姿半开张，分枝力中等，1年生枝常呈黄褐色，节间长。顶芽呈阔三角形，顶叶较大，着生小叶5~9片。每雌花序着生雌花1~3朵，坐果1~3个，多双果，坐果率60%以上。坚果近圆形，果顶具突尖，果面光滑，缝合线两侧有少量刻窝，缝合线略凸，结合紧密。坚果纵径3.09 cm，横径3.04 cm，侧径2.87 cm，单果重7.26 g。壳厚0.8 mm，不露仁。内褶壁退化，横隔膜膜质，易取整仁。核仁充实饱满，黄白色，核仁重4.48 g，出仁率61.7%。含粗脂肪70.8%，蛋白质12.5%，味香甜，风味佳。

在四川秦巴山区3月中旬萌动，4月中旬雄花散粉，4月下旬雌花盛花期，属雄先型品种。9月下旬果实成熟，11月上旬落叶。

该品种长势强，坚果壳薄不露仁，风味佳，含油率高，品质优良，适宜在四川秦巴山区核桃栽培区发展。

图3-44 '川核8号'树体

图3-45 '川核8号'花

图 3-46 '川核 8 号' 结果状

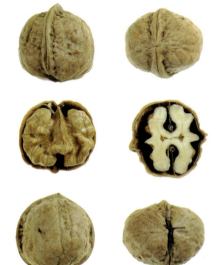

图 3-47 '川核 8 号' 坚果

13 川核 9 号
Chuanhe 9

四川省林科院于 1999 年从当地晚实核桃中选出。原代号为'川核 147'，2001 年经四川省林木品种审定委员会认定为优良品种并定名。

树势强，树姿半开张，分枝力中等，1 年生枝常呈黄褐色，节间长。顶芽呈阔三角形，顶叶较大，着生小叶 5~9 片。每雌花序着生雌花 1~3 朵，坐果 1~3 个，多双果，坐果率 60%以上。坚果圆形，果顶具小尖，壳面较光滑，缝合线低平，结合紧密。坚果纵径 3.15 cm，横径 3.12 cm，侧径 2.85 cm，单果重 9.2 g。壳厚 1.02 mm，内褶壁退化，横隔膜膜质，可取整仁或半仁。核仁充实饱满，仁色浅，核仁重 6.03 g，出仁率 65.5%。含粗脂肪 74.9%，蛋白质 10.7%，味香无涩。25 年生母树年产坚果 20 kg。

在四川秦巴山区 3 月中旬萌动，4 月中旬雄花散粉，4 月下旬雌花盛花期，雄先型。9 月下旬果实成熟，11 月上旬落叶。

该品种长势强，丰产性好，坚果壳薄，核仁充实饱满，取仁容易，含油率极高，品质优良，适宜在四川秦巴山区核桃栽培区发展。

图 3-50 '川核 9 号' 花

图 3-48 '川核 9 号' 树体

图 3-51 '川核 9 号' 坚果

图 3-49 '川核 9 号' 结果状

14 川核10号
Chuanhe 10

四川省林科院于1999年从当地晚实核桃中选出。原代号为'川核148',2001年经四川省林木品种审定委员会认定为优良品种并定名。

树势中庸,树姿开张,分枝力中等,1年生枝常呈黄褐色,节间长。顶芽呈阔三角形,顶叶较大,着生小叶5~9片。每雌花序着生雌花1~3朵,坐果1~3个,多双果,坐果率60%以上。坚果圆形,果顶具突尖,壳面光滑,色浅,缝合线较低平,结合紧密。坚果纵径3.63 cm,横径3.42 cm,侧径3.48 cm,单果重11.5 g。壳厚0.99 mm,内褶壁退化,横隔膜膜质,可取整仁或半仁。核仁充实饱满,黄白色,核仁重7.02 g,出仁率61.0%。含粗脂肪74.7%,蛋白质10.6%,味香无涩。

在四川秦巴山区3月中旬萌动,4月中旬雄花散粉,4月下旬雌花盛花期,属雄先型品种。9月下旬果实成熟,11月上旬落叶。

该品种果形美观,坚果壳薄,取仁容易,含油率极高,品质优良,适宜在四川秦巴山区核桃栽培区发展。

图3-52 '川核10号'树体

图3-54 '川核10号'结果状

图3-53 '川核10号'花

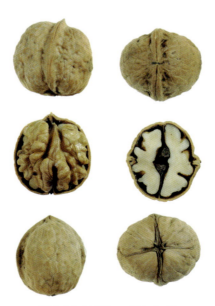

图3-55 '川核10号'坚果

15 川核11号
Chuanhe 11

四川省林科院于1999年从当地晚实核桃中选出。原代号为'川核157',2001年经四川省林木品种审定委员会认定为优良品种并定名。

树势强,树姿半开张,分枝力中等,1年生枝常呈黄褐色,节间长。顶芽呈阔三角形,顶叶较大,着生小叶5~9片。每雌花序着生雌花1~3朵,坐果1~3个,多双果,坐果率60%以上。坚果圆形,壳面较光滑,果顶具突尖,缝合线两侧略有刻窝,缝合线略凸,结合紧密。坚果纵径3.62 cm,横径3.49 cm,侧径3.37 cm,单果重11.49 g。壳厚0.91 mm,不露仁。内褶壁退化,横隔膜膜质,易取整仁。核仁充实饱满,黄白色,核仁重6.91 g,出仁率60.1%。含粗脂肪71.2%,蛋白质11.6%,香味淡无涩。22年生母

图3-56 '川核11号'树体

图3-57 '川核11号'结果状

树年产坚果 8.4 kg。

在四川秦巴山区 3 月中旬萌动，4 月中旬雄花散粉，4 月下旬雌花盛花期，属雄先型品种。9 月下旬果实成熟，11 月上旬落叶。

该品种长势强，坚果含油率高，品质优良，适宜在四川秦巴山区核桃栽培区发展。

图 3-58 '川核 11 号' 花

16 岱丰 Daifeng

山东省果树研究所从早实核桃'丰辉'实生后代中选出，2000 年通过山东省农作物品种审定委员会审定并命名。

树势较强，树姿直立，树冠成圆头形，枝条粗壮、光滑、较密集，1 年生枝绿褐色。混合芽饱满，芽座小，贴生，二次枝上主、副芽分离，芽尖绿褐色。复叶长 41.2 cm，小叶 4~7 片，顶端小叶椭圆形，长 17.1 cm，宽 8.3 cm，叶片大而厚，浓绿色。嫁接苗定植后，第一年开花，混合芽抽生的结果枝着生 2~3 朵雌花，雌花柱头绿黄色，雄花序长 9 cm，第二年开始结果，坐果率 70%。侧花芽比率 87%，多双果和三果。坚果长椭圆形，浅黄色，果基圆，果顶微尖。坚果纵径 4.36~5.32 cm，横径 3.43~3.65 cm，侧径 3.19~3.62 cm，单果重 13~15 g。壳面较光滑，缝合线紧密，稍凸。壳厚 0.9~1.1 mm。内褶壁膜质，纵隔不发达。单仁重 7.7~9.0 g，出仁率 55%~60%。内种皮色浅，易取整仁，核仁饱满，黄色，香味浓，无涩味，粗脂肪含量 66.5%，蛋白质含量 18.5%，坚果综合品质上等。

在泰安地区，3 月下旬发芽，4 月初枝条开始生长，4 月中旬雄花开放，下旬为雌花期，雄先型。9 月上旬果实成熟，11 月上旬落叶，植株营养生长期 210 天。雌花期与'鲁丰'等雌先型品种的雄花期基本一致，可作为授粉品种。在山东、河北、山西、北京、湖北等地都有栽培。

图 3-59 '岱丰' 树体

图 3-60 '岱丰' 雄花

图 3-61 '岱丰' 结果状

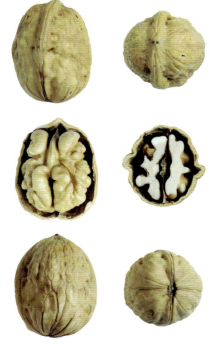

图 3-62 '岱丰' 坚果

17 岱辉 Daihui

山东省果树研究所实生选育而得。2004年12月通过山东省林木良种审定委员会审定并命名。

树姿开张，树冠密集紧凑，圆形。徒长枝多有棱状突起。新梢平均长10.4 cm，粗1.01 cm。结果母枝褐绿色，多年生枝灰白色。枝条粗壮，萌芽力、成枝力强，节间平均长为2.43 cm。分枝力强，抽生强壮枝多。混合芽圆形，肥大饱满，二次枝有芽座，主、副芽分离，黄绿色，具有茸毛。混合芽抽生的结果枝着生2~4朵雌花，雌花柱头黄绿色，雄花序长8.5 cm左右。复叶长31.2 cm，小叶数7~9片，长椭圆形，小叶柄极短，顶生小叶具3.2~4.8 cm长的叶柄，且叶片较大，长12.4 cm，宽6.1 cm。嫁接苗定植后，第一年开花，第二年开始结果，坐果率77%。侧花芽率96.2%，多双果和三果。坚果圆形，壳面光滑，缝合线紧而平，单果重11.6~14.2 g，可取整仁，单仁重7.1~8.6 g，壳厚0.8~1.1 mm，核仁饱满，味香不涩，出仁率58.5%，粗脂肪含量65.3%，蛋白质含量19.8%，品质优良。

在山东泰安地区，3月中旬萌动，下旬发芽，4月10日左右雄花期，中旬雌花盛开，雄先型。果实9月上旬成熟，11月中下旬落叶。现在山东、河北、河南、山西等地均有栽培。

图3-64 '岱辉' 结果状

图3-65 '岱辉' 雄花

图3-63 '岱辉' 树体

图3-66 '岱辉' 坚果

18 岱香 Daixiang

山东省果树研究所人工杂交育成，杂交组合是：'辽宁1号'ב香玲'，2004年12月通过山东省林木良种审定委员会审定并命名。

树姿开张，树冠圆形。1年生枝绿色，无毛，具光泽，髓心小。徒长枝多有棱状突起。新梢平均长14.67 cm，粗0.83 cm。混合芽圆形，肥大饱满，二次枝有芽座，主、副芽分离，黄绿色，具有茸毛。侧花芽比率95%以上。复叶长47.9 cm，小叶数7~9片，长椭圆形，全缘。嫁接苗定植后第一年开花，混合芽抽生的结果枝着生2~4朵雌花，雌花柱头黄绿色，雄花序长9 cm左右，第二年开始结果，坐果率70%，多双果和三果。坚果圆形，浅黄色，果基圆，果顶微尖。单果重13.0~15.6 g，纵径

图3-67 '岱香' 树体

3.90~4.16 cm，横径 3.55~3.76 cm，侧径 3.18 cm。壳面较光滑，缝合线紧，粗而稍凸。壳厚 0.9~1.2 mm，易取整仁，内褶壁膜质，纵隔不发达，仁重 7.3~9.3 g，出仁率 55%~60%，内种皮浅，黄色，无涩味，核仁饱满，香味浓，粗脂肪含量 66.2%，蛋白质含量 20.7%。

在泰安地区，3月下旬发芽，4月初枝条开始生长，4月中旬雄花开放，4月下旬为雌花期。雄先型。9月上旬果实成熟，11月上旬落叶，植株营养生长期210天。雌花期与'鲁丰'、'中林5号'等雌先型品种的雄花期基本一致，可互为授粉品种。

目前，该品种在山东、河北、河南、四川等省有栽培。

图 3-69 '岱香'雄花

图 3-70 '岱香'雌花

图 3-71 '岱香'结果状

图 3-68 '岱香'坚果

19 汾州大果

Fenzhoudaguo

山西省林业科学研究院1999年在山西孝义县实生核桃园中选出的优系，已在山西省内扩大试种。

树势强，树姿较直立，树冠呈半圆形。分枝力中等。每雌花序着生雌花2~3朵，多单果。坚果大，圆形。纵径 4.0~4.8 cm，横径 4.0~4.7 cm，侧径 4.0~4.8 cm，坚果重 18~20 g。壳面较麻，缝合线较平，结合紧密，壳厚 1.21~1.35 mm。取仁容易，出仁率 52%~56%。单仁重 10~13 g，仁色中等，较饱满。含粗脂肪 63.38%，蛋白质 13.73%，风味香甜。

在晋中地区，4月上旬萌芽，4月下旬盛花期，6~7月果实膨大期，7月下旬至8月硬核期，9月上旬果实成熟，10月下旬落叶。80年生母树年产坚果 25 kg 左右。嫁接苗4年开始结果。

该优系果大质优，较丰产，抗寒，耐旱，抗病性强，适宜在华北、西北黄土丘陵区发展。

20 丰辉
Fenghui

山东省果树研究所1978年杂交育成，1989年定名。

树姿直立，树势中庸，树冠圆锥形，分枝力较强。枝条细弱、髓心大、光滑、较密集，1年生枝绿褐色。混合芽饱满，芽座大，二次枝上主、副芽分离，芽尖绿褐色。嫁接苗定植第二年开花结果，侧生混合芽比率88.9%，4年后形成雄花。每个雌花序着生2~3雌花，坐果率70%左右。坚果长椭圆形，基部圆，果顶尖。纵径4.15~4.53 cm，横径3.0~3.25 cm，单果重11.3~13.0 g，壳面刻沟较浅，较光滑，浅黄色。缝合线窄而平，结合紧密，壳厚0.8~1.1 mm。内褶壁退化，横隔膜膜质，易取整仁。核仁充实、饱满、美观，核仁重6.8~7.5 g，出仁率55%~69%。粗脂肪含量61.77%，蛋白质含量22.9%，味香而不涩。

在山东泰安地区3月下旬发芽，4月中旬雄花期，4月下旬雌花期。雄先型。8月下旬果实成熟，11月中旬落叶。产量较高，粗放管理条件下，大小年明显。不耐干旱和瘠薄，适合土层深厚的土壤栽培。主要栽培于山东、河北、山西、陕西、河南等省。

图 3-73 '丰辉' 结果状

图 3-74 '丰辉' 雄花

图 3-75 '丰辉' 坚果

图 3-72 '丰辉' 树体

21 寒丰
Hanfeng

'寒丰'由辽宁省经济林研究所1992年育成。杂交组合是：'新纸皮'×日本心形核桃（*Juglans cordiformis*）。

树势强，树姿直立或半开张，分枝力强。1年生枝呈绿褐色，枝条较密集，以中短果枝为多，属中短枝型。芽呈圆或阔三角形，侧芽形成混合芽能力超过92%。小叶5~9片。每雌花序着生2~3朵雌花，多双果，在不授粉的条件下坐果率60%以上，具

图 3-76 '寒丰' 树体

图 3-77 '寒丰' 雌花

有较强的孤雌生殖能力。坚果长阔圆形，果基圆，果顶微尖。纵径 4.0 cm，横径 3.6 cm，侧径 3.7 cm。壳面光滑，色浅，缝合线窄而平或微隆起，结合紧密。壳厚 1.2 mm，内褶壁膜质或退化，核仁较充实饱满，黄白色，核仁重 7.3 g，出仁率 54.5%。

在辽宁省大连地区 4 月中旬萌动，5 月中旬雄花散粉，5 月下旬雌花盛期，雄先型。雌花盛期最晚可延迟到 5 月末，比一般雌先型品种晚 20~25 天。9 月中旬坚果成熟，10 月下旬或 11 月上旬落叶。

该品种抗春寒，孤雌生殖能力强，坚果品质优良，非常适宜在我国有晚霜危害的地区栽培。

图 3-78 '寒丰' 结果状

22 和春6号
Hechun 6

新疆林业厅种苗站于 1977 年从新疆和田县春花公社（现改为巴格其乡）5 管区 3 大队 4 生产队农田中选出，优质大果型，1991 年定名，主要栽培于新疆阿克苏、和田地区。

该品种枝条多，细长，2、3 年生枝青褐色，1 年生枝浅褐色。芽较小，靠叶腋。复叶 5~9 片，以 7 片为多，叶色深绿色，梭形，较大。花期 4 月中旬至 5 月上旬，雌先型，雌花早开 5~6 天，9 月中、下旬坚果成熟，11 月上旬落叶。较耐干旱，可抵御 -25℃ 低温。

结果母枝发枝 1.21 个，结果枝率 68.9%。短果枝率 5%，中果枝率 65%，长果枝率 30%。果枝长 13.1 cm，果枝单果率 80%，双果率 20%，每个果枝结果 1.2 个。坚果长卵形，果基部圆，果顶部稍凸，果型大，壳面较光滑，缝合线较平，单果体积 49.45 cm³，单果重 25 g，壳厚 1.52 mm，果仁饱满、易取，色较深，出仁率 53.88%，出油率 71.24%，味香，无异味，品质优良。

嫁接苗定植后，第四年开始结果，第八年株产 20 kg，1 m² 树冠投影产仁量 200 g，高产株年产 25 kg，产仁量 333 g。

该品种果大，品质好，长势旺盛，冠幅大。适应性强，晚实，进入盛产期后，丰产性好，且稳产，可作带壳销售品种发展。适宜在水土肥条件好的地方栽培，庭院栽植更佳。

图 3-81 '和春 6 号' 结果状

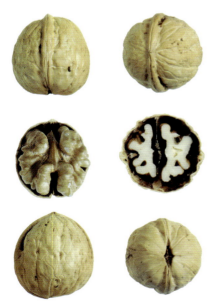

图 3-79 '寒丰' 坚果

图 3-80 '和春 6 号' 树体

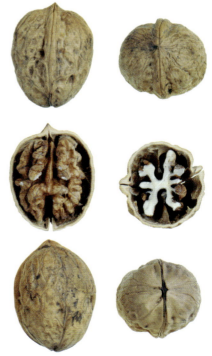

图 3-82 '和春 6 号' 坚果

23 和上1号
Heshang 1

新疆林业厅林木种苗管理总站和阿克苏地区实验林场合作选育的核桃新品种，早实丰产型，1991年8月通过成果鉴定。

树势强，树冠较开张。结果母枝发枝4.98个，结果枝率87.8%。短果枝率4.9%，中果枝率93.9%，长果枝率1.2%。果枝长8.50 cm，果枝单果率50%，双果率50%。每个果枝结果1.5个。小枝粗壮芽大，离开叶

图3-83 '和上1号' 树体

图3-84 '和上1号' 结果状

图3-85 '和上1号' 坚果

腋，叶大，多呈深绿色，顶叶特大，复叶由3~7片小叶组成，偶有4片小叶。雌雄花期基本一致。坚果短卵形，果基部及顶部较圆，缝合线平，壳面光滑，单果体积28.37 cm³，单果重17.42 g，果壳厚1.16 mm，果仁充实饱满，易整取，淡黄色，出仁率56.1%，出油率69.73%。味香，品质优良。

嫁接苗定植后，第二年开始开花并有少量挂果，第五年株产3.7 kg，第八年15.5 kg，每平方米树冠投影面积产仁量242 g，高产株年产可达30 kg。

该品种适应性强，产量中上等。大小年不明显。作带壳、加工销售品质发展皆可，宜在水土肥条件较好的地方栽培。

24 冀丰
Jifeng

由河北省农林科学院昌黎果树研究所于1999年选出，2001年2月通

图3-86 '冀丰' 树体

过河北省林木品种审定委员会审定。

树势中庸，树姿开张，树形为自然圆头形。雄花花序发生量中等，长7.5 cm，雌花量中等，柱头黄绿色。高接后第三年开始结果，第五年进入经济结果期，平均每平方米树冠投影面积产仁量279.8 g。青果圆形，黄绿色。无茸毛，果点较密、黄色，果柄长3 cm，青皮厚0.6 cm。坚果圆形，浅黄色，果顶平圆，果底平滑。三径均值3.2 cm，单果质量11.2 g。坚果表面光滑，缝合线窄而平，结合紧密。壳厚1.1 mm，易取仁，可取整仁，出仁率58.5%。种仁充实、饱满，黄白色，含粗脂肪68.53%，蛋白质16.2%，风味香甜。

在河北省昌黎地区4月1日萌芽，4月14日展叶，4月12日雄花芽膨大。4月22日雄花开放，4月下旬散粉。4月22日雌花始开，4月25日盛开，雌雄同熟。果实8月下旬成熟，10月30日落叶。

该品种抗旱耐瘠薄，适应性广，丰产优质，对核桃黑斑病、炭疽病有一定抗性。适宜华北地区及与之土壤气候相近地区栽培。宜选土层较厚的浅丘陵区。密度可按株行距4 m×5 m或6 m×6 m，也可采用计划密植，建园密度3 m×4 m，间伐后密度6 m×8 m。

图 3-87 '冀丰'结果状

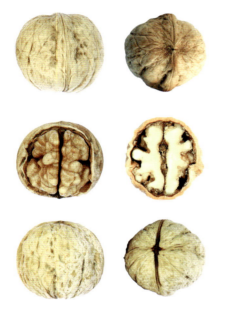

图 3-88 '冀丰'坚果

化,横隔膜膜质,核仁饱满,可取整仁,核仁重 6~7.5 g,出仁率 62%~66%,仁色浅。脂肪含量 68.89%,蛋白质含量 16.45%,风味香甜。

在晋中地区 4 月中旬萌芽,5 月上旬盛花期,9 月上旬坚果成熟,10 月下旬落叶。

该品种抗性强,较丰产,坚果品质优良,适宜在华北、西北丘陵区发展。

25 晋薄 1 号
Jinbao 1

山西省林业科学研究所(现山西省林业科学研究院,以下简称山西省林科院)选自山西省孝义县晚实实生核桃园,1991 年定为优系。

树冠高大,树势强,树姿开张,树冠呈半圆形。分枝力较强。每雌花序着生 2 朵雌花,双果较多。坚果长圆形。纵径 3.6~3.8 cm,横径 3.2~3.5 cm,侧径 3.20~3.35 cm,单果重 10~12 g。壳面光滑,色浅,缝合线窄而平,结合紧密,壳厚 0.7~0.9 mm。内褶壁退

26 晋薄 2 号
Jinbao 2

山西省林业科学研究所(现山西省林科院)从山西省汾阳县晚实实生核桃园选出,1991 年定为优系。

树势中庸,树冠呈圆球形。分枝力较强,短果枝结果为主。每雌花序着生 2~3 朵雌花,坐果 2~3 个,三果较多。坚果长圆形。纵径 3.51~3.86 cm,横径 3.4~3.7 cm,侧径 3.41~3.82 cm,单果重 11.2~13.8 g。壳厚 0.6~0.7 mm。壳面光滑,少数露仁。内褶壁退化,核仁饱满,可取整仁。仁色浅,核仁重 8.0~9.5 g,出仁率 69.3%~73.5%。脂肪含量 69.15%,蛋白质含量 16.93%,风味香甜。

在晋中地区 4 月中旬萌芽,4 月下旬雄花盛期,5 月上旬雌花盛期,雄先型。9 月上中旬坚果成熟,11 月上旬落叶。

该品种抗寒性、抗病性强,耐旱,丰产,坚果品质优良,适宜在华北、西北丘陵区发展。

27 晋薄 3 号
Jinbao 3

山西省林业科学研究所(现山西省林科院)从山西省孝义县晚实实生核桃园中选出,1991 年定为优系。

树势强,树姿较开张,树冠较大、圆头形。分枝力较强。顶芽呈圆形,侧芽形成混合芽能力超过 90%。小叶 5~7 片,顶叶大。每雌花序着生 2~3 朵雌花,坐果 2~3 个,多双果,坐果率 60% 以上。坚果圆形。纵径 3.3~3.5 cm,横径 3.30~3.55 cm,侧径 3.31~3.57 cm,单果重 12~12.9 g。壳面较光滑,缝合线结合较紧密,壳厚 0.76~0.95 mm。可取整仁,出仁率 62.0%~66.3%。仁色黄白,核仁重 6.50~8.15 g。脂肪含量 68.73%,蛋白质含量 18.53%,风味香甜。

在晋中地区 4 月中旬萌芽,5 月上旬盛花,9 月上旬坚果成熟,10 月下旬落叶。

该品种抗寒性、抗病性强,耐旱,丰产,适宜在华北、西北丘陵山区发展。

28 晋薄 4 号
Jinbao 4

山西省林业科学研究所(现山西省林科院)从山西左权县晚实实生核桃园中选出,1991 年定为优系。

树势强,树姿开张,树冠高大、圆头形。分枝力较强,坐果率较高,双果较多。坚果圆形,较小。纵径 3.10~3.38 cm,横径 3.36~3.48 cm,侧径 3.36~3.70 cm,单果重 9.0~10.5 g。壳面较光滑,缝合线较密,壳厚 0.70~0.82 mm,核仁饱满,可取整仁,出仁率 64%~66%。仁色黄白,核仁重 6.10~6.53 g。脂肪含量 73.28%,蛋白质含量 13.49%,风味香甜。

在晋中地区 4 月中旬萌芽,5 月上旬盛花,9 月中旬坚果成熟,10 月下旬落叶。

该品种抗寒性、抗病性强,耐旱,丰产,适宜在华北、西北丘陵山区发展。

图 3-89 '晋丰' 树体

图 3-90 '晋丰' 雌花

图 3-91 '晋丰' 坚果

图 3-92 '晋龙 1 号' 雄花

图 3-93 '晋龙 1 号' 坚果

29 晋丰 Jinfeng

山西省林业科学研究所（现山西省林科院）选育自山西省祁县核桃良种场，1991年定为优系，1994年通过山西省科技厅鉴定，2007年通过山西省林木品种审定委员会审定。

树势强，树姿开张，树冠矮小、紧凑，呈半圆形。分枝力强，坐果率高。顶芽圆，侧芽为混合花芽，圆而较小。每雌花序着生2~3朵雌花，多双果。坚果圆形，果顶尖，果底稍宽。纵径3.5~3.8 cm，横径3.10~3.36 cm，侧径3.20~3.44 cm，单果重10.2~12.8 g。壳厚0.96~1.10 mm，露仁，取仁容易，出仁率64%~66%。核仁饱满，色浅，核仁重6.0~7.5 g。脂肪含量67.4%，蛋白质含量19.1%，味香甜。

在晋中地区4月上中旬萌芽，5月上中旬盛花，9月上旬果实成熟，10月下旬落叶。

该品种抗晚霜能力较强，耐旱，丰产性强，可矮化密植栽培，但对肥水条件要求较高，肥水不足时常有露仁现象。适宜在华北、西北丘陵山区发展。

30 晋龙1号 Jinlong 1

山西省林业科学研究所（现山西省林科院）选育自山西省汾阳晚实实生核桃群体，1990年通过山西省科技厅鉴定。

主干明显，分枝力中等，树冠自然圆头形。枝条较密，分布均匀，1年生枝绿棕色，顶芽为混合芽、圆形。每雌花序多着生2朵雌花，坐果率65%，多双果。坚果近圆形，果基微凹，果顶平。纵径3.6~3.8 cm，横径3.60~3.96 cm，侧径3.8~4.2 cm，单果重13.0~16.35 g。壳面较光滑，有小麻点，色较浅，缝合线窄而平，结合较紧密，壳厚0.9~1.12 mm。内褶壁退化，横隔膜膜质，易取整仁。核仁饱满、色浅，核仁重9.1 g，出仁率60%~65%。脂肪含量64.96%，蛋白质含量14.32%，味香甜。

在晋中地区4月下旬萌芽，5月上旬盛花期，5月中旬大量散粉，雄先型。9月中旬坚果成熟，10月下旬落叶。

该品种抗寒、耐旱，抗病性强，晋中以南海拔1 000 m以下不受霜冻危害。适宜在华北、西北地区发展。

图 3-94 '晋龙 1 号' 树体

图 3-95 '晋龙 2 号' 雄花

图 3-96 '晋龙 2 号' 坚果

图 3-97 '晋龙 2 号' 雌花

图 3-98 '晋龙 2 号' 树体

31 晋龙 2 号
Jinlong 2

山西省林业科学研究所（现山西省林科院）选育自山西省汾阳晚实实生核桃群体，1994 年通过山西省科技厅鉴定。

树势强，树姿开张，分枝力中等，树冠较大。顶芽阔圆形，侧花芽率较高。每雌花序多着 2~3 朵雌花，坐果率 65%。坚果圆形，纵径 3.5~3.7 cm，横径 3.70~3.94 cm，侧径 3.70~3.93 cm，单果重 14.60~16.82 g。壳面光滑，色浅，缝合线窄而平，结合紧密，壳厚 1.12~1.26 mm。内褶壁退化，横隔膜膜质，可取整仁。出仁率 54%~58%。核仁饱满，仁色淡黄白，核仁重 8.6~9.8 g，脂肪含量 73.7%，蛋白质含量 19.38%，风味香甜。

在晋中地区 4 月中旬萌芽，5 月上中旬雄花盛期，5 月中旬为授粉期，雄先型。9 月中旬坚果成熟，10 月下旬落叶。

80 年生母树年产坚果 50 kg 左右。嫁接苗 3 年开始结果，8 年生树株产坚果 5 kg 左右。

该品种抗寒、耐旱，抗病性强，丰产稳产，适宜在华北、西北丘陵山区发展。

32 晋绵1号
Jinmian 1

山西省林业科学研究所（现山西省林科院）从山西省孝义县晚实实生核桃园中选出，1991年定为优系。

树势强，树姿开张，分枝力较强，树冠高大、自然圆头形。双果较多，坚果圆形。纵径3.6~4.1 cm，横径3.60~3.82 cm，侧径3.60~3.88 cm，单果重14.00~16.55 g。壳面较光滑，有小麻点，缝合线紧密，壳厚0.77~0.88 mm。取仁容易，出仁率62%~64%。核仁饱满，仁色黄白，核仁重8.0~9.8 g。脂肪含量73.28%，蛋白质含量13.49%，味香甜。

在晋中地区4月上旬萌芽，4月下旬盛花期，9月上旬坚果成熟，10月下旬落叶。

该优系抗寒、耐旱，抗病性强，丰产，适宜在华北、西北丘陵山区发展。

33 晋绵2号
Jinmian 2

山西省林业科学研究所（现山西省林科院）从山西省原平县晚实实生核桃园中选出，1991年定为优系。

树势强，分枝力较强，树冠大、圆头形。坐果率较高，多着生双果。坚果长圆形，果底稍宽。纵径3.60~3.82 cm，横径3.50~3.83 cm，侧径3.5~3.8 cm，单果重12.0~15.6 g。壳面较光滑，缝合线较高，结合紧密，壳厚0.9~1.1 mm。核仁饱满，取仁容易，仁色乳白，出仁率54%~56.8%，核仁重7.5~8.0 g。脂肪含量68.38%，蛋白质含量13.73%，味香甜。

在晋中地区4月上旬萌芽，4月下旬盛花，9月上旬坚果成熟，10月下旬落叶。

该优系抗寒、耐旱，抗病性强，丰产，适宜在华北、西北丘陵地区发展。

34 晋绵3号
Jinmian 3

山西省林业科学研究所（现山西省林科院）从山西省孝义县晚实实生核桃园中选出，1991年定为优系。

树势强，分枝力较强，树冠大、圆头形。短果枝结果，多着生双果。坚果圆形，果个较大。纵径3.56~3.91 cm，横径3.61~3.99 cm，侧径3.62~3.89 cm，单果重13.5~17.4 g。壳厚1.22~1.38 mm。壳面光滑，取仁容易，出仁率51%~55%。核仁饱满，仁色黄白，核仁重7.8~9.1 g，脂肪含量62.31%，蛋白质含量18.35%，味香甜。

在晋中地区4月上旬萌芽，4月中下旬盛花，9月上旬坚果成熟，10月下旬落叶。

该优系抗寒、耐旱，抗病性强，丰产，适宜在华北、西北黄土丘陵区发展。

35 晋绵4号
Jinmian 4

山西省林业科学研究所（现山西省林科院）从山西省孝义县晚实实生核桃园中选出，1991年定为优系。

树势强，树姿直立，分枝力较弱，树冠小、圆头形。坚果长圆形，果个较大，纵径3.8~4.2 cm，横径3.7~4.1 cm，侧径3.6~3.8 cm，单果重13.0~15.0 g。壳面较光滑，壳厚1.1~1.28 mm，取仁容易，出仁率55%~58.5%，核仁饱满，仁色黄白，核仁重7.1~8.2 g。脂肪含量71.91%，蛋白质含量13.94%，味香甜。

在山西孝义县4月上旬萌芽，5月上旬盛花，9月上旬果实成熟，10月下旬落叶。

该优系抗寒、耐旱，抗病性强，较丰产，适宜在华北、西北丘陵山区发展。

36 晋绵5号
Jinmian 5

山西省林业科学研究所（现山西省林科院）从山西省汾阳县晚实实生核桃园中选出，1991年定为优系。

树势强，树姿开张，分枝力较强，树冠高大、半圆形。坐果率高，坚果长圆形，果个较大，纵径3.7~4.0 cm，横径3.5~3.8 cm，侧径3.55~3.63 cm，单果重12.8~15.9 g。壳面光滑，壳厚1.26~1.40 mm，出仁率54%~57%。核仁饱满，取仁容易，仁色浅，核仁重6.2~8.6 g。脂肪含量69.31%，蛋白质含量16.45%，味香甜。

在晋南地区3月末萌芽，4月中旬盛花，9月上旬果实成熟，10月下旬落叶。

该优系适应性强，优质丰产，适宜在华北、西北丘陵山区发展。

37 晋绵6号
Jinmian 6

山西省林业科学研究所（现山西省林科院）从山西省灵石县晚实实生核桃园中选出，1991年定为优系。

树势强，分枝力较强，树冠较大。每雌花序着生1~3朵，坐果率高，多3个果。坚果圆形，纵径3.4~3.9 cm，横径3.5~3.9 cm，单果重9.6~12.4 g。壳面较光滑，壳厚0.97~1.26 mm，取仁容易。核仁饱满，仁色浅，核仁重5.5~5.8 g，出仁率53%~56.5%，脂肪含量66.41%，蛋白质含量17.24%，味香甜。

在晋中地区4月上旬萌芽，5月初盛花，9月上旬坚果成熟，10月下旬落叶。

该优系丰产，适应性强，优质，较丰产，适宜在华北、西北丘陵山区发展。

38 晋香 *Jinxiang*

山西省林业科学研究所（现山西省林科院）选自山西省祁县核桃良种场，1991年定为优系，2007年通过山西省林木良种审定。

树势强，分枝力强，树姿较开张，树冠矮小、半圆形。枝条细、硬，髓心较小，顶芽圆形，侧花芽较小，侧花芽率较高。每雌花序着生2~3朵雌花，坐果率较高，双果较多，果梗较长。坚果圆形，纵径3.60~3.95 cm，横径3.30~3.56 cm，侧径3.40~3.66 cm，单果重11.0~12.8 g。壳面光滑，色浅，缝合线平，结合较紧密，壳厚0.75~0.90 mm。核仁饱满，可取整仁，仁色浅，出仁率62.5%~66.9%，核仁重6.8~8.3 g。脂肪含量68.59%，蛋白质含量17.04%，味香甜。

在晋中地区4月上旬萌芽，5月上旬盛花期，9月上旬果实成熟，10月下旬落叶。

该品种抗寒、耐旱，抗病性较强，丰产，适宜矮化密植栽培，但对肥水条件要求较高，适宜在我国北方平原或丘陵区土肥水条件较好地区栽培。

图3-101 '晋香'雄花

图3-100 '晋香'结果状

图3-102 '晋香'雌花

图3-99 '晋香'树体

图3-103 '晋香'坚果

39 京香1号
Jingxiang 1

北京林果所从延庆县大庄科乡香屯村实生核桃园中选出，1990年定名，2009年通过北京市良种委员会审定，晚实类型。

树势强，树姿较直立，分枝力较强。1年生枝棕褐色，粗壮，节间较短，属中枝型，顶芽圆形，侧芽形成混合芽的比率30%。小叶7~9片，顶叶较大。每雌花序多着生2朵雌花，坐果1~2个，多双果，坐果率55%。坚果圆形，果基圆，果顶圆、微尖。纵径3.4 cm，横径3.6 cm，侧径3.5 cm。壳面较光滑，色较浅，缝合线中宽而低，结合较紧密。壳厚1.0 mm，内褶壁退化，横隔膜膜质。核仁充实饱满，仁浅黄色，核仁重6.7 g，出仁率57.6%。

在北京地区4月上旬萌芽，雄花期在4月中旬，雌花期在4月下旬，属雄先型，9月上旬坚果成熟，11月上旬落叶。

该品种适应性强，较耐瘠薄，抗病，丰产性较强，适宜北方核桃产区栽培。

图3-104 '京香1号' 树体

图3-105 '京香1号' 雌花

图3-106 '京香1号' 结果状

图3-107 '京香1号' 坚果

40 京香2号
Jingxiang 2

北京林果所从密云县实生核桃园中选出，1990年定名。2009年12月通过北京市良种委员会审定。

树势中庸，树姿较开张，分枝力较强。1年生枝浅灰色，粗壮，节间短，果枝短，属短枝型。顶芽圆形，侧芽形或混合芽的比率为50%左右，属晚实类型。奇数羽状复叶，小叶5~9片。每雌花序着生2~3朵雌花，坐果1~3个，多双果，坐果率65%左右。坚果圆形，果基圆，果顶圆。纵径3.1 cm，横径3.2 cm，侧径3.2 cm。壳面较光滑，色浅，缝合线宽而低，结合紧密。壳厚1.2 mm，内褶壁退化，横隔膜膜质。核仁充实饱满，浅黄色，核仁重6.4 g。出仁率57.0%。

在北京地区4月上旬萌发，雄花期在4月中旬，雌花期在4月下旬，雄先型。9月上旬坚果成熟，10月底落叶。

该品种适应性强，较耐瘠薄，抗病，丰产性强，坚果圆，外形美观，品质优，适宜北方核桃产区栽培。

图3-108 '京香2号' 树体

图 3-109 '京香 2 号' 结果状

图 3-110 '京香 2 号' 雌花

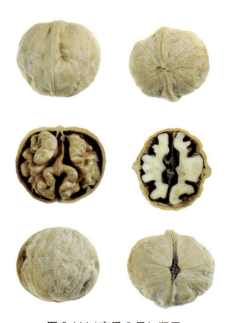

图 3-111 '京香 2 号' 坚果

41 京香 3 号
Jingxiang 3

北京林果所从房山区佛子庄乡中英水村实生核桃园中选出。1990 年定名。2009 年 12 月通过北京市良种委员会审定。

树势较强，树姿较开张，分枝力中等。1 年生枝灰褐色，较粗壮，节间中长，果枝中短，属中果枝型。顶芽长圆形，侧芽形成混合芽的比率为 30%，属晚实类型。小叶 5~9 片，顶叶较大。每雌花序多着生 2 朵雌花，坐果 1~2 个，多双果，坐果率 60% 左右。坚果扁圆形，果基平，果顶微尖。纵径 3.8 cm，横径 3.6 cm，侧径 4.0 cm。壳面较光，色较深，有时发育不全，缝合线微隆起，结合较紧密。壳厚 1.2 mm，内褶壁退化，横隔膜膜质。核仁较充实，饱满，深黄色，核仁重 8.8 g。出仁率 61.5%。

在北京地区 4 月上旬萌芽，雌花期在 4 月中旬，雄花期在 4 月下旬，雌先型。9 月上旬坚果成熟，11 月上旬落叶。

该品种适应性强，较耐瘠薄，抗病，丰产性强，坚果品质优，适宜北方核桃产区稀植大冠栽培。

图 3-112 '京香 3 号' 树体

图 3-113 '京香 3 号' 雌花

图 3-114 '京香 3 号' 结果状

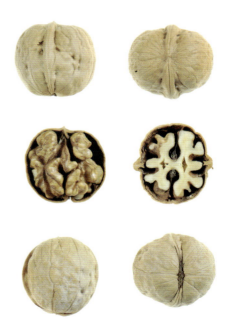

图 3-115 '京香 3 号' 坚果

42 客龙早
Kelongzao

四川省林科院和黑水县林业局于2007年从新疆核桃实生树中选出，原优系名为'知木林78号'，2009年经四川省林木品种审定委员会认定为优良品种并定名，早实类型。

生长势强，树姿较开张，分枝力中等，1年生枝常呈黄褐色，节间短，顶芽呈阔三角形，结果母枝侧生混合芽率83%，二次花现象普遍。复叶长55 cm，小叶5~11片，顶叶较大。每雌花序着生雌花1~4朵，坐果1~4个，多双果，坐果率60%以上。坚果椭圆形，果面较光滑，有少量刻窝，果顶尖，缝合线较低平，结合紧密。坚果纵径3.54 cm，横径3.30 cm，侧径3.17 cm，单果重11.41 g。壳厚1.01 mm，内褶壁退化，横隔膜膜质，取仁容易。核仁饱满，仁色浅，核仁重7.12 g，出仁率62.4%。脂肪含量64.31%，蛋白质含量18.86%，味香甜，无涩。

在四川黑水县3月下旬萌动，

图 3-117 '客龙早'雄花

图 3-118 '客龙早'结果状

4月中下旬雄花散粉，4月下旬雌花盛花期，雄先型，9月中旬坚果成熟，11月下旬落叶。

该品种耐旱，连续结果能力较强，丰产稳产性好，坚果品质优良，适宜在川西北、川西南山地和盆地北缘、东北缘核桃栽培区发展。

43 魁香
Kuixiang

河北省卢龙县林业局选出，2007年通过河北省林木品种审定委员会审定。

树势强，树姿较开张。坚果圆形，壳面光滑，黄褐色，缝合线微凸，结合紧密，壳厚1.0 mm，薄壳。坚果纵径3.24 cm，横径3.64 cm，侧径3.44 cm，单果重13.9 g。内褶壁退化，横隔膜退化，仁饱满，可取整仁或半仁，仁色浅，核仁重7.7 g，出仁率55.4%，味香无涩，脂肪含量74.3%，蛋白质含量17.6%。

坚果9月上旬成熟。

该品种耐旱，抗寒性强，抗病能力较强，适宜北方核桃产区栽培。

图 3-116 '客龙早'树体

图 3-119 '客龙早'坚果

图 3-120 '魁香'树体

图 3-121 '魁香'结果状

图 3-122 '魁香'坚果

44 礼品1号
Lipin 1

辽宁省经济林研究所1989年从新疆晚实核桃A2号实生后代中选出。

树势中等,树姿开张,分枝力中等。1年生枝常呈灰褐色,节间长,以长果枝结果为主。芽呈圆形或阔三角形。小叶5~9片。每雌花序着生2朵雌花。坐果1~2个,坐果率50%。坚果长圆形,果基圆,果顶圆并微尖。纵径3.5 cm,横径3.2 cm,侧径3.4 cm。壳面光滑,色浅,缝合线窄而平,结合不紧密。壳厚0.6 mm,内褶壁退化,核仁充实饱满,黄白色,核仁重6.7 g,出仁率70%。

在辽宁省大连地区4月中旬萌动,5月上旬雄花散粉,5月中旬雌花盛期,雄先型优系,9月中旬坚果成熟,11月上旬落叶。

该品种适宜在我国北方地区发展。

图 3-123 '礼品1号'树体

图 3-124 '礼品1号'雌花

图 3-125 '礼品1号'结果状

图 3-126 '礼品1号'坚果

45 礼品2号
Lipin 2

辽宁省经济林研究所1989年从新疆晚实核桃A2号实生后代中选出。

树势中等，树姿半开张，分枝力较强。1年生枝常呈绿褐色，节间长，以长果枝结果为主。芽呈圆形或阔三角形。小叶5~9片。每雌花序着

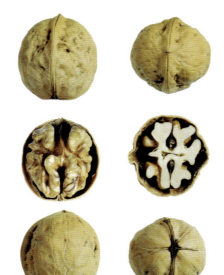

图3-130 '礼品2号' 坚果

生2朵雌花，少有3朵。多坐双果，常在一个总苞中有2个坚果，坐果率70%。坚果长圆形，果基圆，果顶圆微尖。纵径4.1 cm，横径3.6 cm，侧径3.7 cm。壳面光滑，色浅，缝合线窄而平，结合较紧密。壳厚0.7 mm，内褶壁退化，核仁充实饱满，黄白色，核仁重9.1 g，出仁率67.4%。

在辽宁省大连地区4月中旬萌动，5月上旬雌花盛期，5月中旬雄花散粉，雌先型品种，9月中旬坚果成熟，11月上旬落叶。

该品种抗病，丰产，适宜在我国北方地区发展。

图3-128 '礼品2号' 雌花

图3-129 '礼品2号' 结果状

图3-127 '礼品2号' 树体

序发生量中等，长度8.7 cm。雌花数量中等，柱头黄色。青果果柄长1.7~3.5 cm，青皮厚0.3 cm。坚果卵圆形，白褐色，果顶尖，果底平圆。坚果表面有麻点，色浅，缝合线窄微凸，结合紧密，三径均值3.3 cm，单果重12.9 g，壳厚1.2 mm，种仁充实饱满，色浅，可取整仁，出仁率57.27%。脂肪含量68.97%，蛋白质含量16%，味浓香。

在河北省昌黎地区4月4日左右萌芽，4月7日左右雄花膨大，4月22日左右雄花开放。4月25日左右雌花开放，4月28日左右盛开，雌花受精期为4月下旬，雌雄同熟，果实9月上旬成熟，11月初落叶。

该品种抗旱、耐瘠薄，抗核桃黑斑病、炭疽病，适宜华北地区栽培。

46 里香
Lixiang

河北省农林科学院昌黎果树研究所选出，1999年通过河北省林业局组织的专家鉴定，2001年通过河北省林木品种审定委员会审定并命名。

树势中庸，树姿半开张，分枝力强，树冠自然圆头形。雄花花

图3-131 '里香' 树体

图3-132 '里香' 结果状

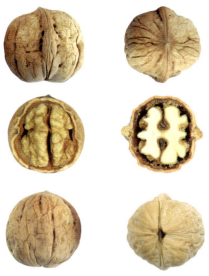

图3-133 '里香'坚果

图3-135 '辽宁1号'结果状

47 辽宁1号
Liaoning 1

辽宁省经济林研究所1980年育成，杂交组合：河北昌黎大薄皮10103优株×新疆纸皮11001优株。

树势强，树姿直立或半开张，分枝力强，枝条粗壮密集。1年生枝常呈灰褐色，果枝短，属短枝型。顶芽呈阔三角形或圆形，侧芽形成混合芽能力超过90%。小叶5~7片，顶叶较大。每雌花序着生2~3朵雌花，坐果2~3个，多双果，坐果率60%。坚果圆形，果基平或圆，果顶略呈肩形。纵径3.5 cm，横径3.4 cm，侧径3.5 cm。壳面较光滑，色浅，缝合线微隆起，结合紧密。壳厚0.9 mm左右，内褶壁退化，核仁充实饱满，黄白色，核仁重5.6 g，出仁率59.6%。

在辽宁省大连地区4月中旬萌动，5月上旬雄花散粉，5月中旬雌花盛期，雄先型品种，9月下旬坚果成熟，11月上旬落叶。

该品种较耐寒、耐旱，适应性强，丰产，坚果品质优良，适宜在我国北方地区发展。

图3-134 '辽宁1号'树体

图3-136 '辽宁1号'雌花

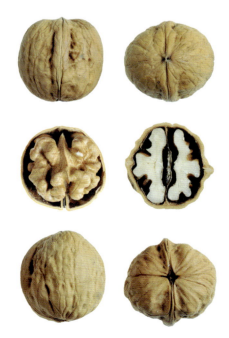

图3-137 '辽宁1号'坚果

图3-138 '辽宁2号' 树体

48 辽宁2号
Liaoning 2

辽宁省经济林研究所1980年育成，杂交组合：河北昌黎大薄皮10104优株×新疆纸皮11001优株。

树势强，树姿半开张，分枝力强，枝条粗短，树冠紧凑，较矮化。1年生枝呈紫褐色，果枝短，属短枝型。顶芽呈阔三角形或圆形，侧芽形成混合芽能力超过95%。小叶5~7片，小叶比一般品种大。每雌花序着生2~4朵雌花，双果或三果较多，坐果率80%。坚果圆形或扁圆形，果基平，果顶肩形。纵径3.6 cm，横径3.5 cm，侧径3.6 cm。壳面光滑，色浅，缝合线平或微隆起，结合紧密。壳厚1.0 mm左右，内褶壁膜质或退化，核仁充实饱满，核仁重7.4 g，出仁率58.7%。

在辽宁省大连地区4月中旬萌动，5月上旬雄花散粉，5月中旬雌花盛期，雄先型品种，9月下旬坚果成熟，11月上旬落叶。

该品种丰产性强，坚果品质优良，适宜在我国北方地区发展。

图3-139 '辽宁2号' 结果状

49 辽宁3号
Liaoning 3

辽宁省经济林研究所1989年育成，杂交组合：河北昌黎大薄皮10103优株×新疆纸皮11001优株。

树势中等，树姿开张，分枝力强，枝条多密集。1年生枝绿褐色，稍有棱，节间短，属短枝型。芽呈阔三角形，侧芽形成混合芽能力可达100%。小叶5~7片，少有9片，顶叶较大。每雌花序着生2~3朵雌花，多双果或三果，坐果率60%。坚果椭圆形，果基圆，果顶圆并突尖。纵径3.5 cm，横径3.0 cm，侧径3.1 cm。壳面较光滑，色浅，缝合线微隆起，结合紧密。壳厚1.1 mm，内褶壁膜质或退化，核仁充实饱满，黄白色，核仁重5.7 g，出仁率58.2%。

在辽宁省大连地区4月中旬萌动，5月上旬雄花散粉，5月中旬雌花盛期，雄先型品种，9月中旬坚果成熟，11月上旬落叶。

该品种抗病性强，坚果品质优良，适宜在我国北方地区发展。

图3-140 '辽宁2号' 坚果

图3-141 '辽宁3号' 树体

图 3-142 '辽宁 3 号' 雌花

图 3-143 '辽宁 3 号' 结果状

50 辽宁 4 号
Liaoning 4

辽宁省经济林研究所 1990 年育成，杂交组合：'辽宁朝阳大麻核桃' × 新疆纸皮 11001 优株。

树势中等，树姿直立或半开张，分枝力强。1 年生枝常呈绿褐色，枝条多而较细，节间较长，属中短枝型。芽呈阔三角形，侧芽形成混合芽能力超过 90%。小叶 5~7 片，少有 9 片，叶片较小。每雌花序着生 2~3 朵雌花，坐果 2~3 个，多双果，坐果率 75%。坚果圆形，果基圆，果顶圆并微尖。纵径 3.4 cm，横径 3.4 cm，侧径 3.3 cm。壳面光滑，色浅，缝合线平或微隆起，结合紧密。壳厚 0.9 mm，内褶壁膜

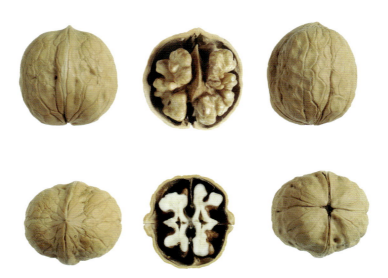

图 3-145 '辽宁 4 号' 坚果

质或退化，核仁充实饱满，黄白色，核仁重 6.8 g，出仁率 59.7%。

在辽宁省大连地区 4 月中旬萌动，5 月上旬雄花散粉，5 月中旬雌花盛期，雄先型品种，9 月下旬坚果成熟，11 月上旬落叶。

该品种适应性强，丰产，坚果品质优良，适宜在我国北方地区发展。

图 3-146 '辽宁 4 号' 雌花

图 3-144 '辽宁 4 号' 树体

图 3-147 '辽宁 4 号' 结果状

51 辽宁5号
Liaoning 5

辽宁省经济林研究所1990年育成。杂交组合：'新疆薄壳3号'的20905优株דˊ新疆露仁1号'的20104优株。

树势中等，树姿开张，分枝力强。1年生枝常呈绿褐色，节间极短，属短枝型。芽呈圆形或阔三角形，雄花芽少，侧芽形成混合芽能力超过95%。小叶5~7片，少有9片。每雌花序着生2~4朵雌花，坐果2~3个，多双果和三果，坐果率80%。坚果长扁圆形，果基圆，果顶肩状，微突尖。纵径3.8 cm，横径3.2 cm，侧径3.5 cm。壳面光滑，色浅，缝合线宽而平，结合紧密。壳厚1.1 mm，内褶壁膜质，核仁较充实饱满，黄褐色，核仁重5.6 g，出仁率54.4%。

在辽宁省大连地区4月上中旬萌动，4月下旬或5月上旬雌花盛期，5月中旬雄花散粉，雌先型品种，9月中旬坚果成熟，11月上旬落叶。

该品种适应性强，丰产，坚果品质优良，适宜在我国北方地区发展。

图3-148 '辽宁5号'结果状

图3-150 '辽宁5号'雌花

图3-149 '辽宁5号'树体

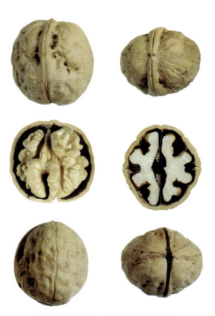

图3-151 '辽宁5号'坚果

52 辽宁6号
Liaoning 6

辽宁省经济林研究所1990年育成。杂交组合：河北昌黎晚实薄皮核桃10301优株×新疆纸皮11001优株。

树势较强，树姿半开张或直立，分枝力强，1年生枝常呈黄绿色，粗壮较长，属长枝型。芽圆形或阔三角形，侧芽形成混合芽能力超过90%。小叶5~7片，少有9片。每雌花序着生2~3朵雌花，坐果2~3个，多双果，坐果率60%。坚果椭圆形，果基圆形，果顶略尖。纵径3.9 cm，横径3.3 cm，侧径3.6 cm。壳面光滑，色浅，缝合线平或微隆起，结合紧密。壳厚1.0 mm左右，内褶壁膜质或退化，核仁充实饱满，黄褐色，核仁重7.3 g，出仁率58.9%。

在辽宁省大连地区4月中旬萌动，5月上旬雌花盛期，5月中旬雄花散粉，雌先型品种，9月下旬坚果成熟，11月上旬落叶。

该品种果枝率高，坚果品质优良，适宜在我国北方地区发展。

图3-152 '辽宁6号'树体

图 3-153 '辽宁 6 号' 结果状

图 3-154 '辽宁 6 号' 雌花

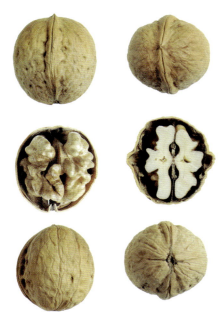

图 3-155 '辽宁 6 号' 坚果

图 3-156 '辽宁 7 号' 树体

图 3-158 '辽宁 7 号' 雌花

53 辽宁 7 号
Liaoning 7

辽宁省经济林研究所 1990 年育成。杂交组合：新疆纸皮核桃实生后代早实后代 21102 优株 × '辽宁朝阳大麻核桃'。

树势强，树姿开张或半开张，分枝力强。1 年生枝常呈绿褐色，中短果枝较多，属中短枝型。芽呈三角形或阔三角形，侧芽形成混合芽能力超过 90%。小叶 5~7 片，少有 9 片。每雌花序着生 2~3 朵雌花，多双果，坐果率 60% 左右。坚果圆形，果基圆，

图 3-157 '辽宁 7 号' 结果状

图 3-159 '辽宁 7 号' 坚果

果顶圆。纵径 3.5 cm，横径 3.3 cm，侧径 3.5 cm。壳面极光滑，色浅，缝合线窄而平，结合紧密。壳厚 0.9 mm，内褶壁膜质或退化，核仁充实饱满，黄白色，核仁重 6.7 g，出仁率 62.6%。

在辽宁省大连地区 4 月中旬萌动，5 月上中旬雄花散粉，5 月中旬雌花盛期，雄先型品种，9 月下旬坚果成熟，11 月上旬落叶。

该品种适应性强，连续丰产性好，坚果品质优良，适宜在我国北方地区发展。

54 辽宁8号
Liaoning 8

辽宁省经济林研究所1990年育成。杂交组合：'新疆薄壳5号'实生后代20502优株×新疆纸皮核桃实生后代30306优株。

树势强，树姿开张，分枝力强。1年生枝常呈绿褐色，中短果枝较多，属中短枝型。芽呈圆形或阔三角形，侧芽形成混合芽能力超过90%。小叶5~7片，少有9片。每雌花序着生2~3朵雌花，坐果2~3个，多双果，坐果率50%。坚果椭圆形，果基圆，果顶圆微突尖。纵径3.5 cm，横径3.4 cm，侧径3.4 cm。壳面光滑，色浅，缝合线隆起或较平，结合紧密。壳厚1.3 mm，内褶壁膜质，核仁充实饱满，黄白色，核仁重5.9 g，出仁率52.4%。

在辽宁省大连地区4月中旬萌动，5月上旬雌花盛期，5月中旬雄花散粉，雌先型品种，9月中旬坚果成熟，11月上旬落叶。

该品种适应性强，丰产，坚果品质优良，适宜在我国北方地区发展。

图3-160 '辽宁8号' 树体

图3-161 '辽宁8号' 结果状

图3-162 '辽宁8号' 雌花

图3-163 '辽宁8号' 坚果

图3-164 '辽宁10号' 树体

55 辽宁10号
Liaoning 10

辽宁省经济林研究所2006年育成。杂交组合：'新疆薄壳5号'的60502优株×新疆纸皮11004优株。

树势强，树姿直立或半开张，分枝力强。1年生枝呈绿褐色，枝条多而较细，节间较长，属中短枝型。芽呈圆形，侧芽形成混合芽能力超过92%。小叶5~9片。每雌花序着生2~3朵雌花，多双果，坐果率62%。坚果长圆形，果基微凹，果顶圆并微尖。纵径4.6 cm，横径4.0 cm，侧径4.0 cm。壳面光滑，色浅，缝合线窄而平或微隆起，结合紧密。壳厚1.0 mm，内褶壁膜质或退化，核仁充实饱满，黄白色，核仁重10.3 g，出仁率62.4%。

在辽宁省大连地区4月中旬萌动，5月上旬雌花盛期，5月中旬雄花散粉，雌先型品种，9月中旬坚果成熟，11月上旬落叶。

该品种坚果大而品质优良，丰产性好，适宜在我国北方地区发展。

图 3-165 '辽宁 10 号' 雌花

图 3-166 '辽宁 10 号' 结果状

图 3-167 '辽宁 10 号' 坚果

56 龙珠

Longzhu

河北省卢龙县林业局选出，2007 年通过河北省林木品种审定委员会审定。

树势中庸，树姿较开张，分枝力中等。坚果近圆形，果基圆，果尖平。纵径 3.5 cm，横径 4.1 cm，侧径 3.8 cm，坚果重 13.1 g。壳面有麻点，色浅，缝合线略凸，结合紧密，壳厚 1.0 mm。内褶壁退化，横隔膜膜质，核仁充实、饱满，可取整仁，色浅，核仁重 7.4 g，出仁率 56.3%。脂肪含量 77.13%，蛋白质含量 16.76%，味香而不涩。

坚果 9 月上旬成熟。

该品种抗寒性、抗病性强，适宜在我国北方地区发展。

图 3-168 '龙珠' 结果状

图 3-170 '龙珠' 坚果

图 3-169 '龙珠' 树体

57 鲁丰 Lufeng

山东省果树研究所杂交育成，1985年选出，1989年定位优系，早实类型。

树姿直立，树势中庸，分枝力较强，树冠呈半圆形，1年生枝呈绿褐色，髓心小。混合芽圆形，饱满。侧生混合芽的比率为86%，每雌花序多着生2朵雌花，雄花数量极少，坐果率80%。坚果椭圆形，纵径3.31~3.76 cm，横径3.03~3.28 cm，侧径3.15~3.61 cm，单果重10.0~12.5 g。壳面多浅沟，不光滑，缝合线窄，稍隆起，结合紧密，壳厚1.0~1.2 mm，内褶壁退化，横隔膜膜质，核仁充实，饱满，可取整仁，色浅，核仁重6.3~7.2 g，出仁率58%~62%；味香甜，无涩味。

在山东泰安地区3月下旬发芽，雌花盛期4月8日左右，雄花4月15日前后，雌先型，坚果8月下旬成熟，11月下旬落叶。

该优系抗病性中等，丰产性强，坚果品质优良，适宜在土层深厚的立地条件下栽培。

58 鲁光 Luguang

山东省果树研究所于1978年杂交育成。杂交组合是：'新疆卡卡孜'ב上宋6号'。1989年定名。

树姿开张，树冠呈半圆形，树势中庸，分枝力较强，1年生枝呈绿褐色，节间较长，侧生混合芽的比率为80.76%，嫁接后第二年即开始形成混合芽，芽圆形，有芽座。小叶数多为5~9片，叶片较厚。每雌花序着生2朵雌花，坐果率65%左右。坚果长圆形，果基圆，果顶微尖，纵径4.24~4.51 cm，横径3.57~3.87 cm，单果重15.3~17.2 g。壳面刻沟浅，光滑美观，浅黄色，缝合线窄平，结合紧密，壳厚0.8~1.0 mm，内褶壁退化，横隔膜膜质，易取整仁，核仁重8.1~9.7 g，出仁率56%~60%，脂肪含量66.38%，蛋白质含量19.9%，味香不涩。

在山东泰安地区雄花期4月10日左右，雌花期4月18日左右，雄先型。8月下旬坚果成熟，10月下旬落叶。

该品种不耐干旱，适宜在土层深厚的立地条件下栽植。主要栽培于山东、河南、山西、陕西、河北等地。

图3-171 '鲁光' 树体

图3-172 '鲁光' 雄花

图3-173 '鲁光' 结果状

图3-174 '鲁光' 雌花

图3-175 '鲁光' 坚果

59 鲁果1号

Luguo 1

山东省果树研究所于1981年从新疆核桃实生苗中选出，1988年定为优系。

树姿较直立，树冠呈半圆形，树势中庸，分枝力中等，1年生枝黄绿色。芽圆形，侧生混合芽的比率为75%，早实型。雄花较多，每雌花序多着生2朵雌花，坐果率80%。坚果椭圆形，果顶平圆，果肩微凸，果基平圆。纵径3.86~4.34 cm，横径3.12~3.56 cm，侧径3.24~3.68 cm，单果重12~14 g。壳面刻沟浅，较光滑，缝合线平，结合紧密，壳厚1.1~1.3 mm，内褶壁退化，横隔膜膜质，可取整仁，出仁率55%~59%。核仁充实饱满，颜色中等。味香，微涩，蛋白质含量23.51%，脂肪含量63.96%。

在山东泰安地区3月下旬萌动，雄花期4月中旬，雌花盛期4月下旬。雄先型。坚果8月下旬成熟，抗病性较差。

图 3-177 '鲁果1号' 雌花

图 3-178 '鲁果1号' 雄花

图 3-179 '鲁果1号' 结果状

图 3-176 '鲁果1号' 坚果

图 3-180 '鲁果1号' 树体

60 鲁果 2 号
Luguo 2

山东省果树研究所从新疆早实核桃实生后代种选出，2007 年 12 月通过山东省林木良种审定委员会审定并命名。

树姿较直立，树冠圆锥形，母枝分枝力强。当年生新梢浅褐色，粗壮果枝率 66.7%。小叶 7~9 片，顶叶椭圆形，大型。嫁接苗定植后第二年开花，第三年结果。混合芽圆形，中大型，芽座小，贴生，多着生 2~3 朵雌花，坐果率 68.7%，侧花芽比率 73.6%，多双果和三果。坚果圆柱形，顶部圆形，基部一侧微隆，另一侧平圆。纵径 4.25~4.52 cm，横径 3.21~3.58 cm，侧径 3.85~4.13 cm，单果重 14~16 g。壳面较光滑，有浅刻纹、淡黄色。缝合线紧、平，壳厚 0.8~1.0 mm，内褶壁退化，横隔膜膜质，易取整仁，出仁率 56%~60%。核仁饱满，色浅味香，其蛋白质含量 22.3%，脂肪含量 71.36%。

在山东泰安地区 3 月下旬萌动，4 月上旬雄花开放，4 月 10 日左右为雄花盛期，中旬雌花开放，雄先型。8 月下旬果实成熟。

现在山东、河南、河北、湖北等地有一定栽培面积。

图 3-182 '鲁果 2 号' 结果状

图 3-183 '鲁果 2 号' 雄花

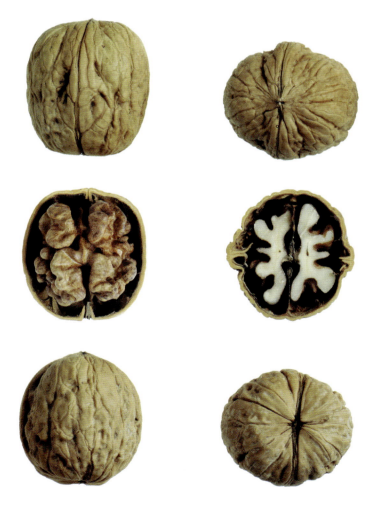

图 3-181 '鲁果 2 号' 坚果

图 3-184 '鲁果 2 号' 雌花

图 3-185 '鲁果 2 号' 树体

树势较强，树姿开张，树冠圆形，1 年生枝深绿色，粗壮，果枝率 90% 以上，多中果枝。混合芽饱满，芽座小，侧花芽比率 87%。小叶 7~9 片，顶端小叶椭圆形。嫁接苗定植后，第一年开花，抽生的结果枝着生 2~4 朵雌花。第二年开始结果，坐果率为 70%。坚果近圆形，浅黄色，果基圆，果顶平圆。纵径 3.53~4.11 cm，横径 3.15~3.58 cm，侧径 3.0~3.27 cm，单果重 11.0~12.8 g。壳面较光滑，缝合线两侧具刻窝，缝合线紧密，稍凸，不易开裂。壳厚 0.9~1.1 mm，内褶壁膜质，纵隔不发达，易取整仁，核仁重 7.2~8.5 g，出仁率 58%~65%。核仁饱满，浅黄色，香味浓，无涩味，其蛋白质含量 21.38%，脂肪含量 71.8%。

在山东泰安地区 3 月下旬萌发，4 月中旬雌花开放，4 月下旬为雄花期。雌先型。9 月上旬果实成熟，11 月上旬落叶。

现在山东、河北、河南、山西等地有一定栽培面积。

61 鲁果 3 号
Luguo 3

山东省果树研究所从新疆早实核桃实生后代中选出，2007 年 12 月通过山东省林木良种审定委员会审定并命名。

图 3-186 '鲁果 3 号' 树体

图 3-187 '鲁果 3 号' 结果状

图 3-188 '鲁果 3 号' 雌花

图 3-189 '鲁果 3 号' 雄花

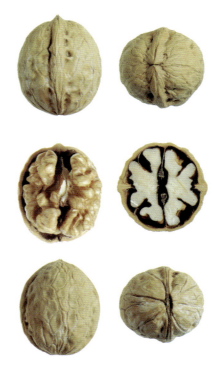

图 3-190 '鲁果 3 号' 坚果

62 鲁果4号
Luguo 4

山东省果树研究所实生选出的大果型核桃品种,2007年12月通过山东省林木良种审定委员会审定并命名。

树姿较直立,树冠长圆头形。1年生枝浅绿色,无毛,具光泽,髓心小。混合芽圆形,饱满,二次枝有芽座,主、副芽分离。小叶数7~9片,顶叶较大。嫁接苗定植后,第一年开花,着生2~4朵雌花,雄花芽圆柱形,坐果率为70%。侧花芽比率85%,多双果和三果。坚果长圆形,果顶、果基均平圆,纵径4.75~5.73 cm,横径3.68~4.21 cm,侧径3.51~3.83 cm,单果重16.5~23.2 g。壳面较光滑,缝合线紧密,稍凸,不易开裂。壳厚1.0~1.2 mm,内褶壁膜质,纵隔不发达,可取整仁。核仁饱满,色浅味香,出仁率52~56%,蛋白质含量21.96%,脂肪含量63.91%。坚果综合品质上等。

在山东泰安地区3月下旬萌动,4月中旬雄花开放,4月下旬为雌花期。雄先型。9月上旬果实成熟,11月上旬落叶。

在山东、河北、河南、北京等地有一定栽培面积。

图3-191 '鲁果4号' 树体

图3-192 '鲁果4号' 雄花

图3-193 '鲁果4号' 结果状

图3-194 '鲁果4号' 雌花

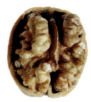

图3-195 '鲁果4号' 坚果

63 鲁果5号
Luguo 5

山东省果树研究所实生选出的大果型核桃品种,2007年通过山东省林木良种审定委员会审定并命名。

树姿开张,树势强,树冠圆头形。1年生枝墨绿色,有短而密的柔毛,具光泽,髓心小。徒长枝多有棱状突起。结果母枝抽生的果枝多,果枝率高达92.3%。混合芽大,圆形,饱满。小叶7~9片,小叶柄极短,顶叶较大。嫁接苗定植后,第一年开花,抽生的结果枝着生2~4朵雌花,第二年开始结果,坐果率为87%,侧花芽比率96%,多双果和三果。坚果长卵圆形,果顶尖圆,果基平圆,纵径4.77~5.34 cm,横径3.53~3.84 cm,侧径3.63~4.3 cm,单果重16.7~23.5 g。壳面较光滑,缝合线紧平,壳厚0.9~1.1 mm,内褶壁退化,横隔膜膜质,可取整仁,出仁率55.36%。核仁饱满,色浅味香,

图 3-196 '鲁果 5 号' 树体

蛋白质含量 22.85%，脂肪含量 59.67%。坚果综合品质上等。

在山东泰安地区 3 月下旬萌动，4 月中旬雄花开放，4 月下旬为雌花期。雄先型。9 月上旬果实成熟，11 月上旬落叶。其雌花期与'鲁丰'等雌先型品种的雄花期基本一致，可作为授粉品种。

在山东、山西、河北、河南、四川等地有栽培。

64 鲁果 6 号
Luguo 6

山东省果树研究所从新疆早实核桃实生后代中选出。

树姿较开张，树势中庸，树冠圆形，分枝力较强，1 年生枝黄绿色，节间较短。混合芽近圆球形，大而离生，芽座小，侧生混合芽比率 61.7%，嫁接后第二年形成混合花芽，雄花 3~4 年后出现，每雌花序多着生 2 朵雌花，坐果率 60% 左右。小叶多 5~7 片，叶片较薄。坚果长圆形，基部尖圆，果顶圆微尖。单果重 14.4 g。壳面刻沟浅，光滑美观，浅黄色，缝合线窄而平，结合紧密。壳厚 1.2 mm 左右，内褶壁退化，横隔膜膜质，易取整仁。核仁充实饱满，色浅，味香而不涩，核仁重 8.3 g，出仁率 57.7%。

在山东泰安地区 3 月下旬萌动，4 月 13 日左右为雄花期，4 月 7 日左右为雌花期。雌先型。8 月下旬坚果成熟，11 月上旬落叶。

适宜于土层肥沃的地区栽培。目前，在山东泰安、济南、临沂等地区都有小面积栽培。

图 3-199 '鲁果 6 号' 树体

图 3-200 '鲁果 6 号' 结果状

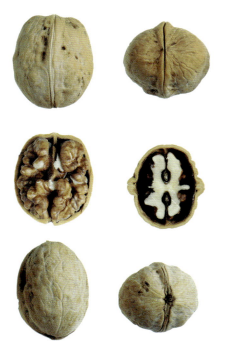

图 3-197 '鲁果 5 号' 坚果

图 3-198 '鲁果 6 号' 坚果

65 鲁果7号
Luguo 7

鲁果7号由山东省果树研究所育成。杂交组合是：'香玲'×华北晚实核桃优株。2009年12月通过山东省林木良种审定委员会审定并命名。

树姿较直立，树势较强，树冠呈半圆形，分枝力较强，1年生枝深绿色，粗壮，有短绒毛。混合芽饱满，芽座小，贴生，二次枝上主、副芽分离，芽尖绿褐色，侧生混合芽比率84.7%，坐果率70%，早实型。每雌花序多着生2~4朵雌花。坚果圆形，浅黄色，果基圆，果顶圆。纵径3.74 cm，横径3.52 cm，侧径3.44 cm，单果重13.2 g。壳面较光滑，缝合线平，结合紧密，不易开裂。壳厚0.9~1.1 mm，内褶壁膜质，纵隔不发达，易取整仁。核仁饱满，内种皮浅黄色，香味浓，无涩味，核仁重7.4 g，出仁率56.9%，蛋白质含量20.8%，脂肪含量65.7%，磷470 mg/100 g，锌3.3 mg/100 g。坚果综合品质上等。

在山东泰安地区3月下旬萌动，4月中旬雄花、雌花均开放，雌雄花期极为相近，但为雄先型。9月上旬果实成熟，11月上旬落叶。

适宜于土层肥沃的地区栽培。目前，在我国部分核桃栽培地区有引种栽培。

图3-201 '鲁果7号'树体

图3-202 '鲁果7号'雌花

图3-203 '鲁果7号'雄花

图3-204 '鲁果7号'结果状

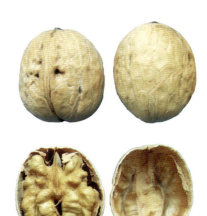

图3-205 '鲁果7号'坚果

66 鲁果8号
Luguo 8

山东省果树研究所岱香实生后代中选出，2009年12月通过山东省林木良种审定委员会审定并命名。

树姿较直立，树冠长圆形。1年生枝浅绿色，无毛，具光泽，髓心小。混合芽圆形，饱满，二次枝有芽座，主、副芽分离，黄绿色。顶芽三角形，侧芽圆形，肥大，混合芽着生1~4朵雌花。小叶7~9片，广椭圆形，小叶柄

图3-206 '鲁果8号'树体

图 3-207 '鲁果 8 号' 雌花

极短,顶叶较大。嫁接苗定植后,第一年开花,第二年开始结果,坐果率为70%。侧花芽比率80%,多双果。坚果近圆形,单果重12.6 g。壳面较光滑,缝合线紧密,窄而稍凸,不易开裂。壳厚1.0 mm,内褶壁膜质,纵隔不发达,可取整仁,出仁率55.1%。核仁饱满,色浅味香,内种皮颜色浅,蛋白质含量20.8%,脂肪含量66.1%,磷 430 mg/100 g, 锌 3.57 mg/100 g。坚果综合品质上等。

在山东泰安地区3月底萌动,4月中旬雄花开放,4月下旬为雌花期,雄先型。在开花结果期间,由于其发育期相对较晚,较少遭遇晚霜危害。9月上旬果实成熟,11月上旬落叶。

在山东及附近地区核桃栽培地区有引种栽培。

67 鲁核 1 号
Luhe 1

山东省果树研究所从新疆早实核桃实生后代中选出,2002年定名。

树势强,生长快,树姿直立。枝条粗壮、光滑,新梢绿褐色。混合芽尖圆,中大型,芽座小,贴生,二次枝上主、副芽分离,芽尖绿褐色,混合芽抽生的结果枝着生2~3朵雌花,雌花柱头绿黄色。小叶5~9片,顶叶较大。嫁接苗定植后第二年开花,第

图 3-208 '鲁核 1 号' 树体

图 3-209 '鲁核 1 号' 结果状

三年结果,高接树第二年见果。坚果圆锥形,浅黄色,果顶尖,果基圆,纵径4.18~4.31 cm,横径3.19~3.32 cm,侧径3.18~3.35 cm,单果重13.2 g。壳面光滑,缝合线稍凸,结合紧密,不易开裂。壳厚1.1~1.3 mm,内褶壁膜质,纵隔不发达,可取整仁。内种皮浅黄色,核仁饱满,香而不涩,出仁率55.0%,脂肪含量67.3%,蛋白质含量17.5%。

在山东泰安地区3月下旬萌动,4月中旬雄花开放,雌花期4月下旬。雄先型。8月下旬果实成熟,11月上旬落叶。

现在山东、河北、河南、湖北等地有栽培。

图 3-210 '鲁核 1 号' 雄花

图 3-211 '鲁核 1 号' 雌花

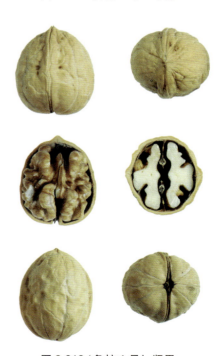

图 3-212 '鲁核 1 号' 坚果

68 鲁香 *Luxiang*

山东省果树研究所1978年杂交育成，1985年选出，1989年定为优系。

树姿较开张，树冠呈纺锤形，树势中庸，分枝力中等，1年生枝细长，髓心小。混合芽圆形，较小。侧生混合芽的比率为86%。每雌花序多着生2朵雌花，雄花较少，坐果率82%。嫁接苗定植第二年结果。果柄较细，青果皮黄绿色，有黄色短茸毛。坚果倒卵形，果顶尖圆，果基平圆。纵径3.97~4.35 cm，横径2.97~3.25 cm，侧径3.16~3.67 cm，单果重11.3~13.2 g。壳面刻沟浅密，较光滑，淡黄色，缝合线窄而平，结合紧密，不易开裂。壳厚0.9~1.1 mm，内褶壁退化，横隔膜膜质，可取整仁。核仁充实，饱满，色浅，核仁重7.7~8.6 g，出仁率65%~67%，脂肪含量64.58%，蛋白质含量22.93%，有奶油香味，无涩味。

在山东泰安地区3月下旬萌动，4月15日左右雄花盛期，雌花盛期4月22日左右。雄先型。坚果8月下旬成熟，抗病性强。

图3-213 '鲁香'树体

图3-214 '鲁香'雄花

图3-215 '鲁香'结果状

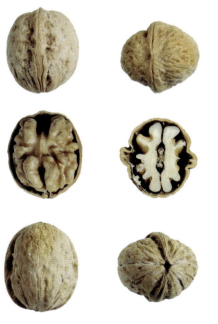

图3-216 '鲁香'坚果

69 绿波 *Lvbo*

绿波由河南省林业科学研究院1989年育成，是从该院试验园的新疆核桃实生后代中选出。

树势强，树姿开张，分枝力中等，1年生枝呈褐绿色，节间较短，果枝短，属短果枝型，常有二次梢。侧生混合芽率80%。每个雌花序着生2~5朵雌花，多为双果，坐果率69%左右。坚果卵圆形，果基圆，果顶尖。纵径4.0~4.3 cm，横径3.2~3.4 cm，侧径3.3~3.5 cm，单果重11~13 g。壳面较光滑，缝合线较窄而凸，结合紧密。

图3-217 '绿波'树体

图3-218 '绿波'结果状

壳厚 0.9~1.1 mm，内褶壁退化。核仁较充实饱满，浅黄色，核仁重 6.1~7.8 g。出仁率 54%~59%。

在河南 3 月下旬萌动，4 月中上旬雌花盛花期，4 月中下旬雄花开始散粉，属雌先型品种。8 月底果实成熟，10 月中旬开始落叶。

该品种长势旺，适应性强，抗果实病害，丰产、优质，适宜在华北黄土丘陵山区发展。

图 3-221 '绿波' 雌花

70 绿岭

Lvling

由河北农业大学和河北绿岭果业有限公司从'香玲'核桃中选出的芽变。1995 年选出，2005 年通过河北省林木品种审定委员会认定。

树势强，树姿开张。雄先型，以中短枝结果为主，侧芽结果率为 83.2%。属早实类型。坚果卵圆形，浅黄色，三径平均 3.42 cm，单果重 12.8 g，壳面光滑美观，缝合线平滑而不突出，结合紧密。壳厚 0.8 mm。核仁饱满，颜色浅黄，内种皮淡黄色，无涩味，浓香，出仁率 67% 以上，脂肪含量 67%，蛋白质含量 22%。与香玲相比，绿岭核桃具有壳薄、果个大、出仁率高、脂肪和蛋白质含量高等优点。

在河北临城 3 月下旬萌动，9 月初果实成熟期，比'香玲'晚 3~5 天，11 月上旬落叶。

抗逆性、抗病性、抗寒性均强，较耐旱。对细菌性黑斑病和炭疽病具有较强的抗性。该品种栽植地宜选择土层深厚的山地梯田、缓坡地或平地，旱薄地不宜栽植。

图 3-219 '绿波' 雄花

图 3-222 '绿岭' 树体

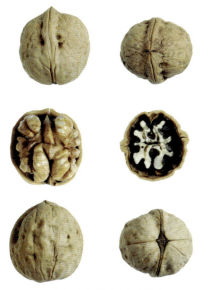

图 3-220 '绿波' 坚果

图 3-223 '绿岭' 结果状

图 3-224 '绿岭' 坚果

图3-225 '绿早'树体

图3-227 '青林'树体

71 绿早

Lvzao

绿早核桃是从新疆核桃的自然实生株中选育而成，1999年选出优株，2007年12月通过河北省林木品种审定委员会审定。

树势中庸，树姿开张，树冠半圆形，幼树生长较旺盛。以短结果母枝结果为主，侧芽形成混合芽率95%以上，果枝率71.1%，双果率38.2%。小叶5~9片，顶叶较大。雌花序着生1~3朵雌花。坚果圆形，纵径3.89 cm，横径3.66 cm，侧径3.57 cm，单果重11.75 g。壳厚0.73 mm，横隔膜膜质，易取整仁。出仁率65%以上，核仁脂肪含量49.3%，蛋白质含量19.3%。

在河北临城3月下旬萌动，4月上旬雌花开放，4月中旬雄花散粉，雌先型品种，7月底至8月初果实成熟，比'香玲'早30天，11月上旬落叶。

该品系抗逆、抗病和抗寒性均较强，耐旱。栽植地宜选择土层深厚的山地梯田、缓坡地或平地，旱薄地不宜栽植。

图3-226 '绿早'结果状

72 青林

Qinglin

山东省林业科学研究院和泰安市绿园经济林果树研究所选育出的品种。

树姿直立，生长势强，树冠呈自然半圆形，分枝力强，当年生枝条浅褐色，多年生枝银白色，光滑，枝条粗壮。混合芽长圆形，与侧芽贴近，侧生混合芽率30%。每结果母枝可抽生2~3条结果枝，雌花序多着生2~3朵雌花，少有4朵，柱头颜色浅黄，雌花坐果率80%左右，为雌先型品种，平均每果枝坐果2~3个；雄花序平均长度15~20 cm。结果枝平均长度为15.44 cm，平均粗度为0.93 cm、节间长度为1.37 cm，枝条无茸毛，小叶7~9片。果实长卵圆形，果点较密，果面茸毛较多。坚果长椭圆形，果基圆，果顶微尖。核仁充实饱满，仁重7.27 g，出仁率40.12%左右，脂肪含量67.7%，蛋白质含量13.79%。

该品系萌芽晚，抗晚霜危害，在泰安地区萌芽期为3月下旬，4月初展叶并开始新梢生长。果实成熟期9月下旬，较普通核桃晚15~20天。

73 陕核1号

Shanhe 1

由陕西省果树研究所从扶风隔年核桃的实生后代中选育而成。"七五"期间参加全国早实核桃品种区试，1989年通过林业部（现国家林业局）鉴定。

树势较旺，树姿半开张，枝条粗壮，分枝力强，中短枝结果为主，枝条密，分枝角度较大。第二年开始结果，侧花芽结果率47%，每果枝平

图3-228 '陕核1号'树体

图3-229 '陕核1号'结果状

图3-230 '陕核1号'坚果

均坐果1.4个。小叶7~9片，顶叶较大。雌花序着生2~5朵雌花。坚果近卵圆形，果顶和果基圆形，三径平均3.4 cm，单果重11.7~12.6 g。壳面麻点稀而少，壳面光滑美观。壳厚1 mm左右，可取整仁或半仁。核仁饱满，色浅，仁味油香。出仁率61.84%。

陕西省关中地区4月上旬萌芽，4月中旬雌花盛开，4月下旬雄花散粉。雌先型，中熟品种。常有二次开花现象。9月上旬果实成熟，10月中旬落叶。

该品种适应性强，抗旱、抗寒、抗病力强。适宜于在土壤条件较好的丘陵、川塬地区栽培。

74 陕核5号

Shanhe 5

由陕西省果树研究所从引进的新疆早实类实生品种群中选择培育而成。1986年参加全国区试，2004年通过陕西省林木品种审定委员会审定。

树势旺盛，树姿半开张，呈自然圆头形。分枝力中等，枝条细长，分布稀疏。栽植后第二年开始挂果，侧芽结果率100%，每果枝平均坐果1.3个。小叶7~11片，顶叶较大。雌花序着生2~4朵雌花。坚果中等偏大，长圆形。壳厚1 mm左右，略有露仁，极易取整仁。核仁色浅，风味香，核仁重5.9 g。出仁率55%，粗脂肪含量69.07%。品质极优。

在陕西省关中地区4月上旬发芽，4月下旬雌花盛开，5月上旬雄花散粉盛期。雌先型，中熟品种。9月上旬果实成熟，10月中旬开始落叶。

该品种适应性较强，抗旱、抗寒、抗病虫，但水肥不足时，果实欠饱满。适于土肥条件较好的黄土丘陵区密植建园，也可以用于林粮间作栽培。

图3-232 '陕核5号'结果状

图3-231 '陕核5号'树体

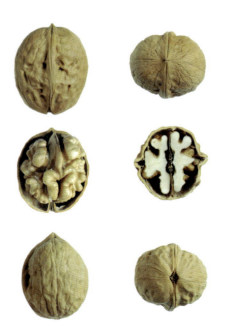

图3-233 '陕核5号'坚果

75 上宋6号
Shangsong 6

山东省果树研究所1975年从新疆早实核桃实生优株中选出,1979年定为优系。

树势中庸,树姿开张,分枝力中等,枝条较粗壮、光滑,较密集,1年生枝绿褐色。混合芽饱满,芽座小,二次枝上主、副芽分离,芽尖绿褐色。侧生混合芽比率85%。小叶5~9片,顶叶椭圆形,中大型。每雌花序多着生2朵雌花,雄花数量多。坐果率82%。坚果卵圆形,纵径3.24~4.17 cm,横径3.31~3.68 cm,侧径3.63~4.12 cm,单果重8.6~11.3 g。壳面光滑,色浅,缝合线窄而平,结合较紧密,壳厚0.9~1.1 mm,内褶壁退化,横隔膜膜质,可取整仁。核仁充实饱满,颜色稍深,为浅褐色,核仁重4.5~6.8 g。出仁率52%~57%,脂肪含量70.38%,蛋白质含量21.38%。风味香,有涩味。

在山东泰安地区3月下旬萌动,4月10日左右雌花盛期,4月18日左右为雄花期,雌先型。8月下旬果实成熟,11月中旬落叶。

该优系抗病性较差。已在山东、河南、陕西、河北等地栽培。

76 硕宝
Shuobao

卢龙县林业局选出。2007年12月通过河北省林木品种审定委员会审定。

树势健壮,树姿较开张。坚果元宝形,纵径4.3 cm,横径4.5 cm,侧径3.9 cm。单果重21.1 g。壳面较光滑,壳厚1.2 mm,缝合线结合紧密,内褶壁退化,横隔膜膜质,可取整仁。核仁较饱满,色浅,味香不涩,核仁重11.1 g,出仁率52.1%,含脂肪72.1%,蛋白质16.4%。

图3-234 '上宋6号' 树体

图3-235 '上宋6号' 结果状

图3-236 '上宋6号' 雄花

图3-237 '上宋6号' 坚果

图3-238 '硕宝' 树体

图3-239 '硕宝' 坚果

9月上旬坚果成熟。

该品种耐旱，抗寒性强，抗病能力较强。嫁接繁殖。建园株行距为3~4 m×4~5 m。需配置授粉树。

77 温185

Wen 185

新疆林科院选育，于1988年从温宿县木本粮油林场核桃'卡卡孜'子一代植株中选出，经大树高接测定，它基本保持了母树的特性，目前主要在阿克苏及喀什地区栽培，并已在河南、陕西、辽宁等省推广。

树势强，树姿较开张。枝条粗状，当年生枝呈深绿色，具二次生长枝，叶大，深绿色，3~7片小叶组成复叶，具畸形单叶；混合芽大而饱满，雌雄花芽比为1∶0.7，无芽座，花期4月中旬至5月上旬，雌花比雄花先开6~7天，具二次枝及二次雄花；结果母枝平均抽生4~5个枝，结果枝率100%，其中短果枝率69.2%，中果枝率30.8%，果枝平均长4.85 cm；果枝平均座果2.17个，其中单果枝率31.5%，双果枝率31.5%，三果枝率29.6%，多果枝率7.4%。果实8月下旬成熟，坚果圆，果基圆，果尖渐尖，似桃形；平均单果重12.84 g，纵径4.7 cm，横径3.7 cm，侧径3.7 cm，果壳淡黄色，壳面光滑，缝合线平，结合较紧密，壳厚0.8 mm，内褶壁退化，横隔膜膜质，易取整仁；果仁充实饱满，色浅，味香，仁重10.4 g，出仁率65.9%，脂肪率68.3%。

雌先型。雌花期4月中旬至5月上旬，比雄花散粉早6~7天，有二次雄花。8月下旬坚果成熟；11月上旬落叶。

本品种为早实类型，产量高，连续丰产性强，品质优良。抗逆性（抗寒、抗病、耐干旱）强，早期丰产性强，大树（6~10年）高接第二年即可开花结果，第三年进入盛果期，第四年平均株产13.8 kg，1 m² 树冠投影面积产果仁452 g。该树进入丰产期后，要及时疏花疏果，否则坚果易变小和产生露仁现象。该品种宜作带壳销售品种使用。

图3-240 '温185' 坚果

78 西扶1号

Xifu 1

由原西北林学院（现西北农林科技大学）从扶风隔年核桃实生后代中选育而成。1989年通过林业部（现国家林业局）鉴定。

树势旺盛，树姿半开张，呈自然圆头形。无性系栽植后第二年开始挂果，枝条粗壮，分枝力1∶2.22个，侧芽结果率85%，每果枝平均坐果1.73个。奇数羽状复叶。每小花有雄蕊13~25枚。雌花序顶生，2~5簇生。果实椭圆形，表面光滑。坚果壳面较光滑，缝合线微隆起，结合紧密，单

图3-241 '西扶1号' 树体

图3-242 '西扶1号' 坚果

果重10.3 g，三径平均3.2 cm，壳厚1.1 mm，可取整仁，出仁率56.21%，核仁色浅。

在陕西关中地区4月上旬萌芽，4月下旬雌花盛开，雄花散粉盛期为5月上旬。雄先型，中熟品种。9月上旬果实成熟，10月下旬开始落叶。

该品种适应性强，耐旱，特丰产，品质优良，适宜矮化密植栽培，可在我国北方地区适当发展。

79 西扶2号
Xifu 2

由原西北林学院（现西北农林科技大学）从陕西扶风隔年核桃实生树中选育而成。1984年通过省级鉴定，2000年通过陕西省林木良种审定委员会审定。

树势强，树姿较开张，分枝力强。奇数羽状复叶。每小花有雄蕊13~28枚。雌花序顶生，2~3簇生。果实长椭圆形，表面光滑，浅绿色。坚果长圆形，单果重15.9 g。壳面较光滑，壳厚1.4 mm，易取整仁，核仁充实饱满，仁重7.8 g，出仁率52%，核仁淡黄色。

在陕西关中地区4月上旬萌芽，雌、雄花盛开同在4月25日左右，雌、雄花同熟。9月中旬果实成熟，11月上旬落叶。

该品种抗旱、抗寒、抗瘠薄，适宜华北、西北及中原地区密植建园。

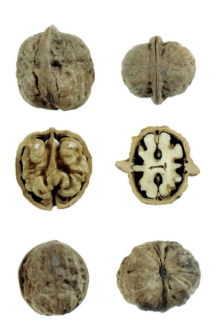

图3-245 '西扶2号' 坚果

图3-243 '西扶2号' 树体

图3-244 '西扶2号' 结果状

图3-246 '西林2号' 树体

80 西林2号
Xilin 2

由原西北林学院（现西北农林科技大学）从早实、薄壳、大果核桃实生后代中选育而成。"七五"期间参加了全国早实核桃品种区域试验，1989年通过林业部（现国家林业局）鉴定。

树势强，树姿开张，树冠呈自然开心形。1年生枝节间短。侧芽结果率88%，每果枝平均坐果1.2个。奇数羽状复叶，小叶7~11片。每小花有雄蕊13~32枚。雌花序顶生，2~3簇生。果实长圆形，表面光滑，浅绿色。坚果圆形，三径平均3.94 cm，单果重14.2 g。壳面光滑美观，略有小麻点。缝合线窄而平，结合紧密，壳厚1.2 mm。内褶壁不发达，横隔膜膜质，核仁充实饱满，呈乳黄色，易取整仁，出仁率61%。

在陕西关中地区4月上旬萌芽，4月下旬雌花盛开，雄花散粉盛期为5月上旬。雌先型，早熟品种。9月上旬果实成熟，10月下旬开始落叶。

该品种适应性强，早期丰产，抗旱、抗病，但水肥不足时易出现落花落果和坚果空粒现象。适宜于西北、华北立地条件较好的平原地区密植建园。

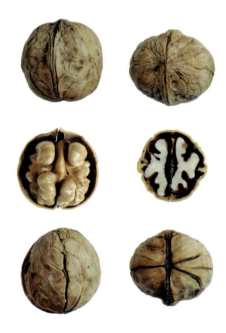

图3-247 '西林2号' 坚果

81 西林3号
Xilin 3

由原西北林学院(现西北农林科技大学)从早实核桃实生苗中选择培育而成。属早实优系。1986年参加全国早实核桃品种区试。

树势中等,树冠开张,呈自然开心形。分枝力高,侧芽结果率92%,每果枝平均坐果1.2个,核仁重11.79 g。奇数羽状复叶,小叶7~9片。每小花有雄蕊13~32枚。雌花序顶生,2~3簇生。果实长椭圆形,表面光滑。坚果长椭圆形,取仁较易,出仁率61%。核仁色浅至中色,三径均值4.4 cm,坚果重13.3 g,壳厚1.4 mm。

在陕西杨凌4月上旬萌芽,4月下旬雌花盛开,雄花散粉为4月下旬至5月上旬。雌先型,早熟品种。8月下旬果实成熟,10月下旬开始落叶。

该品种适应性强,果型大,早期丰产,但土水肥差时种仁不饱满。有采前落果现象。该品系果个大,产量中等,可作为礼品核桃或大果型种质资源,可在西北地区立地条件好的地方局部发展。

图3-248 '西林3号' 结果状

图3-249 '西林3号' 坚果

82 西洛1号(原商地1号)
Xiluo 1

由原西北林学院(现西北农林科技大学)和洛南县核桃研究所,从陕西商洛晚实实生群体中选出,属晚实品种。1997年通过省级鉴定,2000年经陕西省林木良种审定委员会审定。

树势中庸,树冠圆头形,主枝开张。中熟品种。分枝率1:4.5,侧芽结果率12%,果枝率35%,每果枝平均坐果1.2个,坐果率60%,多为双果。奇数羽状复叶长,小叶5~9片。每小花有雄蕊13~28枚。雌花序顶生,2~3簇生。果实长椭圆形,表面光滑。坚果椭圆形,顶部稍平,三径平均3.6 cm,单果重13 g。缝合线窄而平,结合紧密。壳厚1.1 mm,内褶壁不发达,横隔膜膜质,易取整仁,出仁率50.87%,核仁充实饱满,仁淡黄色。

在陕西省洛南4月上旬萌芽,雌花4月25日盛开,雄花4月7日盛开,雄先型,9月上旬果实成熟,10月下旬落叶。

该品种适应性强,抗病虫、抗晚霜,丰产稳产,品质优良,适于华北、西北黄土丘陵区及秦巴山区稀植栽培,也可以进行林粮间作栽培。

图3-250 '西洛1号' 树体

图3-251 '西洛1号' 结果状

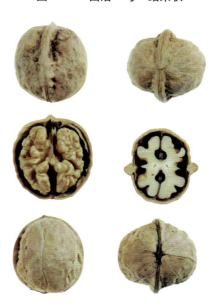

图3-252 '西洛1号' 坚果

图 3-253 '西洛 2 号' 树体

图 3-255 '西洛 2 号' 结果状

83 西洛 2 号（原商地 3 号）
Xiluo 2

由原西北林学院（现西北农林科技大学）和洛南县核桃研究所协作，从陕西商洛晚实核桃实生群体中选育而成，属晚实品种。1997 年经省级鉴定，2000 年通过陕西省林木良种审定委员会审定。

树势中庸，树姿早期直立，结果后多开张，树冠圆头形。侧芽结果率 30%，果枝率 44%，每果枝平均坐果 1.26 个，坐果率 65%，其中双果率 85%。奇数羽状复叶，小叶 5~9 片。每小花有雄蕊 13~26 枚。雌花序顶生，2~3 簇生。果实长圆形，表面光滑。坚果长圆形，果基部圆形，顶部微尖。三径平均 3.6 cm，单果重 13.1 g。果面较光滑，有稀疏小麻点。缝合线低平，结合紧密。壳厚 1.3 mm，内褶壁不发达，横隔膜膜质，取仁易，可取整仁或半仁，出仁率 54%。核仁充实饱满，乳黄色。

在陕西洛南 4 月上旬萌芽，雌花 4 月下旬盛开，雄花 4 月中旬盛开。雄先型，晚实品种。9 月上旬果实成熟，11 月上旬落叶。

该品种适应性较强，抗旱、抗病、耐瘠薄土壤，丰产稳产。适于华北、西北黄土丘陵区及秦巴山区稀植栽培，也可进行"四旁"或林粮栽植。

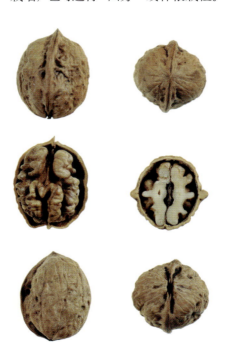

图 3-254 '西洛 2 号' 坚果

84 西洛 3 号（原秦岭 2 号）
Xiluo 3

由原西北林学院（现西北农林科技大学）和洛南县核桃研究所协作，从商洛晚实核桃实生群体中选育而成。属晚实品种。1997 年经省级鉴定，2000 年通过陕西林木良种审定委员会审定。

树势旺盛，树冠圆头形，似主干疏层形。侧芽结果率 32%，每果枝平均坐果 1.35 个，坐果率 66%，其中双果以上占 88%。奇数羽状复叶，小叶 5~11 片。雌花序顶生，2~3 簇生。果实椭圆形，表面光滑。坚果椭圆形，壳面光滑，三径均值 3.3 cm。缝合线低平，结合紧密。壳厚 1.2 mm，内褶壁不发达，横隔膜膜质，极易取整仁，出仁率 56.64%，含粗脂肪 69.65%。核仁充实饱满，淡黄色，仁味油香。

在陕西洛南 4 月中旬萌芽，雄花盛期 4 月 26 日，雌花盛期 5 月 5 日，雄先型，晚熟品种。9 月上旬果实成熟，10 月下旬落叶。

该品种适应性强，抗旱、抗病虫，避晚霜，丰产稳产优质，适于华北、西北及秦巴山区稀植栽培，也可进行"四旁"和林粮间作栽培。

图 3-256 '西洛 3 号' 结果状

图 3-257 '西洛 3 号' 坚果

图 3-258 '西洛 3 号' 树体

85 香玲

Xiangling

由山东省果树研究所以'上宋 6 号'ב阿克苏 9 号'为亲本经人工杂交育成，1989 年定名。

树势较强，树姿较直立，树冠呈半圆形，分枝力较强，1 年生枝黄绿色，

图 3-259 '香玲' 树体

图 3-260 '香玲' 结果状

节间较短。混合芽近圆球形，大而离生，芽座小。侧生混合芽比率 81.7%。每雌花序多着生 2 朵雌花，坐果率 60% 左右，小叶 5~7 片。坚果近圆形，基部平圆，果顶微尖。纵径 3.65~4.23 cm，横径 3.17~3.38 cm，侧径 3.53~3.89 cm，平均坚果重 12.4 g。壳面刻沟浅，浅黄色，缝合线窄而平，结合紧密，壳厚 0.8~1.1 mm。内褶壁退化，横隔膜膜质，易取整仁。核仁充实饱满，重 6.9~8.4 g，出仁率 62%~64%。

在山东泰安地区 3 月下旬萌发，4 月 10 日左右为雄花期，4 月 20 日左右为雌花期，雄先型。8 月下旬坚果

图 3-261 '香玲' 雌花

图 3-262 '香玲' 雄花

图 3-263 '香玲' 坚果

成熟，11 月上旬落叶。适宜于土层肥沃的地区栽培。

目前，在我国北至辽宁，南至贵州、云南，西至西藏、新疆，东至山东等大多数地区都有大面积栽培。具有早期丰产特性，盛果期产量较高，大小年不明显。

86 新丰 *Xinfeng*

新疆林业厅种苗站选育,1976年从新疆和田县上游公社(现改为拉依喀乡)4管区2大队2生产队农民住宅旁选出,原代号为'和上10号',1985年定名,主要栽培于新疆和田、喀什及阿克苏地区。

该品种属早实丰产型,小枝粗短弯曲,多鸡爪状,呈青褐色或赤褐色。混合芽大而饱满,叶片大,浓绿色,由3~7片组成复叶,并有畸形单叶。雌先型,4月中旬开花,有2次雄花,雌花先开4~5天。当年生果枝呈绿褐色,节间稍长;混合芽馒头形,大而饱满,具芽座。结果母枝发枝2.95个,结果枝率89.8%,果枝平均坐果1.84个,着果力强,有的年份可结出穗状果,多的达20多穗。短果枝率24.3%,中果枝率69.1%,长果枝率6.6%。果枝长8.38 cm,单果枝率29.1%,双果率60.1%,三果率10.0%,多果率0.8%。坚果长圆形,果基小而平,果顶凸而尖;纵径4.5 cm,横径3.4 cm,侧径3.3 cm,平均3.7 cm;单果体积25.13 cm³,平均坚果重14.67 g。壳面较光滑,色较深,缝合线较突起,结合紧密,果壳厚1.3 mm,内褶壁较发达,横隔膜革质,易取整仁,核仁充实饱满,仁重7.8 g,出仁率53.1%,果仁含脂肪71.2%,味香甜,产量上等,仁色黄褐色,品质较优良。

嫁接后第二年即可开花,大树高接后第二年即可结果。每平方米树冠投影面积产仁量370 g以上,坚果9月上旬成熟,11月上旬落叶。较耐干旱,对病虫害有较强的抵抗力。

该品种生长健壮,树势强,树冠开张,丰产稳产,抗性强,适生范围广,产量上等,具很强的早期丰产性能,但要有良好的水土肥条件,以利保持连年丰产稳产;坚果品质优良,宜作带壳销售品种。适宜在新疆各核桃产区及西北、华北各省栽培。

图3-265 '新丰'坚果

图3-264 '新丰'树体

87 新新2号 *Xinxin 2*

新疆林科院选育,早实丰产型。现为阿克苏地区密植园栽培的主栽品种。于1979年从新和县依西里克乡吾宗卡其村菜田中选出,经大树高接测定,基本保持母树特性,1990年定名为品种。目前主要在新疆阿克苏和喀什地区栽培。

母树树龄30年,树冠紧凑,树高6.5 m,冠幅6.2 m,主干高0.33 m,干径37 cm;树皮灰色,纵裂较深,小枝较细长,绿褐色,具二次生长枝;叶片较小,深绿色,复叶3~7片,具畸形单叶;单或复芽,雌雄花芽比为1:1.29,混合芽大而饱满;花期4月中旬至5月初,雄花比雌花先开10天左右,具二次雄花,结果母枝平均发枝1.95个,结果枝率100%,果枝平均长5.13 cm,其中短果枝率12.5%,中果枝率58.3%,长果枝率29.2%;果枝平均坐果1.87个,其中单果枝率26.4%,双果枝率48.6%,三果枝率22.2%,多果枝率2.8%。果实9月上中旬成熟,长圆形,果基圆,果顶稍小、平或稍圆,纵径4.4 cm,横径3.3 cm,侧径3.6 cm,平均单果重11.63 g,壳面光滑,浅黄褐色,缝合线窄而平,结合紧密,壳厚1.2 mm,内褶壁退化,横隔膜中等,易取整仁,果仁饱满,色浅,味香,仁重6.2 g,出仁率53.2%,脂肪率65.3%,盛果期1 m²树冠投影面积产果仁324.3 g。

本品种长势中等，树冠较紧凑，适应性强，较耐干旱，抗病力强，早期丰产性强，盛果期产量上等，宜带壳销售，适于密植集约栽培。

图3-266 '新新2号' 树体

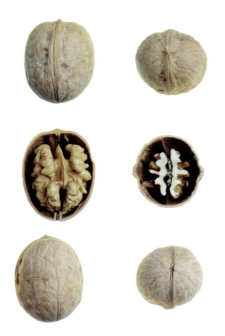

图3-267 '新新2号' 坚果

88 新纸皮

Xinzhipi

由辽宁省经济林研究所1980年育成。由辽宁省经济林研究所实生后代中选出。

树势中庸，树姿直立或半开张，分枝力强。1年生枝常呈灰褐色，节间短，果枝短，属短枝型。芽呈圆形，侧芽形成混合芽能力超过95%。奇数羽状复叶，小叶5~7片，少有9片。每雌花序着生2朵雌花，少有1或3朵。坐果1~2个，坐果率60%以上。坚果椭圆形，果基圆，果顶微突尖。纵径3.8 cm，横径3.6 cm，侧径3.5 cm。壳面光滑，色浅，缝合线平或仅顶部微隆起，结合紧密。壳厚0.8 mm，内褶壁膜质或退化，核仁充实饱满，黄白色，核仁重7.2 g，出仁率64.3%。

在辽宁省大连地区4月中旬萌发，

图3-268 '新纸皮' 树体

图3-269 '新纸皮' 结果状

5月上旬雄花散粉，5月中旬雌花盛期，雄先型。9月中旬坚果成熟，11月上旬落叶。

该优系喜肥水，丰产性强，坚果品质特优良，适宜在我国北方核桃栽培区发展。

图3-270 '新纸皮' 雌花

图3-271 '新纸皮' 坚果

89 元宝 Yuanbao

卢龙县林业局选出，2007年12月通过河北省林木品种审定委员会审定。

树势中庸，树姿较开张，分枝力中等，枝条节间较短。坚果元宝形，缝合线下半部平，上半部微隆起，结合紧密。纵径3.3 cm，横径3.9 cm，侧径3.55 cm，单果重14.5 g。壳面光滑，色浅，缝合线窄而平，结合紧密。壳厚1.1 mm。内褶壁退化，横隔膜膜质，可取整仁，仁重8.6 g，出仁率59.2%，核仁充实饱满，淡黄色。

该优系9月初果实成熟。耐旱，抗寒，抗病能力较强。嫁接亲和力强，易嫁接繁殖。适宜的授粉品种为'礼品2号'、'中林1号'、'中林5号'。

图3-272 '元宝'树体

图3-273 '元宝'结果状

图3-274 '元宝'坚果

90 元丰 Yuanfeng

山东省果树研究所1975年从山东省邹县草寺新疆早实核桃实生后代中选出。1979年定名。

树姿开张，树冠呈半圆形，树势中庸，分枝力中等，1年生枝呈黄绿色，节间短。芽近球形，芽座小，侧生混合芽的比率为75%。奇数羽状复叶，小叶多为5~9片。每雌花序着生2朵雌花，坐果率70%左右，双果较多。坚果卵圆形，果基平圆，果顶微尖。纵径3.72~4.20 cm，横径2.4~3.3 cm，单果重11~13 g。壳面刻沟浅，浅黄色，缝合线窄平，结合紧密，壳厚1.1~1.3 mm，内褶壁退化，横隔膜膜质，易取整仁，核仁充实饱满，色较深，核仁重4.8~6.1 g，出仁率47%~50%。

在山东泰安地区3月下旬发芽，雄花期4月上旬，雌花期4月中旬，雄先型。坚果9月上旬成熟，10月下旬落叶。不耐干旱，在瘠薄土壤中坚果变小。

主要栽培于山东、河南、山西、陕西、河北、辽宁等地。

图3-275 '元丰'树体

图3-276 '元丰'雄花

图3-277 '元丰'雌花

图3-278 '元丰'结果状

图 3-279 '元丰' 坚果

图 3-280 '元林' 树体

图 3-281 '扎343' 树体

图 3-282 '扎343' 坚果

该品种萌芽晚，抗晚霜危害，在泰安地区萌芽期为4月初，新梢生长期为4月中旬，与同一地块的'香玲'核桃相比较萌芽晚5~7天，可避过晚霜危害，在土层深厚、土质肥沃的立地条件下栽培表现会更好。

91 元林 Yuanlin

山东省林业科学研究院和泰安市绿园经济林果树研究所以'元丰'בˊ强特勒'为亲本杂交选育的新品种。

树姿直立或半开张，生长势强，树冠呈自然半圆形，枝条平均长度为23.76 cm，平均粗度为0.86 cm，平均节间长度为3.64 cm；多年生枝条呈红褐色，枝条皮目稀少，无茸毛，坐果率60%~70%左右。混合芽呈圆形，侧生混合芽率为85%左右；复叶长为48.3 cm，复叶柄长32.6 cm；小叶长卵圆形，小叶数7~9片，小叶长17.83 cm，小叶宽8.43 cm，叶黄绿色，叶尖微尖，叶全缘。雄花序较少，平均长度为15 cm；柱头黄绿色。果实长椭圆形，黄绿色，果点较密，坚果长圆形，纵径4.25 cm，横径3.6 cm，侧径3.42 cm，单果重16.84 g。核仁充实饱满，核仁重9.35 g，出仁率55.42%左右，味香微涩，脂肪含量63.6%，蛋白质含量18.25%。

92 扎343 Zha 343

新疆林科院选育，被选入国家核桃良种名录。从新疆林科院阿克苏扎木台试验站选出，本品种为雌先型品种的授粉树种。

树势高生长良好，抗逆性较强。枝条粗直，深褐色或深青褐色。叶型较大，深绿色，有3片小叶组成的复叶。雌雄同序的二次花特多且长。发枝力强，为1∶2.5，短果枝占40%，中果枝60%。坐果率良好，双果和多果占50%以上，有内膛结果，产量高。4月中旬开花，雄先型，雄花盛花期与雌先型品种雌花盛花期相迎合，雄花花期结束后，雌花才开始开放。果实9月中旬成熟。坚果椭圆形或似卵形，果形系数1.30，壳面淡褐色，缝合线平或微隆起，光滑美观。坚果中型，单果平均体积29.3 cm³，每千克61个，壳厚度平均1.16 mm，出仁率54.02%，含油率67.48%，品质上等。1年生实生苗有30%以上抽生侧枝。

该品种长势旺，树冠开张，适应性强，抗性强，宜作带壳销售品种发展，特别是具有雄花先开花，花粉多，花粉可授粉时间长的特性，是很宝贵的授粉品种。适宜在广大核桃产区发展推广。

93 珍珠核桃
Zhenzhuhetao

四川省林科院于2007年从当地核桃实生树中选出。2009年经四川省林木品种审定委员会认定为优良品种并定名。已在四川省内试种。

该品种树势强，树姿较开张，分枝力中等，1年生枝常呈黄褐色，节间短。二次花现象普遍，早实型核桃特征明显。顶芽呈阔三角形，顶叶较大，着生小叶5~9片。每雌花序着生雌花1~4朵，坐果2~4个，多数3果，坐果率60%以上。坚果圆形，果面光滑，顶具小尖，缝合线较低平，结合紧密。坚果纵径2.53 cm，横径2.44 cm，侧径2.31 cm，单果重4.51 g。壳厚0.78 mm，内褶壁退化，横隔膜膜质，易取整仁，核仁充实饱满，仁色浅，核仁重2.72 g，出仁率60.3%。

在四川省黑水县3月下旬萌发，4月中旬雄花散粉，4月下旬雌花盛花期，雄先型。9月中旬坚果成熟，

图3-284 '珍珠核桃' 坚果

图3-285 '珍珠核桃' 结果状

图3-286 '珍珠核桃' 雄花

11月下旬落叶。

该品种树势强，耐寒、耐旱，较丰产，宜加工休闲食品或带壳销售。适宜在川西北、川西南山地和盆地北缘和东北缘核桃栽培区发展。

94 中林1号
Zhonglin 1

中国林业科学研究院林业研究所育成，1989年定名。亲本为涧9-7-3בʼ汾阳串子'。

树势较强，树姿较直立。树冠椭圆形，分枝力强，为1∶5，侧芽形成混合芽率为90%以上。雌花序着生2朵雌花，坐果率50%~60%，以双果、单果为主，中短果枝结果为主。坚果圆形，果基圆，果顶扁圆。纵径4.0 cm，横径3.7 cm，侧径3.9 cm，单果重14 g。壳面较粗糙，缝合线两侧有较深麻点，缝合线中宽凸起，顶有小尖，结合紧密，壳厚1.0 mm。内褶壁略延伸，膜质，横隔膜膜质，可取整仁或1/2仁。核仁充实饱满，浅至中色，纹理中色，核仁重7.5 g，出仁率54%。

在北京4月中旬发芽，4月下旬为雌花盛期，雄花在5月初散粉，雌先型。9月上旬坚果成熟，为中熟品种。

图3-283 '珍珠核桃' 树体

10月下旬落叶。

该品种长势较强，生长迅速，丰产潜力大，较易嫁接繁殖，坚果品质中等，适生能力较强，壳有一定的强度，耐清洗、漂白及运输，尤宜作加工品种。可在华北、华中及西北地区栽培。

图3-287 '中林1号' 树体

图3-288 '中林1号' 坚果

图3-289 '中林1号' 雌花

95 中林2号
Zhonglin 2

中国林业科学研究院林业研究所育成，1989年定名。亲本为涧9-9-13×'汾阳光皮绵'。

树势中庸，枝条较细，分枝力中等，节间略长。侧芽形成混合芽率为80%以上。每雌花序着生2朵雌花，以双果、单果为主。坚果卵圆形。纵径4.13 cm，横径3.44 cm，侧径3.45 cm，单果重12 g。壳色浅，光滑，缝合线微隆起，结合紧密，壳厚0.9 mm。内褶壁退化，横隔膜膜质，易取整仁。核仁充实饱满，浅至中色，核仁重7 g，出仁率60%左右。

在北京雌花期在5月初，雄花在4月下旬散粉，雄先型。9月初坚果成熟，10月底落叶。

该品种产量中等，坚果壳薄，适宜在水肥条件较好的地区栽培。

96 中林3号
Zhonglin 3

中国林业科学研究院林业研究所育成，1989年定名。亲本为涧9-9-15×汾阳穗状核桃。

树势较旺，树姿半开张，分枝力较强，侧花芽率为50%以上，幼树2~3年开始结果。枝条成熟后呈褐色，粗壮。坚果椭圆形。纵径4.15 cm，横径3.42 cm，侧径3.4 cm，单果重11 g。壳中色，较光滑，在靠近缝合线处有麻点，缝合线窄而凸起，结合紧密，壳厚1.2 mm。内褶退化，横隔膜膜质，易取整仁。核仁充实饱满，仁色浅，核仁重7.3 g，出仁率60%左右。

在北京雌花4月下旬开花，雄花在5月初散粉，雌先型。9月初坚果成熟，10月末落叶。

该品种长势较强，较易嫁接繁殖，坚果品质上等，适生能力较强，可在北京、河南、山西、陕西等地栽培。

图3-290 '中林3号' 树体

图3-291 '中林3号' 坚果

97 中林5号
Zhonglin 5

中国林业科学研究院林业研究所育成，1989年定名。亲本为涧9-11-12×涧9-11-15。

树势中庸，树姿较开张。树冠长椭圆至圆头形，分枝力强，枝条节间短而粗，短果枝结果为主。侧芽形成混合芽率为98%。每雌花序着生2朵雌花，多双果，果枝平均坐果1.64个。坚果圆形，果基平，果顶平。纵径4.0 cm，横径3.6 cm，侧径3.8 cm，单果重13.3 g。壳面光滑，色浅，缝合线较窄而平，结合紧密，壳厚1.0 mm。内褶壁膜质，横隔膜膜质，易取整仁。核仁充实饱满，纹理中色，核仁重7.8 g，出仁率58%。

在北京4月下旬为雌花盛期，雄花在5月初散粉，雌先型。8月下旬坚果成熟，为早熟品种。10月下旬或11月初落叶。

该品种不需漂白，宜带壳销售。适于在华北、中南、西南年均温10℃左右的气候区栽培，尤宜进行密植栽培。

98 中林6号
Zhonglin 6

中国林业科学研究院林业研究所育成，1989年定名。亲本为涧8-2-6×山西晚实优系7803。

树势较强，树姿较开张。分枝力强，侧芽形成混合芽率为95%。多单果，平均每果枝坐果数为1.2个。坚果略长圆形。纵径3.9 cm，横径3.6 cm，侧径3.6 cm，单果重13.8 g。壳浅色，光滑，缝合线中等宽度，平滑且结合紧密，壳厚1.0 mm。内褶壁退化，横隔膜膜质，易取整仁。核仁充实饱满，浅至中色，核仁重7.5 g，出仁率54.3%。

该品种长势较强，产量中上等，坚果品质极优，宜带壳销售。抗病性较强，适宜在华北、中南及西南高海拔地区栽培。

图3-293 '中林6号'坚果

图3-292 '中林6号'树体

（二）引进品种

1 爱米格 *Amigo*

'爱米格'为美国主栽品种，1984年由奚声珂引入中国。现在辽宁、北京、山东和河南等地有少量栽培。

该品种树体较小，树姿较开张，坚果略长圆形，单果重约10 g。壳面棕色，较光滑，缝合线平，结合紧密，壳厚1.4 mm。易取仁，出仁率52%。核仁色浅。

雌先型，在北京4月中旬发芽，4月中下旬雌花盛期，5月上旬为雄花散粉期。9月上旬坚果成熟。适于密植栽培，可在北京及其以南地区栽植。

2 强特勒 *Chandler*

为美国主栽培品种，是'彼特罗'（Pedro）×UC56-224的杂交子代，1984年由奚声珂引入中国。目前在辽宁、北京、河南、河北、山东、陕西和山西等地有少量栽培。

树体中等大小，树势中庸，树姿较直立，属于中熟品种。侧芽形成混合芽比例在90%以上。嫁接树2年开花结果，4~5年后形成雄花序，雄花较少。坚果长圆形，纵径5.4 cm，横径4.0 cm，侧径3.8 cm。单果重约11 g，核仁重6.3 g，壳厚1.5 mm，壳面光滑，缝合线平，结合紧密。取仁易，出仁率50%。核仁浅色，品质极佳，丰产性强，是美国主要的带壳销售品种，由于展叶晚，可减少黑斑病发生。

在北京4月15日左右发芽，雄花期4月20日左右，雌花期5月上旬，雄先型。坚果成熟期9月10日左右。

该品种适宜在温暖的北亚热带气候区栽培。

图 3-295 '强特勒'树体

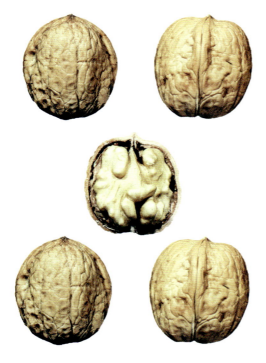

图 3-294 '爱米格'坚果

图 3-296 '强特勒'坚果

3 契可 Chico

美国栽培品种，是'夏凯'（Sharkey）בּ'玛凯蒂'（Marchetti）的杂交子代。1984年由奚声珂引入中国。现在北京、河南、辽宁和山东等地少量栽培。

树势较旺，较直立，树体小，属早实类型。每雌花序有2~3朵雌花，雄先型。侧芽形成混合芽的比例90%以上，早实型，嫁接苗2年开始结果。芽小，呈球形，小叶片长椭圆形，枝条节间短，青果皮薄，约0.3 cm。坚果略长圆形，果基平，果顶圆。纵径4.0 cm，横径3.5 cm，侧径3.4 cm，单果重8 g，核仁重5 g。壳浅色，光滑，缝合线略宽而略凸起，结合紧密，壳厚1.5 mm。易取仁，出仁率约47%。核仁充实饱满，色浅，品质极优。早期丰产性强。

在北京4月上旬发芽，雌花期为4月25日左右，雄花散粉期在4月20~25日，坚果成熟期在9月上旬。

该品种为短枝型早实品种，树体小，树姿较开张，丰产，多双果或多果，坚果个小，品种较好。对华北地区的气候适应性较强，尤宜在水肥条件较好的园地密植或篱式栽培。

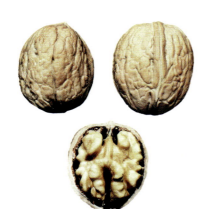

图3-297 '契可'坚果

4 哈特利 Hartley

为美国主栽晚实品种，1915年John Hartley夫妇在Napa谷地私有核桃园发现。1984年由奚声珂引入中国。现在河南、北京、辽宁、山东等地栽培。

树势较强，树姿较直立。分枝力较强（1∶2.4），枝条中粗，中果枝结果为主。侧生混合芽20%~30%，多双果。坚果果基平，果顶渐尖，似心脏形，单果重14.5 g。壳面光滑，缝合线平，结合紧密。仁重6.7 g，出仁率46%。产量中等。

在北京4月上旬发芽，4月中旬为雌花盛期，4月下旬雄花散粉，雌先型。9月中旬坚果成熟。

该品种坚果形似钻石，外型美观，为中熟品种，是美国市场主要的带壳销售品种。产量中等，略高于其他晚实品种，'哈特利'不耐瘠薄，不抗深层溃疡病，适宜在北亚热带气候区栽培。

图3-298 '哈特利'树体

图3-299 '哈特利'结果状

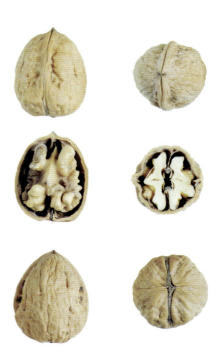

图3-300 '哈特利'坚果

5 清香 Qingxiang

河北农业大学20世纪80年代初从日本引进的核桃优良品种。2002年通过专家鉴定，2003年通过河北省林木良种审定委员会审定。

树体中等大小，树姿半开张，幼树时生长较旺，结果后树势稳定。枝条粗壮，芽体充实，结果枝率60%以上，连续结果能力强。嫁接树第四年见花初果，高接树第三年开花结果，坐果率85%以上，双果率80%以上。坚果近圆锥形，较大，单果重16.9 g。壳皮光滑淡褐色，外形美观，缝合线紧密。壳厚1.2 mm，内褶壁退化，易取整仁。核仁饱满，色浅黄，出仁

图3-301 '清香'树体

图3-302 '清香'雄花

图3-303 '清香'坚果

率52%~53%。核仁含蛋白质23.1%，粗脂肪65.8%，碳水化合物9.8%，维生素B_1 0.5 mg，维生素B_2 0.1 mg，嫁接亲和力强，成活率高。

在河北保定地区4月上旬萌芽展叶，中旬雄花盛期，4月中下旬雌花盛期，雄先型，9月中旬果实成熟，11月初落叶。

该品种适应性强，对炭疽病、黑斑病及干旱、干热风的抵御能力强。

图3-304 '清香'结果状

图3-305 '清香'雌花

6 希尔

Serr

为美国20世纪70年代主栽品种，是'培尼'（Payne）×PI-159568的杂交子代，1984年由奚声珂引入中国。

树冠中等，树势旺盛。坚果大，椭圆形，坚果形状与'培尼'相似，单果重12 g。壳面较光滑，壳厚约1.2 mm，缝合线结合较紧密，易取整仁。核仁色浅，核仁重7.6 g，出仁率59%。产量较低。

在北京地区4月上旬萌芽，雄先型。4月22~25日雄花散粉，4月25~28日雌花盛开，9月上旬坚果成熟。

该品种坚果较大，品质优良，但落花较严重。易感苹果蠹蛾与黑斑病。适宜作防护林林果兼用树种。现在河南、北京等地栽培。

图3-306 '希尔'坚果

7 泰勒
Tulare

早实核桃品种，美国1966年用'特哈玛'(Tehama)בּ希尔'(Serr)杂交育成。

树姿直立，生长势强，2年生枝条棕绿色，当年生枝条绿色。复叶有3~9片小叶。侧生花芽率比较高，达75%以上，多双果，坐果率85%以上。雌雄花期相近，雄先型，雄花散粉期比较长。坚果近圆形，平均单果重13g左右，壳面较光滑，有网络状沟纹，缝合线紧而平，壳厚1.0 mm左右，隔膜退化，内褶壁膜质，易取整仁，出仁率53%左右。

该品种在山东泰安地区一般3月底萌动，4月10号左右发芽，4月15号左右为雄花期，雌花期4月20日左右。果实9月上旬成熟。由于其枝芽较密集，因此适宜于宽行密株栽培。

图3-307 '泰勒'树体

图3-308 '泰勒'结果状

图3-309 '泰勒'坚果

图3-310 '维纳'坚果

8 维纳
Vina

美国主栽品种，'福兰克蒂'(Franquette)×'培尼'(Payne)的杂交子代，1984年由奚声珂引入中国。现在辽宁、北京、山东、河南等地有少量栽培。

树体中等大小，树势强，树姿较直立。每雌花序着生2朵雌花，雄花数量较少。侧芽形成混合花芽率80%以上，'维纳'是早实型品种。坚果锥形，果基平，果顶渐尖，单果重11g。壳厚1.4 mm，壳面光滑。缝合线略宽而平，结合紧密。取仁易，核仁色浅，出仁率50%。早期丰产性强。

在北京地区4月中旬发芽，4月22~26日雄花散粉，4月26~30日为雌花期，雄先型，9月上旬坚果成熟。

该品种适应华北核桃栽培区的气候，抗寒性强于其他美国栽培品种。不易受晚霜危害，核桃举肢蛾危害较轻，较少感染黑斑病。树势较强，春季比中国北方核桃品种晚10天左右，雌花期在4月底，可避免晚霜危害。为宝贵的育种资源。

二、优良无性系

1 北京 746
Beijing746

北京林果所从门头沟区沿河乡东岭村实生核桃园中选出。1986年定名。

树势较强,树姿较开张,分枝力中等。1年生枝常呈棕褐色,中等粗度,节间较短,果枝较短,属中、短枝型。顶芽近圆形,侧芽形成混合芽的比率为20%左右,属晚实类型。小叶5~9片,顶叶较大。每雌花序多着生1~4朵雌花,坐果1~3个,多双果,坐果率60%左右。坚果圆形,果基圆,果顶微尖,纵径3.3 cm,横径3.2 cm,侧径3.3 cm。壳面较光滑,色较浅,缝合线窄而平,结合紧密。壳厚1.2 mm,内褶壁退化,横隔膜革质。核仁充实饱满,浅黄色,核仁重6.5 g。出仁率54.7%,脂肪含量73.9%,蛋白质含量16.4%。

在北京地区4月上旬萌芽;雄花期在4月中旬,雌花期在4月下旬至5月初,属雄先型。9月上旬坚果成熟,11月上旬落叶。

该品种适应性强,较耐瘠薄,抗病,丰产性强,坚果品质优良,适宜北方核桃产区稀植大冠栽培。

图 3-312 '北京 746' 结果状

图 3-313 '北京 746' 雌花

图 3-311 '北京 746' 坚果

图 3-314 '北京 746' 树体

2 北京749
Beijing 749

北京林果所从门头沟区沿河乡东岭村实生核桃园中选出。1986年定名。

树势中庸，树姿较开张，分枝力中等。1年生枝灰绿色，中等粗度，节间中短，果枝较短，属中枝型。顶芽近圆形，侧芽形成混合芽的比率为20%左右，属晚实类型。小叶5~9片，顶叶较大。每雌花序多着生1~3朵雌花，坐果1~3个，多双果，坐果率50%左右。坚果圆形，果基圆，果顶微尖，纵径4.2 cm，横径4.2 cm，侧径4.3 cm。壳面较光滑，色较浅；缝合线窄而平，结合较松。壳厚1.2 mm，内褶壁退化，横隔膜革质。核仁充实饱满，浅黄色，核仁重9.2 g。出仁率55.3%，脂肪含量76.4%，蛋白质含量12.9%。

在北京地区4月上旬萌芽，雄花期在4月中旬，雌花期在4月下旬至5月初，雄先型。9月上旬坚果成熟，11月上旬落叶。

该品种适应性强，较耐瘠薄，较抗病，丰产性较强，坚果品质优良，适宜北方核桃产区稀植大冠栽培。

图3-316 '北京749' 结果状

图3-317 '北京749' 雌花

图3-315 '北京749' 树体

图3-318 '北京749' 坚果

3 丰收5号
Fengshou 5

河南省林州市林业局于1985年从当地实生后代中选出。

树势强，树姿直立或半开张，分枝力强，枝条粗壮密集，1年生枝常呈曲线向前延伸，皮色亮青色，粗壮，节间长短中等，果枝短，属短枝型。顶芽呈阔三角形或圆形，侧芽形成混合芽能力超过90%。小叶5~7片，顶叶较大。每雌花序着生1~2朵雌花，坐果1~2个，多双果，坐果率为80%以上。坚果卵圆形，果基平或圆，果顶略呈肩形。纵径4.0~4.3 cm，横径3.5~3.7 cm，侧径3.2~3.4 cm，单果重13~15 g左右。壳面较光滑。结合紧密。壳厚1.2~1.4 mm 内褶壁退化。核仁较充实饱满，浅黄色，核仁重6.0~7.2 g，出仁率45%~48%。水肥条件好坏，可导致果实大小不一。

在河南省林州地区3月下旬萌动，4月上旬雄花散粉，4月中旬雌花盛花期，属雄先型品种。9月上旬坚果成熟，10月下旬落叶。

该品种适应性强，耐瘠薄，丰产性强，坚果品质优良，适宜在我国北方核桃产区发展。

图3-319 '丰收5号' 树体

图3-320 '丰收5号' 结果状

图3-321 '丰收5号' 雄花

图3-322 '丰收5号' 坚果

图3-323 '丰收5号' 雌花

4 华山5号

Huashan 5

北京林果所从平谷区大华山镇实生核桃园中选出。1990年定名。

树势中庸，树姿较开张，分枝力弱。1年生枝棕褐色，较粗壮，节间中长；果枝较长，属中枝型。顶芽近圆形，侧芽形成混合芽的比率很低，属晚实类型。小叶5~9片，顶叶较大。每雌花序多着生2朵雌花，坐果1~2个，多双果，坐果率60%左右。坚果扁圆形，果基平，果顶凹。纵径3.60 cm，横径3.58 cm，侧径3.9 cm。壳面较麻，色较浅；缝合线宽，较凸，结合很紧密。壳厚1.3 mm，内褶壁退化，横隔膜革质。核仁充实、饱满，深黄色，核仁重9.6 g。出仁率60.0%。

在北京地区4月上旬萌芽；雄花期在4月中旬，雌花期在4月下旬至5月初，雄先型。9月上旬坚果成熟，11月上旬落叶。

该品种适应性强，较耐瘠薄，抗病，丰产性中等，坚果品质优良，适宜北方核桃产区稀植大冠栽培。

图3-325 '华山5号' 雌花

图3-326 '华山5号' 结果状

图3-324 '华山5号' 树体

图3-327 '华山5号' 坚果

图3-328 '陇南15号'树体

图3-329 '陇南755号'结果状

图3-330 '慕田峪6号'树体

图3-331 '慕田峪6号'雌花

5 陇南15号
Longnan 15

甘肃省陇南地区林业科学研究所从康县核桃实生树中选育而成。

树势旺盛，分枝力强，树冠呈半圆头形，为长枝结果型。顶花芽结果，每果枝平均坐果3个。坚果大，圆形，三径均值3.9 cm，单果重13.2 g。壳面光滑，缝合线平、紧密，壳厚1.2 mm，横隔膜膜质，内褶壁退化。可取整仁，仁黄色，仁重8.2 g，出仁率60.6%，味香甜。

在甘肃成县地区3月下旬发芽，4月上旬雌花盛开，雄花散粉盛期4月中下旬，雌先型，8月下旬果实成熟，10月下旬落叶。

该优系抗旱、耐瘠薄，适应性广，丰产稳产，宜于华北、西北、丘陵川塬地区发展，最适宜"四旁"栽植。

6 陇南755号
Longnan 755

中国林业科学研究院林业研究所1987年选出，编号为755。

生长健壮，分枝力强，树姿半开张，树冠圆头形。枝条粗壮，节间短，属短果枝类型。小叶数9片，雄花序浅绿细长，花粉量大，雌花羽状柱头，黄绿色，侧花芽坐果率高，双果、三果率高。坚果近圆形，果肩平，纵径3.7 cm，横径5.6 cm，侧径3.4 cm，壳面较光滑，色浅，缝合线紧密，果壳厚度1.1 mm，内褶壁退化，横隔膜膜质，核仁充实饱满，仁色浅黄，出仁率56.5%，味香甜。

在甘肃成县3月下旬萌芽，4月上旬雌花开放，4月下旬雄花盛期，雌先型，5月上旬抽生二次枝和二次花，7月上旬为种仁充实期，9月上旬果实成熟，10月中旬落叶。

该优系喜肥水，早实丰产特点突出，是雄先型品种的良好授粉树，适宜在我国北方地区发展。

7 慕田峪6号
Mutianyu 6

由北京林果所从怀柔区渤海镇慕田峪村实生核桃园中选出。1990年定名。

树势较强，树姿较直立，分枝力中等。1年生枝灰褐色，较粗壮，节间中长，果枝中短，属中短枝型。顶芽长圆形，侧芽形成混合芽的比率30%左右，属晚实类型。小叶7~9片，顶叶较大。每雌花序多着生2朵雌花，坐果1~2个，多单果，坐果率45%左右。坚果长圆形，果基圆，果顶较平。纵径4.08 cm，横径3.91 cm，侧径4.16 cm。壳面较麻，色较深，缝合线宽而低，结合较松。壳厚1.3 mm，内褶壁退化，横隔膜膜质。核仁较充实，饱满，黄褐色，核仁重9.8 g。出仁率58.5%。

在北京地区4月上旬萌动，雌花期在4月中旬，雄花期在4月下旬，属雌先型。9月上旬坚果成熟，11月上旬落叶。

该品系适应性强，较耐瘠薄，抗病，丰产性中等，坚果大，品质优良，适宜北方核桃产区稀植大冠栽培。

图3-332 '慕田峪6号'结果状

8 秦优1号
Qinyou 1

由陕西省果树研究所从陕西陇县晚实核桃实生群体中选出。

树势较强,树姿较开张,分枝力中等,枝条粗而长,分布较密。晚实优系。每雌花序着生10~24朵雌花,坐果1~2个,雌花序顶生,2~3簇生。小叶5~9片,顶叶较大。坚果长倒卵形。壳面色深,光滑而美观。缝合线低平,结合紧密。壳厚1 mm左右,可取整仁或半仁。核仁充实饱满,色浅至中色,仁味香甜,核仁重7.2 g,出仁率53.5%,含粗脂肪70.34%。

在陕西陇县4月上旬萌动,4月下旬雄花开放,5月上雌花盛开,雄先型。9月上旬果实成熟,10月下旬落叶。

该优系播种后8年生开始挂果,果大,壳薄,丰产稳产品质优良,具有较强的适应性和抗逆性,尤其以抗病、抗旱、抗寒。可在西北、华北及秦巴山区发展。

图3-334 '秦优1号'结果状

9 秦优2号
Qinyou 2

陕西省果树研究所从陇县晚实核桃实生群体中选出。

树势强,树冠较开张,分枝力中等,枝条中粗而长,分布较密。小叶5~9片。每果枝平均坐果1.5个。雌花序着生2~3朵雌花,雄花序顶生,2~3簇生。坚果近圆形,中等偏大。壳面光滑,壳厚1.0 mm左右,可取整仁或半仁。核仁较充实饱满,仁色浅,味香甜,品质优良核仁重6.1 g,出仁率53.7%,含粗脂肪70.96%。

在陕西陇县4月中旬萌芽,雄花盛开期为5月2日左右,雌花盛开期为5月5日左右,雌先型。8月下旬果实成熟,10月中旬落叶。

该优系播种后8年生开始挂果,适应性强,丰产稳产,品质优良,抗旱,抗病虫、抗寒,但个别年份有果仁不饱满现象。适于黄土高原丘陵区和秦巴山区稀植栽培发展。

图3-335 '秦优2号'树体

图3-333 '秦优1号'树体

图3-336 '秦优2号'结果状

10 秦优 4 号
Qinyou 4

陕西省果树研究所从商洛市丹凤县晚实核桃实生群体中选出。

树势强旺，树姿开张，分枝力强，枝条粗壮密集。小叶5~9片，顶叶较大。每雌花序着生2~3朵雌花，雄花序顶生，2~3簇生。每果枝平均坐果1.9个。坚果近圆形，中等偏小。壳面光滑，色浅。缝合线低平，结合紧密。壳厚1 mm左右，个别坚果有露仁现象，可取整仁或半仁。核仁充实饱满，仁色浅，味香甜可口，核仁重5.9 g，出仁率54.7%，含粗脂肪71.38%。

在陕西丹凤4月上旬萌芽，4月中旬雄花开放盛期，4月下旬雌花盛开，雄先型，中熟优系。8月下旬果实成熟，10月下旬落叶。

该优系播种后8年有部分开花结果。抗逆性强，适应性广，丰产稳产，品质优良，但坚果果个偏小。适于秦巴山区及立地条件相近地区发展。

图 3-338 '秦优5号' 树体

图 3-339 '秦优5号' 结果状

图 3-337 '秦优4号' 结果状

11 秦优 5 号
Qinyou 5

陕西省果树研究所从陕西省洛南县晚实核桃实生群体中选出。

树势强旺，树姿直立而紧凑，分枝力强，枝条长而粗，分布稠密。小叶5~9片，顶叶较大。雄花每小花有雄蕊12~26枚。雌花序顶生，2~3簇生。播种后第八年开始挂果，每果枝平均1.9个。坚果近卵圆形。壳面光滑，色浅，缝合线结合较紧，可取整仁或半仁。核仁充实饱满，仁色浅至中色，味油香，核仁重7.9 g。出仁率54.8%。

在陕西洛南县4月上旬萌芽，4月中旬雄花开放，4月中下旬雌花盛开，雄先型。9月上旬果实成熟，10月下旬落叶。

该优系抗逆性强，适应性广，丰产稳产，果大而美观，品质优，适于秦巴山区及相近地区发展。

12 沙河核桃
Shahehetao

由四川省朝天区林科所1997~1999年在本区沙河镇实生核桃群体中选出，2002年定名。

树势中等，树冠圆形，分枝力强，结果枝短，坐果70%左右。坚果椭圆形，三径平均3.62 cm，单果

图 3-340 '沙河核桃' 树体

图 3-341 '沙河核桃' 花

重13 g。壳面较光滑，缝合线略高。壳厚0.9 mm，核仁灰褐色（俗称乌米籽），内隔膜纸状，易取整仁。核仁饱满，出仁率58.1%，粗脂肪和粗蛋白含量分别为70.01%和12.2%。口感好。

在四川沙河地区3月下旬萌动，四月上旬盛花期，雄先型。8月下旬果实成熟，11月落叶。

该品种适应性强，较耐瘠薄，丰产性能稳定，适宜在四川及西南地区种植。

13 陕核2号
Shanhe 2

陕西省果树研究所从新疆早实核桃实生苗中选择培育而成。属早实类优系。1986年参加全国早实核桃优系区试。

树势较弱，树姿较开张，呈自然主干疏层形，分枝力强，枝条粗短，分布稀疏，侧芽结果率53%。栽植后第二年即可结果。小叶7~9片，顶叶较大。每雌花序着生2~4朵雌花，每果枝平均坐果1.2个。坚果长圆形，

图3-342 '陕核2号' 树体

图3-343 '陕核2号' 坚果

中等大，单果重6.3 g。壳面光滑美观，壳厚1 mm左右，内褶壁不发达，横隔膜膜质，易取整仁。核仁色中色至深色，风味好，出仁率60%，粗脂肪含量66.98%。

在陕西关中地区4月下旬雌花盛开，雄花散粉5月上旬，常有二次花现象。雌先型，中熟品种。9月上旬果实成熟，10月上旬落叶。

该优系适应性强，抗病抗旱，品质优良，但是坚果饱满度差，仁色较深。可在华北、西北黄土丘陵适当发展，最宜营建密植丰产园。

14 陕核3号
Shanhe 3

陕西省果树研究所从周至隔年核桃实生后代中选择培育而成。属早实优系。1986年参加全国早实核桃优系区试。

树势较旺，树冠较开张，呈主干疏层形，枝条粗壮，中等长度，分布较密。小叶5~9片，顶叶较大。栽植后第二年即可结果，每雌花序着生2~5朵雌花。侧花芽结果率95%，每果枝平均坐果2个。坚果近方形，中等大。壳面光滑，壳厚1 mm左右，易取整仁或半仁。核仁充实，饱满，色浅，仁味较香，核仁重6.52 g。出仁率57.6%。

在陕西关中地区4月中旬萌芽，雌花4月下旬盛开，雄花散粉5月上旬，雌先型，中熟品种。9月上旬果实成熟，9月下旬落叶。

该优系适应性强，丰产稳产，抗病、抗晚霜，宜在华北、西北黄土丘陵区发展。

图3-344 '陕核3号' 结果状

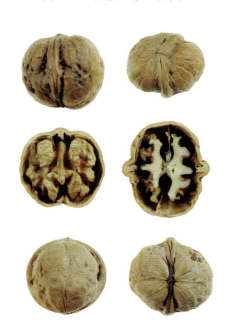

图3-345 '陕核3号' 坚果

15 陕核 4 号
Shanhe 4

由陕西省果树研究所从引进的新疆早实核桃实生树中选育而成。属早实优系。1986 年参加全国早实核桃品种区试。

图 3-346 '陕核 4 号'树体

图 3-347 '陕核 4 号'结果状

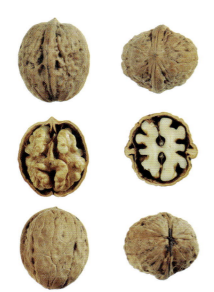

图 3-348 '陕核 4 号'坚果

树势较弱，树冠开张，呈半圆头形，为短枝矮化型，分枝力强，侧芽结果率 100%，栽植后第二年即可结果，每果枝平均坐果 1.6 个。小叶 7~9 片，顶叶较大。每雌花序着生 2~4 朵雌花。坚果大，近圆形。壳面光滑，壳厚 1.1 mm，横隔膜膜质，内褶壁不发达，可取整仁或半仁。核仁色浅至中色，味香，核仁重 7.5 g。出仁率 56.0%。品质极优。

该优系在陕西关中地区 4 月中旬萌芽，4 月下旬雌花盛开，雄花散粉盛期 5 月上旬，雌先型，中熟优系，9 月上旬果实成熟，10 月下旬开始落叶。

该优系适应性强，高产稳产，抗旱、抗病，树冠紧凑，宜于华北、西北、丘陵川塬地区发展，最适宜矮化密植建园。

16 商洛 1 号
Shangluo 1

由陕西省商洛市核桃研究所从商南县当地晚实核桃实生群体中选出。

树势较旺，树姿半开张，树冠圆头形。枝条粗而长，分布稀疏。播种后 8 年开始结果，晚实类优系，以中长果枝结果为主，每果枝平均坐果 1.6 个。小叶 5~9 片，顶叶较大。坚果圆球形，三径均值 3.0 cm，单果重 8.8 g。壳面光滑美观，壳厚 1.0 mm，内褶壁不发达，横隔膜膜质，可取整仁。

图 3-349 '商洛 1 号'树体

图 3-350 '商洛 1 号'结果状

图 3-351 '商洛 1 号'坚果

出仁率 57.34%。核仁色浅，味油香。

在陕西商南县 3 月下旬萌芽，4 月上中旬雌雄花相继开放，8 月下旬果实成熟，10 月下旬开始落叶。

该优系适应性强，抗旱、抗瘠薄，丰产稳产，品质优良，宜于秦巴山区川塬及浅山区发展。

17 商洛 2 号
Shangluo 2

由陕西省商洛市核桃研究所从洛南县晚实核桃实生群体中选出。树势较强，树姿直立，树冠圆锥形，枝条粗而长，分布稠密。实生苗 8 年后开

图 3-352 '商洛 2 号' 树体

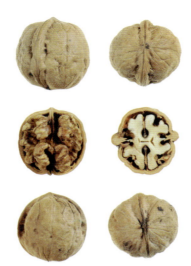

图 3-354 '商洛 2 号' 坚果

花结果，晚实类优系，以顶花芽结果为主，每果枝平均结果 1.7 个。小叶 5~11 片，顶叶较大。每雌花序着生 2~3 朵雌花。坚果近圆形，三径平均 3.4 cm，单果重 10.8 g。壳面较光滑美观，壳厚 1.2 mm，横隔膜膜质，内褶壁不发达，易取整仁或半仁。核仁浅黄色，味油香，出仁率 53.04%。

在陕西洛南县 4 月上旬萌芽，4 月中下旬雌雄花盛开。雄先型，中熟优系。9 月上旬果实成熟，10 月上旬落叶。

该优系抗旱、抗寒，适应性强，品质极优，适宜秦巴山区川塬、丘陵区发展。

内褶壁不发达，横隔膜膜质，易取整仁。核仁饱满，黄白色，味油香。出仁率 53.61%。

在陕西洛南县 4 月上旬萌芽，4 月上中旬雌雄花相继开放，9 月上旬果实成熟，10 月下旬落叶。

该优系适应性强，抗旱、抗瘠薄，丰产优质，适宜于秦巴山区川塬浅山区发展。

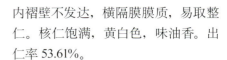

18 商洛 3 号
Shangluo 3

由陕西省商洛市核桃研究所从洛南县晚实核桃实生树中选出，属晚实类优系。

树势强，树姿较直立，呈主干疏层形，分枝力弱，枝条粗壮，分布较密。以中长果枝结果为主，每果枝平均坐果 1.45 个。小叶 5~9 片，顶叶较大。每雌花序着生 2~3 朵雌花。坚果椭圆形，果顶渐尖，果基圆钝，三径平均 3.4 cm，单果重 11.7 g。壳面光滑美观，缝合线紧密。壳厚 1.1 mm，

图 3-355 '商洛 3 号' 结果状

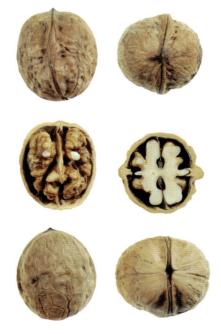

图 3-356 '商洛 3 号' 坚果

图 3-353 '商洛 2 号' 结果状

图 3-357 '商洛 4 号' 树体

19 商洛 4 号 *Shangluo 4*

由陕西省商洛市核桃研究所从柞水县当地晚实核桃实生群体中选出，属晚实类优系。

树势强，树姿直立，树冠呈半圆形，分枝力强，枝条长而粗，分布较密。播种后 8~10 年结果，以顶花结果为主。每果枝平均坐果 1.72 个。小叶 5~11 片，顶叶较大。每雌花序着生 2~3 朵雌花。坚果卵圆形，果顶渐尖，果基圆钝，三径平均 3.3 cm，单果重 10.9 g。壳面光滑美观，缝合线紧密。壳厚 0.9 mm，内褶壁不发达，横隔膜膜质，可取整仁或半仁。核仁饱满，浅黄色，味油香。出仁率 60.78%。

在陕西省柞水县 3 月下旬萌芽，4 月上中旬雌雄花开放，9 月上旬果实成熟，10 月中旬落叶。

该优系适应性强，抗旱、抗瘠薄，丰产稳产，品质优良，适宜于秦巴山区川塬浅山区栽培。

图 3-359 '商洛 4 号' 坚果

20 商洛 5 号 *Shangluo 5*

由陕西省商洛市核桃研究所从柞水县晚实核桃实生树中选出，属晚实类优系。

树势较旺，树姿直立，树冠呈半圆形，枝条长而粗，分布稀疏。实生苗 8~9 年始果，以中长枝结果为主，每果枝平均坐果 1.52 个。小叶 5~13 片，顶叶较大。雌花序着生 2~4 朵雌花。坚果圆形，三径平均 3.2 cm，单果重 10.4 g。壳面较光滑美观，缝合线紧密。壳厚 1.3 mm，横隔膜膜质，内褶壁不发达，易取整仁。核仁黄白色，味油香。出仁率 58.28%。

在陕西省柞水县 3 月下旬萌芽，4 月下中旬雌雄花开放，8 月下旬果实成熟，10 月下旬落叶。

该优系抗旱、抗瘠薄，丰产性强，品质极优，适宜于秦巴山区发展。

图 3-358 '商洛 4 号' 结果状

图 3-360 '商洛 5 号' 树体

图 3-361 '商洛 5 号' 结果状

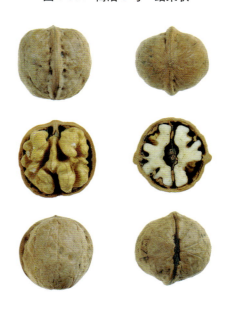

图 3-362 '商洛 5 号' 坚果

21 商洛6号
Shangluo 6

由陕西省商洛市核桃研究所从柞水县晚实核桃实生树中选出，属晚实类优系。

树势较旺，树姿直立，树冠呈半圆形，枝条长而粗，分布稀疏。以中长枝结果为主，每果枝平均坐果1.32个。小叶5~9片，顶叶较大。每雌花序着生2~3朵雌花。坚果圆形，三径平均3.16 cm，单果重10.84 g。壳面较光滑美观，缝合线紧密。壳厚1.25 mm，横隔膜膜质，内褶壁不发达，易取整仁。核仁黄白色，味油香。出仁率54.26%。

在陕西柞水县3月下旬萌芽，4月中下旬雌雄花开放，8月下旬果实成熟，10月下旬落叶。

该优系抗旱、抗瘠薄，丰产性强，品质极优，适宜于秦巴山区发展。

图3-364 '商洛6号' 树体

图3-365 '商洛6号' 结果状

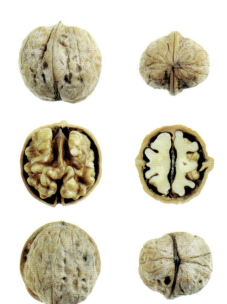

图3-363 '商洛6号' 坚果

22 硕星
Shuoxing

由四川省广元市朝天区林科所1997~1999年在全区核桃品种普查中从实生优良单株中选出，属晚实类型。2002年定名。

树势强，树姿半开张，树冠圆头形，分枝力强，1年或2年生枝条呈浅黄色，结果枝为短枝型，果枝率高，连续丰产性强，中熟型。结果多为顶生，平均坐果2.5个。坚果平均三径为3.87 cm，单果重17.3 g。壳面光滑，壳厚1.38 mm，缝合线低平，易取整仁。核仁饱满，浅黄色，口感较好，风味佳，品质上等，核仁重9.4 g，出仁率54%，粗脂肪含量为69.53%、粗蛋白为12.16%。

图3-366 '硕星' 树体

图3-367 '硕星' 坚果

在四川省广元市朝天区3月中旬开始萌动，4月上旬为雌花盛期，雄先型，8月下旬果实成熟，11月进入休眠期。

该品种适应性强，尤其是较耐瘠薄，适宜在四川、重庆全省（直辖市）及甘肃天水、陕西秦岭山脉以南地区种植。

23 西寺峪1号
Xisiyu 1

北京林果所从北京平谷区镇罗营乡西寺峪村实生核桃园中选出，属晚实类型。1983年定名。

树势中庸，树姿较开张，分枝力弱。1年生枝棕褐色，较粗壮，节间中长，果枝较长，属中果枝结果类型。顶芽近圆形，侧芽形成混合芽的比率很低。小叶5~9片，顶叶较大。每雌花序多着生2朵雌花，坐果1~2个，多双果，坐果率60%左右。坚果扁圆形，果基平，果顶凹。纵径3.58 cm，横径3.82 cm，侧径4.20 cm。壳面较麻，色较浅，缝合线宽而低，结合紧密，壳厚1.3 mm，内褶壁退化，横隔膜膜质。核仁充实饱满，黄色，核仁重10.0 g。出仁率58.5%。

在北京地区4月上旬萌芽，雄花期在4月中旬，雌花期在4月下旬至5月初，属雄先型。9月上旬坚果成熟，11月上旬落叶。

该品种适应性强，较耐瘠薄，抗病，丰产性较强，坚果大，外形美观，品质优，适宜北方核桃产区稀植大冠栽培。

图3-368 '西寺峪1号' 树体

图3-369 '西寺峪1号' 结果状

图3-370 '西寺峪1号' 雌花

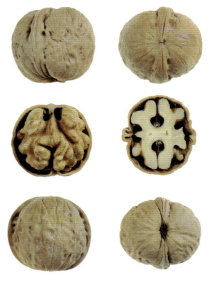

图3-371 '西寺峪1号' 坚果

24 夏早
Xiazao

由四川广元市朝天区林科所在实生核桃后代中选育而成，属早熟类型。现已在广元市朝天、绵竹、旺苍、利州等地推广。

树势强，树姿开张，树冠较大，分枝力强，果枝短，果枝率高，结果枝达70%以上。果实7月下旬即可成熟，核仁可鲜食。坚果圆形，三径平均3.38 cm，果面较光滑，缝合线较高，单果重12 g，壳厚1.1 mm，出仁率52%。

在四川广元市朝天地区3月下旬萌发，4月上中旬为雌花盛花期，雄先型，7月下旬至8月初坚果成熟，11月进入休眠期。

该品种抗病虫力强，适宜在土层较深厚，肥水条件相对较高，光照比较充足的地区疏株及房前屋后种植。

图3-372 '夏早' 树体

图 3-373 '夏早' 坚果　　　　　　　　图 3-375 '郑州 5 号' 坚果

25　郑州 5 号
Zhengzhou 5

河南省林业科学研究院于 1990 年从核桃良种实生后代中选出。

树势中庸，树姿开张，分枝力强，1 年生枝呈褐绿色，节间较短，果枝短，属短枝型。侧混合芽率 80%。每雌花序着生 1~2 朵雌花，多为单果，坐果率 70% 左右。坚果卵圆形，果基圆，果顶尖。纵径 4.2~4.4 cm，横径 3.3~3.4 cm，侧径 3.2~3.4 cm，单果重 12 g 左右。壳面较光滑，结合紧密。壳厚 1.0~1.2 mm，内褶壁退化。核仁较充实饱满，浅黄色，核仁重 6~7 g。出仁率 51%~54%。

在河南省郑州 3 月下旬发芽，4 月中上旬雌花盛花期，4 月中下旬雄花开始散粉，雌先型。8 月底果实成熟，10 月中旬开始落叶。

该品种长势旺，适应性强，抗果实病害，丰产、优质，适宜在华北黄土丘陵山区发展。

图 3-374 '郑州 5 号' 树体

图 3-376 '郑州 5 号' 结果状

图 3-377 '郑州 5 号' 雌花

图 3-378 '郑州 5 号' 雄花

三、优良单株

1 101007号
101007

101007号初选优树由湖北省宜昌市林业科学研究所从鄂西核桃分布区实生选育而成，2009年通过初级评审。

优树主干树皮灰白色，纵裂。奇数羽状复叶，小叶5~7片，顶芽三角形或阔圆形，侧芽主芽三角形或椭圆形，副芽小、圆形。侧花芽比率34.3%左右，单枝坐果数1.7个，果枝率61.4%，坐果2~3个，多双果。坚果卵形，果面平滑，沟纹浅，缝合线宽结合紧密，横隔膜膜质。纵径3.16~3.56 cm，横径3.24~3.57 cm，侧径2.91~3.51 cm，单果重7.4~15.9 g，核壳厚0.8~1.3 mm，出仁率53.8%，易取整仁，内种皮淡黄色。粗脂肪含量67.1%，蛋白质含量16.5%。播种后6~8年结果，嫁接苗4~5年开花结果。

鄂西海拔1 000 m的地区4月中下旬萌芽，5月上中旬为盛花期。雄先型。春梢迅速生长期为5月中下旬，10月中旬坚果成熟。9月下旬至11月中下旬落叶。综合性状达到国家优级标准。抗核桃褐斑病、核桃黑斑病能力强，适宜鄂西山区栽培。

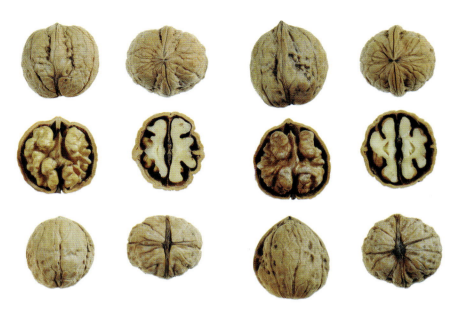

图3-380 '101007号' 坚果　　　　图3-382 '101022号' 坚果

2 101022号
101022

101022号初选优树由湖北省宜昌市林业科学研究所从鄂西核桃分布区实生选育而成，2009年通过初级评审。

优树主干树皮灰白色，纵状开裂。奇数羽状复叶，小叶5~7片，顶芽三角形或阔圆形，侧芽主芽三角形或椭圆形，副芽小、圆形。单枝坐果数2个，果枝率67%，侧花芽比率35.6%左右。每雌花序着生2~3朵雌花，坐果2~3个，多双果。坚果球形，果面龟板状，刻沟稀、浅，缝合线隆起，横隔膜膜质。纵径3.23~3.57 cm，横径2.75~3.6 cm，侧径2.69~3.25 cm，单果重10.06 g，核壳厚0.8~1.26 mm。出仁率57.2%，可取整仁，核仁风味淡，种仁白色，内种皮褐色。粗脂肪含量65.5%，蛋白质含量16.5%。播种后6~8年结果，嫁接苗4~5年开花结果，8~10年后进入丰产期。

在鄂西海拔1 000 m的地区4月中下旬萌芽，5月上中旬盛花，雄先型。春梢旺盛生长期5月中下旬或6月上旬，10月中旬坚果成熟期。9月下旬至11月中下旬落叶期。综合性状达到国家优级标准。抗核桃褐斑病、核桃黑斑病能力强，适宜鄂西山区栽培。

图3-379 '101007号' 树体

图3-381 '101022号' 树体

3 201017号

201017

201017号优树由湖北省宜昌市林业科学研究所从鄂西核桃分布区实生选育而成,2009年通过初级评审。综合性状达到国家优级标准。

优树主干树皮灰白色、黑褐色,纵状开裂,奇数羽状复叶,小叶5~7片,顶芽三角形或阔圆形,侧芽主芽三角形或椭圆形,副芽小、圆形。单枝坐果数2.1个,果枝率65.4%,侧花芽比率20.6%左右。每雌花序着生1~3朵雌花,坐果2~3个,多三果。坚果心形,壳果面平滑,刻沟稀、浅,缝合线窄平,横隔膜纸质。坚果纵径3.19~3.46 cm,横径2.98~3.32 cm,侧径2.83~3.22 cm,单果重9.25 g,核壳厚0.8~1.4 mm,出仁率58.3%,核仁风味甜,种仁白色,内种皮淡黄色。粗脂肪含量62.3%,蛋白质含量18.6%。播种后6~8年结果,嫁接苗4~5年开花结果,8~10年后进入盛产期。

在鄂西海拔1 200 m的地区4月中下旬萌芽,4月下旬5月上旬盛花,雌先型。春梢速生期5月中下旬或6月上旬,10月中旬果实成熟。9月下旬至11月中下旬为落叶期。抗核桃褐斑病、核桃黑斑病能力强,适宜鄂西山区栽培。

图3-383 '201017号' 树体

图3-384 '201017号' 坚果

4 201041号

201041

201041号初选优树由湖北省宜昌市林业科学研究所从鄂西核桃分布区实生选育而成,2009年通过初级评审。综合性状达到国家优级标准。

优树主干树皮灰白色、黑褐色,纵状开裂。奇数羽状复叶,小叶5~7片,顶芽三角形或阔圆形,侧芽主芽三角形或椭圆形,副芽小、圆形。单枝坐果数1.3个,果枝率77.8%,侧花芽比率47.7%左右。每雌花序着生1~3朵雌花,坐果2~3个,多三果。坚果椭圆形,壳面麻点少而小、沟纹浅、较密,缝合线宽较高、结合紧密,横隔膜膜质。坚果纵径3.44~3.98 cm、横径3.18~3.78 cm、侧径2.66~3.28 cm,单果重11.4 g,核壳厚0.8~1.26 mm,出仁率56.7%,易取整仁,核仁风味淡,种仁白色,内种皮褐色。粗脂肪含量58.8%,蛋白质含量19.6%。播种后6~8年结果,嫁接苗4~5年开花结果,8~10年后进入盛产期。

在鄂西海拔1 000 m的地区4月中下旬萌芽,5月上中旬盛花,雌先型。春梢速长期5月中下旬或6月上旬,10月中旬果实成熟。9月下旬至11月中下旬为落叶期。抗核桃褐斑病、核桃黑斑病能力强,适宜鄂西山区栽培。

图3-385 '201041号' 树体

5　201045 号
201045

201045 号初选优树由湖北省宜昌市林业科学研究所从鄂西核桃分布区实生选育而成，2009 年通过初级评审。综合性状达到国家优级标准。

优树主干树皮灰白色、黑褐色，纵状开裂。奇数羽状复叶，小叶 5~7 片，顶芽三角形或阔圆形，侧芽主芽三角形或椭圆形，副芽小、圆形。坚果椭圆形，壳面麻点少，沟纹密、浅，缝合线宽较高，结合紧密，横隔膜膜质。坚果纵径 3.37~3.98 cm、横径 2.18~3.78 cm、侧径 2.51~3.28 cm，单果重 11.33 g，核壳厚 1.0~1.5 mm，出仁率 52.4%，可取半仁，种仁白色，内种皮淡黄色，核仁风味甜。播种后 6~8 年结果，嫁接苗 4~5 年开花结果，8~10 年后进入盛产期。

在鄂西海拔 1 000 m 的地区 4 月中下旬萌芽，5 月上中旬开花。春梢速生期 5 月中下旬或 6 月上旬，10 月中旬果实成熟。9 月下旬至 11 月中下旬为落叶期。抗核桃褐斑病、核桃黑斑病能力强，适宜鄂西山区栽培。

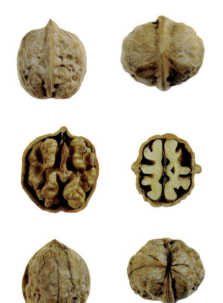

图 3-386　'201045 号' 坚果

6　909012 号
909012

909012 号初选优树由湖北省宜昌市林业科学研究所从鄂西核桃分布区实生选育而成，2009 年通过初级评审。综合性状达到国家优级标准。

优树主干树皮灰白色、黑褐色，纵状开裂。奇数羽状复叶，小叶 5~7 片，顶芽三角形或阔圆形，侧芽主芽三角形或椭圆形，副芽小、圆形。单枝坐果数 2.1 个，果枝率 76.2%，侧花芽比率 33.3%。每雌花序着生 2~3 朵雌花，坐果 2~3 个，多三果。坚果椭圆形，果尖突尖，坚果大小整齐，壳面麻点少，沟纹稀、浅，缝合线宽较高，横隔膜膜质。坚果纵径 3.68~4.16 cm、横径 3.26~3.76 cm、侧径 2.76~3.22 cm，单果重 13.03 g，核壳厚 0.94~1.26 mm、出仁率 53.5%，可取半仁，核仁风味淡，内种皮褐色。粗脂肪含量 65.5%，蛋白质含量 16.5%。播种后 6~8 年结果，嫁接苗 4~5 年开花结果，8~10 年后进入盛产期。

图 3-387　'909012 号' 树体

图 3-388　'909012 号' 坚果

在鄂西海拔 1 000 m 的地区 4 月中下旬萌芽，5 月上中旬盛花，雌雄花同熟型。春梢速长期 5 月中下旬或 6 月上旬，10 月中旬果实成熟。9 月下旬至 11 月中下旬为落叶期。抗核桃褐斑病、核桃黑斑病能力强，适宜鄂西山区栽培。

7　N8-19
N8-19

山东省果树研究所从新疆早实核桃后代中实生选出，现在山东泰安、济南、烟台等地有少量栽培。

树势中庸，树姿较开张，分枝力较强，1 年生枝黄绿色，节间较短。混合芽近圆球形，侧生混合芽比率 80%，嫁接后第二年形成混合花芽。每雌花序多着生 2~3 朵雌花，坐果率 60% 左右。小叶多 5~7 片。坚果圆形，果基圆，果顶圆微尖。纵径 3.0 cm，横径 2.7 cm，侧径 2.9 cm，单果重 9.45 g。果面较光滑，果形美观，缝合线窄，平而紧，壳厚 1.1 mm，内褶壁退化，横隔膜膜质，核仁饱满，易取整仁，核仁重5.9 g，出仁率62.4%。

在山东泰安地区3月下旬萌动发芽，4月10号左右为新梢生长始期，4月10号左右为雌花期，4月13号左右雄花期。雌、雄花期相近，雌先型。8月下旬坚果成熟，11月上旬落叶。适宜于土层肥沃的地区栽培。

8　S2-31

S2-31

山东省果树研究所从新疆早实核桃后代中实生选出，现在山东泰安、济南、烟台等地有少量栽培。

树势较旺，树姿较直立，分枝力中等，枝条节间较短。混合芽近圆球形，侧生混合芽比率75%，嫁接后第二年可结果。每雌花序多着生2~3朵雌花，坐果率65%左右。小叶多5~7片。坚果圆形，果基圆，果顶圆微尖。纵径3.5 cm，横径3.2 cm，侧径3.4 cm，单果重11 g。缝合线平而紧，壳厚1.0 mm，内褶壁退化，横隔膜膜质，核仁饱满，易取整仁，核仁重6.6 g，出仁率60%。

在山东泰安地区3月下旬萌动发芽，4月10号左右为雄花期，4月20号左右为雌花期，雄先型。8月下旬坚果成熟，11月上旬落叶。适宜于土层肥沃的地区栽培。

9　SLZ-13

SLZ-13

山东省果树研究所从新疆早实核桃后代中实生选出，现在山东泰安、济南、烟台等地有少量栽培。

树势中庸，树姿较开张，分枝力较强，1年生枝黄绿色，节间较短。混合芽近圆球形，侧生混合芽比率80%，嫁接后第二年形成混合花芽。每雌花序多着生2~3朵雌花，坐果率60%左右。小叶多5~7片。坚果圆形，果基圆，果顶圆微尖。纵径3.0 cm，横径2.7 cm，侧径2.9 cm，单果重9.45 g。缝合线窄、平而紧，壳厚1.1 mm，内褶壁退化，横隔膜膜质，核仁饱满，易取整仁，核仁重5.9 g，出仁率62.4%。

在山东泰安地区3月下旬萌动发芽，4月10号左右为雄花期，4月20号左右为雌花期，雄先型。8月下旬坚果成熟，11月上旬落叶。适宜于土层肥沃的地区栽培。

10　WN1-2

WN1-2

山东省果树研究所从新疆早实核桃实生后代中选出。目前，在山东泰安、肥城、东平及潍坊等地区少量栽培。

树势较强，树姿较直立，分枝力较强，1年生枝黄绿色，混合芽近圆球形，侧生混合芽比率61.7%，嫁接后第二年形成混合花芽，每雌花序多着生2朵雌花，坐果率60%左右。小叶多5~7片。坚果尖圆形，基部圆，果顶尖圆。单果重12.4 g。壳面光滑美观，浅黄色，缝合线窄而平，结合紧密，壳厚1.1 mm左右。内褶壁退化，横隔膜膜质，核仁饱满，易取整仁，核仁重7.14 g，出仁率57.59%。

在山东泰安地区3月下旬萌动发芽，4月10号左右为雄花期，4月20号左右为雌花期，雄先型。8月下旬坚果成熟，11月上旬落叶。

11　WN8-20

WN8-20

山东省果树研究所实生选出。目前，在山东地区有少量栽培。

树势较强，树姿较直立，分枝力较强，侧生混合芽比率81.7%，嫁接后第二年形成混合花芽，每雌花序多着生2朵雌花，坐果率70%左右。混合芽近圆球形。小叶多5~7片。坚果长圆形，基部圆，果顶微尖。单果重10.7 g。壳面刻沟浅，光滑美观，浅黄色；缝合线窄而微凸，结合紧密，壳厚1.05 mm左右。内褶壁退化，横隔膜膜质，核仁饱满，易取整仁，核仁重6.4 g，出仁率59.8%。

山东泰安地区，3月下旬萌动发芽，4月10号左右为雌花期，4月15号左右为雄花期，雌先型。8月下旬坚果成熟，11月上旬落叶。

12　WN10-13

WN10-13

原代号ZXG-6，山东省果树研究所从新疆早实核桃实生后代中选出。目前，在山东济南、泰安、临沂等地区有少量栽培。

树势较强，树姿较直立，分枝力一般，混合芽近圆球形，侧生混合芽比率71.7%，嫁接后第二年形成混合花芽，每雌花序多着生2朵雌花，坐果率60%左右。小叶多5~7片。坚果卵圆形，基部圆，果顶圆微尖。单果重12.6 g。壳面刻沟浅，光滑美观，浅黄色；缝合线窄而平，结合紧密，壳厚1.0 mm左右。内褶壁退化，横隔膜膜质，核仁饱满，易取整仁，核仁重7.3 g，出仁率57.3%。

在山东泰安地区，3月中旬萌动发芽，4月12号左右为雄花期，4月15号左右为雌花期，雄先型。雌雄花期相近。8月下旬坚果成熟，11月上旬落叶。

13　WN10-15

山东省果树研究所从新疆早实核桃后代中实生选育。目前，在泰安地区有小面积栽培。

树势较强，树姿较直立，分枝力较强，1年生枝黄绿色，节间较短。混合芽近圆球形，侧生混合芽比率81.7%，嫁接后第二年形成混合花芽，雄花3~4年后出现。每雌花序多着生2朵雌花，坐果率60%左右。小叶多5~7片。坚果近圆形，基部平圆，果顶微尖，纵径3.94 cm，横径3.29 cm，侧径3.74 cm，单果重12.4 g。壳面刻沟浅，光滑美观，浅黄色，缝合线窄而平，结合紧密，壳厚1.0 mm左右。内褶壁退化，横隔膜膜质，核仁饱满，易取整仁，核仁重7.8 g，出仁率62.9%，脂肪含量65.48%，蛋白质含量21.63%。

在山东泰安地区3月下旬萌动发芽，4月16号左右为雄花期，4月10号左右为雌花期，雌先型。8月下旬坚果成熟，11月上旬落叶。适宜于土层肥沃的地区栽培。

14　WN13-1

山东省果树研究所从岱香实生后代中选出。在山东泰安、济南、临沂等地有少量栽培。

树势中庸，树姿较开张，枝条粗壮。1年生枝绿色，节间较短。混合芽近圆球形，侧生混合芽比率74.7%，嫁接后第2年形成混合花芽。每雌花序多着生2~3朵雌花，坐果率65%左右。小叶多5~7片。坚果圆形，基部圆，果顶尖圆。单果重22.0 g。壳面刻沟浅，较光滑，浅黄色，缝合线窄而微凸，结合紧密，壳厚1.15 mm左右。内褶壁退化，横隔膜膜质，核仁充实饱满，易取整仁，核仁重12 g，出仁率54.5%。

在山东泰安地区4月初萌动发芽，4月14号左右为雄花期，4月20号左右为雄花期，雄先型。8月下旬坚果成熟，11月上旬落叶。适宜于土层肥沃的地区栽培。

15　WN16-16

山东省果树研究所从鲁核3号实生后代中选出。目前，在山东泰安、临沂、菏泽等地都有栽培。

树势旺盛，树姿较直立，分枝力较强，1年生枝黄绿色，节间较长。混合芽近圆球形，侧生混合芽比率61.7%，嫁接后第三年形成混合花芽，雄花3~4年后出现。每雌花序多着生2朵雌花，坐果率70%左右。小叶多5~7片。坚果近圆形，基部圆，果顶微圆。单果重12.0 g，壳面刻沟浅，光滑美观，浅黄色，缝合线窄而平，结合紧密，壳厚1.0 mm左右。内褶壁退化，横隔膜膜质，核仁饱满，易取整仁，核仁重7.3 g，出仁率60.9%。

在山东泰安地区3月下旬萌动发芽，4月15号左右为雄花期，4月20号左右为雌花期，雄先型。8月下旬坚果成熟，11月上旬落叶。适宜于土层深厚的山区丘陵地区栽培。

16　WN16-23

山东省果树研究所从新疆早实核桃后代中实生选出，现在山东、河北等地有部分栽培。

树势较强，树姿较直立，分枝力较强，1年生枝黄绿色，节间较短。混合芽近圆球形，侧生混合芽比率81.7%，嫁接后第二年形成混合花芽，雄花3~4年后出现。每雌花序多着生2朵雌花，坐果率60%左右。小叶多5~7片。坚果近圆形，基部平圆，果顶微尖。纵径3.94 cm，横径3.29 cm，侧径3.74 cm，单果重12.4 g。壳面刻沟浅，光滑美观，浅黄色，缝合线窄而平，结合紧密，壳厚1.0 mm左右。内褶壁退化，横隔膜膜质，核仁饱满，易取整仁，核仁重7.8 g，出仁率62.9%，脂肪含量65.48%，蛋白质含量21.63%。

在山东泰安地区3月下旬萌动发芽，4月10号左右为雄花期，4月20号左右为雌花期，雄先型。8月下旬坚果成熟，11月上旬落叶。适宜于土层肥沃的地区栽培。

17　WS1-19

山东省果树研究所从新疆早实核桃实生后代中选出。目前，在山东鲁中、鲁南等地有部分栽培。

树势中庸，树姿较开张，分枝力较强，枝条短粗，生长缓慢。1年生枝黄绿色，节间较短。混合芽近圆球形，侧生混合芽比率64.7%，嫁接后第二年形成混合花芽，雄花3~4年后出现。每雌花序多着生2朵雌花，坐果率60%左右。小叶多5~7片。坚果近圆形，基部圆，果顶微尖，纵径3.94 cm，横径3.29 cm，侧径3.74 cm，单果重14.0 g，壳面刻沟浅，光滑美观，浅黄色，缝合线窄而平，结合紧密，壳厚1.2 mm左右。内褶壁退化，横隔膜膜质，核仁饱满，易取整仁。核仁重7 g，出仁率50%。

在山东泰安地区3月下旬萌动发芽，4月10号左右为雌花期，4月16号左右为雄花期，雌先型。8月下旬坚果成熟，11月上旬落叶。适宜于土层肥沃的地区栽培。

18 WS1-36
WS1-36

山东省果树研究所从新疆早实核桃实生后代中选出。目前，在山东、河南、山西等地有部分栽培。

树势较强，树姿较直立，分枝力较强，1年生枝黄绿色，节间较短。混合芽近圆球形，侧生混合芽比率61.7%，嫁接后第二年形成混合花芽，雄花3~4年后出现，每雌花序多着生2朵雌花，坐果率60%左右。小叶多5~7片。坚果近圆形，基部平圆，果顶微尖。纵径3.94 cm，横径3.29 cm，侧径3.74 cm，单果重12.4 g。壳面刻沟浅，光滑美观，浅黄色；缝合线窄而平，结合紧密，壳厚1.0 mm左右。内褶壁退化，横隔膜膜质，核仁饱满，易取整仁，核仁重7.8 g，出仁率62.9%，脂肪含量65.48%，蛋白质含量21.63%。

在山东泰安地区3月下旬萌动发芽，4月10号左右为雄花期，4月20号左右为雌花期。雄先型。8月下旬坚果成熟，11月上旬落叶。适宜于土层肥沃的地区栽培。

19 WS2-19
WS2-19

山东省果树研究所从新疆早实核桃实生后代中选出。目前，在山东鲁中、鲁南等地有部分栽培。

树势中庸，树姿较开张，分枝力较强，枝条短粗。1年生枝黄绿色，节间较短。混合芽近圆球形，侧生混合芽比率64.7%，嫁接后第二年形成混合花芽，雄花3~4年后出现。每雌花序多着生2朵雌花，坐果率60%左右。小叶多5~7片。坚果近圆形，基部圆，果顶微尖，纵径3.94 cm，横径3.29 cm，侧径3.74 cm，单果重14.0 g。壳面刻沟浅，光滑美观，浅黄色，缝合线窄而平，结合紧密，壳厚1.2 mm左右。内褶壁退化，横隔膜膜质，核仁饱满，易取整仁，核仁重7 g，出仁率50%。

在山东泰安地区3月下旬萌动发芽，4月10号左右为雄花期，4月16号左右为雌花期，雄先型。8月下旬坚果成熟，11月上旬落叶。适宜于土层肥沃的地区栽培。

20 WS13-7
WS13-7

山东省果树研究所从新疆早实核桃后代中实生选出。目前，在山东泰安、临沂等地有少量栽培。

树姿较直立，树势较强，分枝力较强，1年生枝黄绿色，节间较短。混合芽近圆球形，侧生混合芽比率82%，嫁接后第二年形成混合花芽，每雌花序多着生2朵雌花，坐果率60%左右。小叶多5~7片。坚果扁圆形，果基平圆，果顶平圆微尖。纵径3.5 cm，横径3.7 cm，侧径3.5 cm，单果重11.75 g，果面较光滑，果形美观，缝合线平而紧，壳厚0.95 mm，内褶壁退化，横隔膜膜质，核仁饱满，易取整仁，核仁重6.75 g，出仁率57.5%。

在山东泰安地区3月下旬萌动发芽，4月10号左右为雄花期，4月20号左右为雌花期，雄先型。8月下旬坚果成熟，11月上旬落叶。适宜于土层肥沃的地区栽培。

21 凤优1号
Fengyou 1

广西凤山县水果局于1997~1999年在全县核桃资源普查基础上，经定点多年观测优选出的单株，凤优1号核桃为'漾濞泡核桃' × 云林A7号种间杂交种。

树势强，树姿开张呈开心形，冠幅中等，分枝力强，枝条粗壮密集，1年生枝常呈灰褐色，粗壮，节间短，果枝短，属短枝型。顶芽呈圆形，叶芽扁圆形，侧芽形成混合芽能力超过90%。复叶长53 cm，小叶9~13片（多9~10），卵状披针形，顶叶较小。每雌花序着生2~3朵雌花，顶果枝率为86.6%，侧果枝率13.4%，平均每果枝坐果2.3个，坐果率为81.0%。坚果长扁圆形，果基平或圆，果顶略呈肩形。纵径4.7 cm，横径5.0 cm，壳面麻，色浅，缝合线微隆起，结合紧密。壳厚1.1 mm，内褶壁及横隔膜革质。核仁充实饱满，色浅，单果重10.5 g，果仁的横径和纵径分别为3.5 cm和3.2 cm，出仁率44.5%。

在凤山地区2月中旬花芽膨大，3月上旬进入展叶期，3月中旬雄花散粉，3月下旬雌花盛花期，雄先型。4月上旬幼果形成，8月下旬坚果成熟，10月中旬落叶，结实期晚，一般种后6~8年才结果。

该单株适应性强，耐寒、耐干旱、耐瘠薄，抗病性较强。丰产性强，坚果品质优良，适宜在我国南方核桃产区发展。

22 红核桃
Honghetao

河南焦作市林业科学研究所和新乡市林业局于1979年在进行核桃资源调查及优良单株选择中发现。

树势中庸，树姿直立，分枝力中等，1年生和2年生枝的表皮、韧皮部、嫩芽、叶柄、叶脉、青果皮、种皮均为褐红色。每雌花序多着生2朵雌花，坐果率70%左右。坚果圆形，果基平，果顶凹。纵径3.4~3.6 cm，横径3.6~3.8 cm，侧径3.2~3.5 cm，单果重10 g左右。壳面较光滑，有小麻点，缝合线宽而平，结合紧密。壳厚1.3~1.5 mm，内褶壁退化，横隔膜革质，可取半仁。核仁较充实饱满，核仁重4.5 g左右。出仁率43.7%左右。

雄先型。8月中旬果实成熟，10月中旬开始落叶。

该优株适应性较强，坚果成熟较一般核桃早20天。早春嫩芽艳红如霞，可作城市绿化观赏树种。

图3-390 '红核桃' 结果状

图3-391 '红核桃' 雌花

图3-389 '红核桃' 树体

图3-392 '红核桃' 坚果

23 加查1号
Jiacha 1

西藏山南地区加查县加查6村实生优树（原加查县龙南区龙南村），当地俗称"卡那达嘎"，意为颜色较暗。

树势中等，树姿直立，胸径4.0 m，树高16.0 m，冠幅10 m×8 m，1年生枝褐色，较粗壮，果枝较长。顶芽多呈圆形，侧芽形成混合芽能力80%左右。小叶5~7片，顶叶较大。每雌花序着生2~3朵雌花，坐果2~3个，多双果，坐果率为60%。坚果卵圆形，果基平或圆，果顶尖钝。纵径3.6~3.8 cm，横径3.2~3.7 cm，侧径3.4~3.8 cm。壳面较光滑，色浅，缝合线微隆起，结合较松。壳厚0.17~0.22 cm，内褶壁退化或膜质。核仁充实饱满，黄白色，核仁重5.6~6.3 g。出仁率41.4%~52.3%。蛋白质16.0%，粗脂肪67.0%。

在加查县3月中旬左右萌动，4月中旬雄花散粉，4月下旬雌花盛花期，雄先型，坚果9月上旬成熟，10月下旬落叶。

该优系适应性强，较耐瘠薄，丰产性强，坚果品质优良，适宜在西藏核桃产区发展。

图3-393 '加查1号' 树体

24 加查6号
Jiacha 6

西藏山南地区加查县加查1村实生优树，本地俗称"阿吉细打达嘎"，意为贵夫人核桃。

树势较强，树姿直立，树冠圆球形，分枝力较强，胸径1.6 m，树高18.0 m，冠幅28 m×28 m，1年生枝灰褐色，较粗壮，果枝较长。顶芽多呈圆形，侧芽形成混合芽能力90%左右。小叶5~7片，顶叶较大。每雌花序着生2~3朵雌花，坐果2~3个，多双果，坐果率为70%。坚果椭圆形，果基圆，果顶果肩圆。纵径3.5~3.8 cm，横径3.1~3.4 cm，侧径3.1~3.6 cm。壳面较光滑，色浅，缝合线平，结合紧密。壳厚0.17~0.21 cm，内褶壁退化。核仁充实饱满，黄白色，核仁重4.3~4.8 g。出仁率46.8%~56.7%。

在加查县3月中旬左右萌动，4月中旬雄花散粉，4月下旬雌花盛花期，雄先型。坚果9月上旬成熟，10月下旬落叶。

该优系适应性强，较耐瘠薄，丰产性强，坚果品质优良，适宜在西藏核桃产区发展。

图3-394 '加查1号'雄花

图3-395 '加查1号'雌花

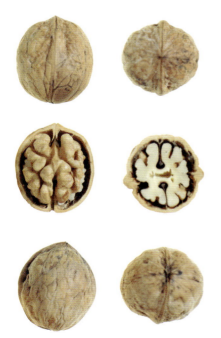

图3-396 '加查1号'坚果

图3-397 '加查6号'树体

图3-398 '加查6号'雄花

图3-399 '加查6号'雌花

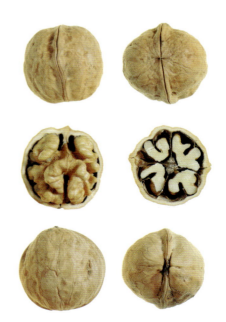

图3-400 '加查6号'坚果

25 加查11号
Jiacha 11

西藏山南地区加查县加查2村实生优树，当地俗称"阿俩拉姆"。

树势中等，树姿直立，树冠圆形，胸径1.7 m，树高23.0 m，冠幅30 m×32 m，1年生枝褐色，较粗壮，果枝较长。顶芽多呈圆形，侧芽形成混合芽能力85%左右。小叶5~7片，顶叶较大。每雌花序着生2~3朵雌花，坐果2~3个，多双果，坐果率为60%。坚果椭圆形，果基平或圆，果顶果肩圆。纵径3.0~3.4 cm，横径2.9~3.1 cm，侧径2.9~3.0 cm。壳面较光滑，色浅，缝合线微隆起，结合较松。壳厚0.13~0.20 cm，内褶壁退化。核仁充实饱满，黄白色，核仁重5.3~5.8 g。出仁率52.4%~53.2%。蛋白质16.7%，粗脂肪65.4%。

在加查县3月中旬左右萌动，4月中旬雄花散粉，4月下旬雌花盛花期，雄先型。坚果9月上旬成熟，10月下旬落叶。

该优系适应性强，较耐瘠薄，丰产性强，坚果品质优良，适宜在西藏核桃产区发展。

图3-402 '加查11号'雄花

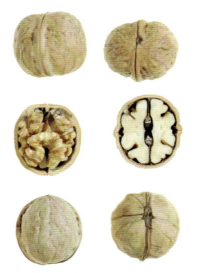

图3-403 '加查11号'坚果

图3-404 '加查16号'树体

图3-405 '加查16'号雄花

26 加查16号
Jiacha 16

西藏山南地区加查县安绕镇13村实生优树。当地俗称"色秀达嘎"。

树势中等，树姿直立，1年生枝褐色，较粗壮，果枝较长。顶芽多呈圆形，侧芽形成混合芽能力85%左右。小叶5~7片，顶叶较大。每雌花序着生2~3朵雌花，坐果2~3个，多双果，坐果率为70%。坚果圆形，果基平或圆，果顶微突出。纵径2.6~3.1 cm，横径2.8~3.1 cm，侧径2.6~3.2 cm。壳面较光滑，缝合线微隆起，结合紧密。壳厚0.08~0.10 cm，内褶壁退化。核仁充实饱满，黄白色，核仁重4.3~5.7 g，出仁率52.1%~55.3%。

在加查县3月中旬萌动，4月中旬雄花散粉，4月下旬为雌花盛花期，雄先型。坚果9月上旬成熟，10月下旬落叶。

该优系适应性强，较耐瘠薄，丰产性强，坚果品质优良，适宜在西藏核桃产区发展。

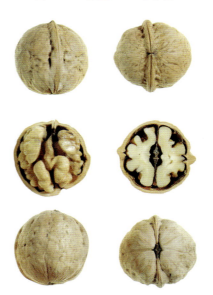

图3-406 '加查16号'坚果

图3-401 '加查11号'树体

27 加查 21 号
Jiacha 21

西藏山南地区加查县安绕镇 6 村实生优树，当地俗称"故朽达嘎"。

树势中等，树姿直立，1 年生枝棕绿色，较粗壮，果枝较长。顶芽多呈圆形，侧芽形成混合芽能力 80% 左右。小叶 5~7 片，顶叶较大。每雌花序着生 2~3 朵雌花，坐果 2~3 个，多双果，坐果率为 60%。坚果圆形，果基平或圆，果顶果肩圆。纵径 4.0~4.3 cm，横径 3.8~4.2 cm，侧径 3.7~4.1 cm。壳面较光滑，色浅。缝合线微隆起，结合较松。壳厚 0.18~0.23 cm，内褶壁退化。核仁充实饱满，黄白色，核仁重 3.8~4.3 g。出仁率 43.4%~50.3%。

在加查县 3 月中旬萌动，4 月中旬雄花散粉，4 月下旬雌花盛花期，雄先型。坚果 9 月上旬成熟，10 月下旬落叶。

该优系适应性强，较耐瘠薄，丰产性强，坚果品质优良，适宜在西藏核桃产区发展。

图 3-408 '加查 21 号'雌花

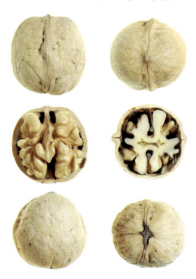

图 3-409 '加查 21 号'坚果

图 3-407 '加查 21 号'树体

28 加查 25 号
Jiacha 25

西藏山南地区加查县安绕镇 6 村实生优树，当地俗称"打别达嘎"。

树势强，树姿直立，1 年生枝灰褐色，较粗壮，果枝较长。顶芽多呈圆形，侧芽形成混合芽能力 85% 左右。小叶 5~7 片，顶叶较大。每雌花序着生 2~3 朵雌花，坐果 2~3 个，多双果，坐果率为 80%。坚果近圆形，果基平或圆，果顶尖突出较弱。纵径 3.6~4.0 cm，横径 3.5~3.9 cm，侧径 3.4~3.7 cm。壳面较光滑，色浅，缝合线微隆起，结合较松。壳厚 0.18~0.24 cm，内褶壁退化。核仁充实饱满，黄白色，核仁重 4.0~4.3 g。出仁率 42.4%~45.3%。

图 3-410 '加查 25 号'雄花

图 3-411 '加查 25 号'雌花

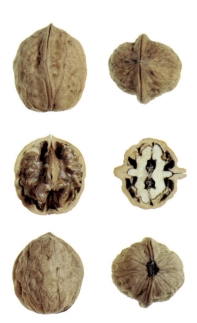

图 3-412 '加查 25 号'坚果

29 加查29号
Jiacha 29

西藏山南地区加查县安绕9村（原加查县仲巴村）实生优树，当地俗称"麻达嘎"。

树势较强，树姿直立，1年生枝褐色，较粗壮，果枝较长。顶芽多呈圆形，侧芽形成混合芽能力80%左右。小叶5~7片，顶叶较大。每雌花序着生2~3朵雌花，坐果2~3个，多双果，坐果率为70%。坚果长椭圆

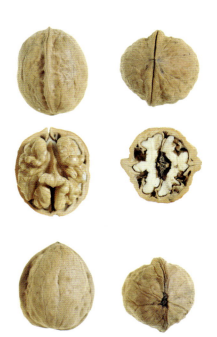

图3-415 '加查29号' 坚果

形，果基平或圆，果顶果肩钝尖。纵径3.6~4.2 cm，横径3.1~3.6 cm，侧径3.3~3.5 cm。壳面较光滑，色浅，缝合线微隆起，结合紧密。壳厚0.17~0.24 cm，内褶壁退化。核仁充实饱满，黄白色，核仁重6.6~6.8 g。出仁率44.4%~47.3%。

在加查县3月中旬萌动，4月中旬雄花散粉，4月下旬雌花盛花期，雄先型。坚果9月上旬成熟，10月下旬落叶。

该优系适应性强，较耐瘠薄，丰产性强，坚果品质优良，适宜在西藏核桃产区发展。

图3-413 '加查29号' 树体

图3-414 '加查29号' 雄花

30 朗县1号
Langxian 1

西藏林芝地区朗县仲温村实生优树，当地俗称"麻达嘎"，意为酥油核桃。该优系获2008年昆明核桃大会金奖。

树势中等，树姿半张开，树冠圆球形，1年生枝灰褐色，较粗壮，果枝较长。顶芽多呈圆形，侧芽形成混合芽能力85%。小叶5~7片，顶叶较大。每雌花序着生2~3朵雌花，坐果2~3个，多双果，坐果率为70%。坚果卵圆形，果基平或圆，果顶尖微突。纵径3.4~3.8 cm，横径3.3~3.6 cm，侧径3.2~3.4 cm。壳面较光滑，色浅，缝合线微隆起，结合紧密。壳厚0.16~0.17 cm，内褶壁退化。核仁充实饱满，黄白色，核仁重6.8~7.3 g。出仁率53.4%~58.3%，蛋白质含量21.8%，脂肪含量63.5%。

在朗县3月中旬萌动，4月中旬雄花散粉，4月下旬为雌花盛花期，雄先型品种。坚果9月上旬成熟，10月下旬落叶。

该优系抗病性强，较耐瘠薄，丰产，坚果品质优良，适宜在西藏核桃产区发展。

图3-416 '朗县1号' 树体

图3-417 '朗县1号' 雄花

图 3-418 '朗县 1 号' 雌花

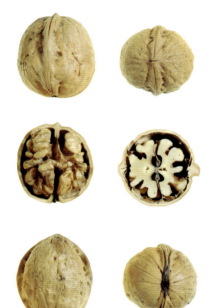

图 3-419 '朗县 1 号' 坚果

图 3-420 '朗县 7 号' 树体

图 3-421 '朗县 7 号' 雄花

图 3-422 '朗县 7 号' 雌花

31 朗县 7 号
Langxian 7

西藏林芝地区朗县托麦村实生优树，当地俗称"供阿达嘎"，意为鸡蛋核桃。

树势中等，树姿直立，树冠半圆形，1 年生枝灰褐色，较粗壮，果枝较长。顶芽多呈圆形，侧芽形成混合芽能力 80%。小叶 5~7 片，顶叶较大。每雌花序着生 2~3 朵雌花，坐果 2~3 个，多双果，坐果率为 50%。坚果卵圆形，果基平，果顶尖微突。纵径 3.5~4.0 cm，横径 3.0~3.6 cm，侧径 3.3~3.6 cm。壳面较光滑，色浅，缝合线微隆起，结合紧密。壳厚 0.13~0.15 cm，内褶壁退化。核仁充实饱满，黄白色，核仁重 5.0~7.5 g。出仁率 41.2%~56.3%。蛋白质含量 16.1%，脂肪含量 66.5%。

在朗县 3 月中旬萌动，4 月中旬雄花散粉，4 月下旬雌花盛花期，雄先型。坚果 9 月上旬成熟，10 月下旬落叶。

该优系较耐瘠薄，适应性强，丰产，坚果品质优良，适宜在西藏核桃产区发展。

图 3-423 '朗县 7 号' 坚果

图 3-424 '朗县 10 号' 树体

图 3-426 '朗县 10 号' 雌花

图 3-428 '朗县 14 号' 树体

图 3-425 '朗县 10 号' 雄花

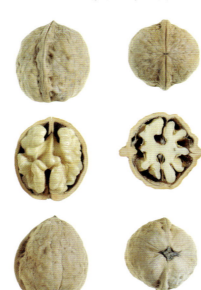

图 3-427 '朗县 10 号' 坚果

图 3-429 '朗县 14 号' 雌花

32 朗县 10 号
Langxian 10

西藏林芝地区朗县冲康村实生优树，当地俗称"直杠达嘎"，意为达赖吃的核桃。

树势中等，树姿直立，树冠半圆形，1 年生枝灰褐色，较粗壮，枝较长。顶芽多呈圆形，侧芽形成混合芽能力 85%。小叶 5~7 片，顶叶较大。每雌花序着生 2~3 朵雌花，坐果 2~3 个，多双果，坐果率为 65%。坚果卵圆形，果基平，果顶突尖。纵径 3.8~3.9 cm，横径 3.2~3.4 cm，侧径 3.0~3.1 cm。壳面较光滑，色浅，缝合线微隆起，结合紧密。壳厚 0.13~0.17 cm，内褶壁退化。核仁充实饱满，白色，核仁重 6.0~6.4 g。出仁率 43.8%~48.3%。蛋白质含量 17.8%，脂肪含量 66.9%。

在朗县 3 月中旬萌动，4 月中旬雄花散粉，4 月下旬雌花盛花期，雄先型。坚果 9 月上旬成熟，10 月下旬落叶。

该优系较耐瘠薄，适应性强，丰产，坚果品质优良，适宜在西藏核桃产区发展。

33 朗县 14 号
Langxian 14

西藏林芝地区朗县冲康村实生优树，当地俗称"鸟达嘎"。

树势中等，树姿直立，树冠圆球形，1 年生枝褐色，较粗壮，果枝较长。顶芽多呈圆形，侧芽形成混合芽能力 80%。小叶 5~7 片，顶叶较大。每雌花序着生 2~3 朵雌花，坐果 2~3 个，多双果，坐果率为 55%。坚果圆形，果基平，果顶突尖。纵径 3.2~3.5 cm，横径 3.0~3.2 cm，侧径 3.0~3.2 cm。壳面较光滑，色浅，缝合线微隆起，结合紧密。壳厚 0.15~0.18 cm，内褶壁革质。核仁充实饱满，黄白色，核仁重 5.9~6.2 g。出仁率 49.4%~52.3%。蛋白质含量 18.9%，脂肪含量 63.7%。

在朗县 3 月中旬萌动，4 月中旬雄花散粉，4 月下旬雌花盛花期，雄先型。坚果 9 月上旬成熟，10 月下旬落叶。

该优系较耐瘠薄，适应性强，丰产，坚果品质优良，适宜在西藏核桃产区发展。

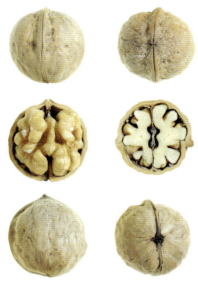

图3-430 '朗县14号' 坚果

图3-431 '朗县19号' 树体

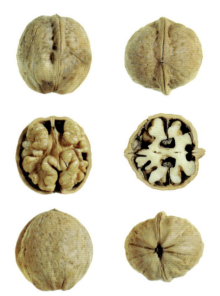

图3-432 '朗县19号' 坚果

图3-433 '朗县27号' 树体

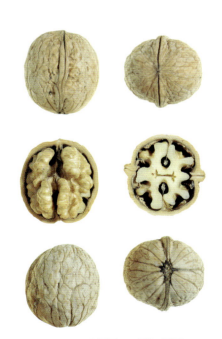

图3-434 '朗县27号' 坚果

34 朗县19号
Langxian 19

西藏林芝地区朗县冲康村实生优树，当地俗称"亚达嘎"。

树势中等，树姿直立，树冠半圆形，1年生枝褐色，较粗壮，果枝较长。顶芽多呈圆形，侧芽形成混合芽能力80%。小叶5~7片，顶叶较大。每雌花序着生2~3朵雌花，坐果2~3个，多双果，坐果率为65%。坚果椭圆形，果基平，果顶微尖。纵径3.8~4.0 cm，横径3.5~3.7 cm，侧径3.4~3.5 cm。壳面较光滑，色浅，缝合线微隆起，结合紧密。壳厚0.13~0.16 cm，内褶壁革质。核仁充实饱满，黄白色，核仁重6.6~7.7 g。出仁率45.1%~48.6%。蛋白质含量16.8%，脂肪含量63.4%。

在朗县3月中旬萌动，4月中旬雄花散粉，4月下旬雌花盛花期，雄先型。坚果9月上旬成熟，10月中旬落叶。

该优系较耐瘠薄，适应性强，丰产，坚果品质优良，适宜在西藏核桃产区发展。

35 朗县27号
Langxian 27

西藏林芝地区朗县扎西林村实生优树，当地俗称"麻达嘎"，意为酥油核桃。

树势中等，树姿直立，树冠半圆形，1年生枝褐色，较粗壮，果枝较长。顶芽多呈圆形，侧芽形成混合芽能力80%。小叶5~7片，顶叶较大。每雌花序着生2~3朵雌花，坐果2~3个，多双果，坐果率为65%。坚果椭圆形，果基较圆，果顶微尖。纵径3.6~4.1 cm，横径3.1~3.4 cm，侧径3.2~3.5 cm。壳面较光滑，色浅，缝合线微隆起，结合紧密。壳厚0.16~0.19 cm，内褶壁革质。核仁充实饱满，黄白色，核仁重6.2~8.4 g。出仁率39.6%~44.8%。蛋白质含量20.2%，脂肪含量66.5%。

在朗县3月中旬萌动，4月中旬雄花散粉，4月下旬雌花盛花期，雄先型。坚果9月上旬成熟，10月下旬落叶。

该优系抗寒、抗旱，较耐瘠薄，适应性强，丰产，坚果品质优良，适宜在西藏核桃产区发展。

36 朗县 35 号
Langxian 35

西藏林芝地区朗县巴热村实生优树，当地俗称"康郭达嘎"（"康郭"为地名）。

树势中等，树姿直立，树冠半圆形，1 年生枝褐色，较粗壮，果枝较长。顶芽多呈圆形，侧芽形成混合芽能力 85%。小叶 5~7 片，顶叶较大。每雌花序着生 2~3 朵雌花，坐果 2~3 个，多双果，坐果率为 70%。坚果圆形，果基圆，果顶微尖。纵径 3.4~3.5 cm，横径 3.2~3.4 cm，侧径 3.2~3.4 cm。壳面略凹凸，有刻窝，色浅，缝合线隆起，结合紧密。壳厚 0.17~0.21 cm，内褶壁木质。核仁充实饱满，黄白色，核仁重 4.1~5.3 g。出仁率 35.5%~41.1%。蛋白质含量 16.4%，脂肪含量 66.5%。

在朗县 3 月中旬萌动，4 月中旬雄花散粉，4 月下旬雌花盛花期，雄先型。坚果 9 月上旬成熟，10 月下旬落叶。

该优系较耐瘠薄，适应性强，丰产，坚果品质优良，适宜在西藏核桃产区发展。

图 3-436 '朗县 35 号'树体

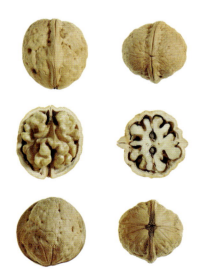

图 3-435 '朗县 35 号'坚果

37 朗县 49 号
Langxian 49

西藏林芝地区朗县洞嘎镇岗多村实生优树，当地俗称"益西达嘎"（"益西"是主人名字）。

树势强，树姿直立，树冠圆锥形，1 年生枝褐色，较粗壮，果枝较长。顶芽多呈圆形，侧芽形成混合芽能力 80%。小叶 5~7 片，顶叶较大。每雌花序着生 2~3 朵雌花，坐果 2~3 个，多双果，坐果率为 65%。坚果椭圆形，果基较圆，果顶微尖。纵径 3.6~4.3 cm，横径 3.1~3.5 cm，侧径 3.2~3.6 cm。壳面较光滑，色浅，缝合线微隆起，结合紧密。壳厚 0.14~0.16 cm，内褶壁退化或纸质。核仁充实饱满，黄白色，核仁重 5.0~6.6 g。出仁率 41.3%~48.2%。蛋白质含量 19.6%，脂肪含量 64.3%。

在朗县 3 月中旬萌动，4 月中旬雄花散粉，4 月下旬雌花盛花期，雄先型。坚果 9 月上旬成熟，10 月下旬落叶。

该优系适应性强，较耐瘠薄，丰产性强，坚果品质优良，适宜在西藏核桃产区发展。

图 3-437 '朗县 49 号'树体

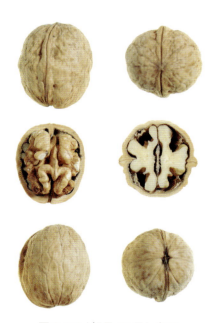

图 3-438 '朗县 49 号'坚果

38 朗县 52 号
Langxian 52

西藏林芝地区朗县洞嘎镇卓村实生优树，当地俗称"色光达嘎"。

树势中等，树姿直立，树冠半圆形，1 年生枝褐色，较粗壮，果枝较长。顶芽多呈圆形，侧芽形成混合芽能力85%。小叶5~7片，顶叶较大。每雌花序着生2~3朵雌花，坐果2~3个，多双果，坐果率为70%。坚果长圆形，果基平或圆，果顶微尖。纵径3.8~4.1 cm，横径3.2~3.4 cm，侧径3.1~3.5 cm。壳面较光滑，色浅，缝合线微隆起，结合紧密。壳厚0.15~0.18 cm，内褶壁革质。核仁充实饱满，黄白色，核仁重5.1~6.7 g。出仁率34.3%~41.9%。蛋白质含量17.6%，脂肪含量64.4%。

在朗县3月中旬萌动，4月中旬雄花散粉，4月下旬雌花盛花期，雄先型。坚果9月上旬成熟，10月下旬落叶。

该优系抗性强，较耐瘠薄，适应性强，丰产，坚果品质优良，适宜在西藏核桃产区发展。

图3-441 '朗县52号' 雄花

图3-442 '朗县52号' 坚果

图3-439 '朗县52号' 树体

图3-440 '朗县52号' 雌花

39 米林1号
Milin 1

西藏林芝地区米林县卧龙乡甲格村实生优树，当地俗称"珠日拉姆达嘎"。

树势中等，树姿直立，树冠半圆形。1年生枝褐色，较粗壮，果枝较长。顶芽多呈圆形，侧芽形成混合芽能力80%左右。小叶5~7片，顶叶较大。每雌花序着生2~3朵雌花，坐果2~3个，多双果，坐果率为60%。坚果长圆形，果基圆，果顶尖突出较小。纵径3.5~3.7 cm，横径3.2~3.3 cm，侧径3.2~3.3 cm。壳面较光滑，色浅，缝合线微隆起，结合紧密。壳厚0.18~0.22 cm，内褶壁革质。核仁充实饱满，黄白色，核仁重4.5~5.5 g。出仁率36.9%~41.1%。

在米林县3月中旬萌动，4月中旬雄花散粉，4月下旬雌花盛花期，雄先型。坚果9月上旬成熟，10月下旬落叶。

该优树适应性强，抗旱性强，较耐瘠薄，丰产性强，坚果品质优良，适宜在西藏核桃产区发展。

图3-443 '米林1号' 树体

图3-444 '米林1号' 坚果

40 米林8号
Milin 8

西藏林芝地区米林县卧龙乡甲格村实生优树，当地俗称"猴子达嘎"。

树势中等，树姿直立，树冠半圆形，1年生枝褐色，较粗壮，果枝较长。顶芽多呈圆形，侧芽形成混合芽能力80%左右。小叶5~7片，顶叶较大。每雌花序着生2~3朵雌花，坐果2~3个，多双果，坐果率为60%。坚果扁圆形，果基平，果顶尖较突出。纵径3.3~3.6 cm，横径3.4~3.9 cm，侧径3.2~3.5 cm。壳面略微凹凸，色中等，缝合线隆起，结合紧密。壳厚0.09~0.12 cm，内褶壁退化。核仁充实饱满，黄白色，核仁重6.3~8.5 g。出仁率51.2%~57.0%。

在米林县3月中旬萌动，4月中旬雄花散粉，4月下旬雌花盛花期，雄先型。坚果9月上旬成熟，10月下旬落叶。

该优树适应性强，较耐瘠薄，丰产性强，坚果品质优良，适宜在西藏核桃产区发展。

图3-446 '米林8号'雌花

41 米林16号
Milin 16

西藏林芝地区米林县米林镇帮仲村实生优树，当地俗称"麻达嘎"，意为酥油核桃。

树势中等，树姿半张开，树冠半圆形，1年生枝褐色，较粗壮，果枝较长。顶芽多呈圆形，侧芽形成混合芽能力80%左右。小叶7~9片，顶叶较大。每雌花序着生2~3朵雌花，坐果2~3个，多双果，坐果率为70%。坚果卵圆形，果基较圆，果顶尖突出较弱。纵径2.8~3.1 cm，横径2.2~2.6 cm，侧径2.4~2.8 cm。壳面略微凹凸，色浅，缝合线微隆起，结合紧密。壳厚1.0~1.4 mm，内褶壁退化。核仁充实饱满，黄白色，核仁重3.4~3.8 g。出仁率47.5%~50.3%。

在米林县3月中旬萌动，4月中旬雄花散粉，4月下旬雌花盛花期，雄先型。坚果9月上旬成熟，10月下旬落叶。

该优树适应性强，较耐瘠薄，丰产性强，坚果品质优良，适宜在西藏核桃产区发展。

图3-447 '米林16号'树体

图3-445 '米林8号'树体

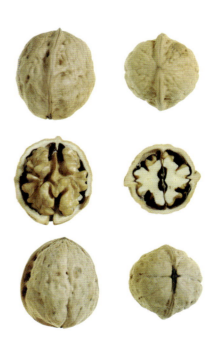

图3-448 '米林16号'坚果

42 米林17号
Milin 17

西藏林芝地区米林县米林镇帮仲村实生优树,当地俗称"达嘎"。

树势中等,树姿直立,树冠半圆形,1年生枝褐色,较粗壮,果枝较长。顶芽多呈圆形,侧芽形成混合芽能力80%左右。小叶5~7片,顶叶较大。每雌花序着生2~3朵雌花,坐果2~3个,多双果,坐果率60%。坚果长圆形,果基平或圆,果顶尖突出较弱。纵径3.3~3.5 cm,横径2.6~2.9 cm,侧径2.7~2.9 cm。壳面较光滑,色浅,缝合线微隆起,结合紧密。壳厚0.9~1.3 mm,内褶壁退化。核仁充实饱满,黄白色,核仁重4.3~4.8 g。出仁率49.7%~53.2%。

在米林县3月中旬萌动,4月中旬雄花散粉,4月下旬雌花盛花期,雄先型,坚果9月上旬成熟,10月下旬落叶。

该优树适应性强,较耐瘠薄,丰产性强,坚果品质优良,适宜在西藏核桃产区发展。

图3-449 '米林17号'雌花

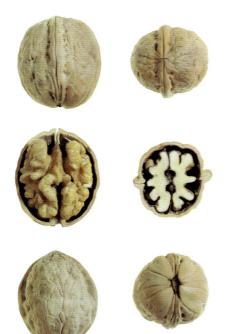

图3-450 '米林17号'坚果

43 沙岭1号
Shaling 1

山东省果树研究所选出的晚实绵核桃实生优株。

树势中庸,树姿较直立,分枝力较强,侧生混合芽少,多顶花芽结果。嫁接后第四年形成混合花芽,雄花较多。每雌花序多着生2~5朵雌花,坐果率40%左右。小叶多5~9片。坚果圆形,基部圆,果顶圆。纵径3.20 cm,横径3.19 cm,侧径3.14 cm,单果重8.25 g。壳面刻沟浅,缝合线窄而平,结合紧密,壳厚0.9 mm左右。内褶壁退化,横隔膜膜质,核仁饱满,易取整仁,核仁重4.4 g,出仁率53.3%。

在山东泰安地区3月下旬萌动发芽,4月10号左右为雄花期,4月20号左右为雌花期,雄先型。8月下旬坚果成熟,11月上旬落叶。适宜于土层肥沃的地区栽培。

44 沙岭2号
Shaling 2

山东省果树研究所选出的晚实绵核桃实生优株。

树体高大,树姿较直立,树势较强,分枝力较强,混合芽近圆球形。侧生混合芽少,主要以顶花芽结果。嫁接后第四年形成混合花芽,雄花较多。每雌花序多着生2~3朵雌花,坐果率40%左右。小叶多5~9片。坚果圆形,基部圆,果顶圆,纵径3.14 cm,横径3.17 cm,侧径3.14 cm,单果重9.6 g。壳面较光滑,浅黄色,缝合线平,结合紧密,壳厚0.9 mm左右。内褶壁退化,横隔膜膜质,核仁饱满,易取整仁,核仁重5.5 g,出仁率52%。

在山东泰安地区3月下旬萌动发芽,4月10号左右为雄花期,4月20号左右为雌花期,雄先型。8月下旬坚果成熟,11月上旬落叶。适宜于土层肥沃的地区栽培。

45 沙岭3号
Shaling 3

山东省果树研究所选出的晚实绵核桃实生优株。

树姿较直立,树势较强,分枝力较强,1年生枝黄绿色,混合芽近圆球形,侧生混合芽少,多顶花芽结果。嫁接后第四年形成混合花芽,雄花较多。每雌花序多着生2~3朵雌花,坐果率42%左右。小叶多5~9片。坚果圆形,基部平,果顶圆,纵径3.14 cm,横径3.10 cm,侧径3.14 cm,单果重9.3 g。壳面刻沟浅,浅黄色,缝合线窄而平,结合紧密,壳厚1.3 mm左右。内褶壁退化,横隔膜膜质,核仁饱满,易取整仁,核仁重4.7 g,出仁率50.5%。

在山东泰安地区,3月下旬萌动发芽,4月10号左右为雄花期,4月20号左右为雌花期,雄先型。8月下旬坚果成熟,11月上旬落叶。适宜于土层肥沃的地区栽培。

46 泰 15
Tai 15

山东省果树研究所1978年杂交育成，亲本为早实优系上宋5号×阿克苏9号。1987年定为优系。已在山东等地试栽。

树姿直立，树冠呈主干疏层形，树势强，分枝力强，侧生混合芽的比率为41%。每雌花序多着生1～2朵雌花，坐果率60%。雄花较少。坚果扁圆形，纵径3.59 cm，横径4.02 cm，侧径3.97 cm，单果重14.15 g。壳面刻沟深广，不光滑，缝合线稍隆，紧实不易开裂，壳厚0.8 mm，内褶壁退化，横隔膜膜质，可取整仁。核仁充实，饱满，色浅。核仁重8.08 g，出仁率57.15%。

在山东泰安地区3月下旬发芽，雌花盛期4月10号左右，雄花散粉期为4月16号左右，雌先型。坚果9月上旬成熟，抗病性强。

该优系坚果品质优良。较丰产，速生，树干通直，属林果兼用型，适于林粮间作地区栽培。

图 3-452 '泰15' 结果状

图 3-453 '泰15' 雌花

图 3-451 '泰15' 树体

图 3-454 '泰15' 坚果

芽，4月10号左右为雄花期，4月20号左右为雌花期，雄先型。8月下旬坚果成熟，11月上旬落叶。适宜于土层肥沃的地区栽培。

47 泰 LW
Tai LW

山东省果树研究所选出的晚实绵核桃实生优株。

树势较强，树姿较直立，分枝力较强，1年生枝黄绿色。混合芽近圆球形，侧生混合芽少，多顶花芽结果。嫁接后第四年形成混合花芽，雄花较多。每雌花序多着生2~3朵雌花，坐果率42%左右。小叶多5~9片。坚果扁圆形，基部平，果顶平圆，纵径3.64 cm，横径3.49 cm，侧径3.44 cm，单果重15.0 g。壳面刻沟浅，浅黄色，缝合线窄而平，结合紧密，壳厚1.3 mm左右。内褶壁退化，横隔膜膜质，核仁饱满，易取整仁，核仁重7.7 g，出仁率51.33%。

在山东泰安地区3月下旬萌动发

48 泰 QLB
Tai QLB

山东省果树研究所在泰山大津口发现的绵核桃优株。

树姿较直立。一般5~7年开始结果，侧生花芽率低，多顶花芽结果，每雌花序多着生3朵雌花，坐果率40%左右。坚果扁圆形，基部平，果顶平圆。纵径3.8 cm，横径3.9 cm，侧径3.65 cm，单果重15.45 g。壳面有浅刻沟，缝合线粗而凸，结合紧密，壳厚1.2 mm左右。内褶壁退化，横隔膜膜质，核仁饱满，易取整仁，核仁重8.15 g，出仁率52.75%。

在山东泰安地区3月下旬萌动发芽，4月10号左右为雄花期，4月15号左右为雌花期，雄先型。8月下旬坚果成熟，11月上旬落叶。适宜于土层肥沃的地区栽培。

49　泰 SSZ
Tai SSZ

山东省果树研究所发现的绵核桃实生单株。

树势较强，树姿较开张，分枝力中等，侧生混合芽比较少，多顶花芽结果。嫁接后第四年方可形成混合花芽，雄花较多。每雌花序多着生 2~4 朵雌花，坐果率 40% 左右。坚果近圆形，基部平圆，果顶微尖。纵径 3.94 cm，横径 3.59 cm，侧径 3.74 cm，单果重 14.6 g。壳面刻沟浅，缝合线窄而凸，结合紧密，壳厚 1.4 mm 左右。内褶壁退化，横隔膜膜质，核仁饱满，可取整仁，有时有夹仁现象，核仁重 6.8 g，出仁率 46.7%。

在山东泰安地区 3 月下旬萌动发芽，4 月 10 号左右为雄花期，4 月 20 号左右为雌花期，雄先型。8 月下旬坚果成熟，11 月上旬落叶。

四、实生农家类型

1　白皮核桃
Baipihetao

主要分布在陕西省眉县境内。以坚果壳面发白而得名，属晚实类群。

树势强，树姿开张，树冠圆头形，枝条较细，新梢生长旺盛，叶片中大。播种后 12 年才开始结果，以顶花芽结果为主。坚果中等大，近圆形，微扁。三径均值 3.4 cm，单果重 11.0 g。壳面白褐色，光滑，壳薄，核仁充实饱满，内褶壁发达，取仁困难，出仁率 50.0%。核仁黄褐色。

该类群抗逆性强，丰产稳产，对立地条件要求不严，但坚果内褶壁较发达，难于取仁，可作为种质资源材料，在一定范围内少量发展。

2　薄皮核桃
Baopihetao

薄皮核桃主要分布在陕西省商州、洛南、丹凤等地，属晚实类群。

树势强，树冠自然圆头形。60 年生树高 15 m，平均冠径 15 m。枝条粗长，分布稀疏。坚果中等偏小，近圆形，壳面有部分露仁小孔，坚果极易取仁，核仁饱满，淡黄色，单果重 10.7 g，出仁率 51.4%~64.1%。

该类群抗逆性，适应性强，具有广阔的发展前景。

3　薄麻壳泡核桃
Baomakepaohetao

树势较强，树冠半圆形开张，枝条疏散，分布均匀。小叶 7~11 枚。每果枝平均坐果 1~3 个，结果母枝连续结果能力强。坚果大，圆形，单果重 20 g，壳面黄色，壳纹较深，壳厚 1.5 mm，可取整仁，出仁率 53.6%，含油率 70.17%，碘值 114.46，酸值 0.86，味香，耐贮藏。

4　长条核桃
Changtiaohetao

主要分布在陕西省商州、山阳、镇安以及秦岭以北的陇县、户县等县区。属晚实类群。因坚果纵径明显大于横径，故名"长条核桃"。

树势较强，树姿开张，树冠呈自然圆头形。枝条粗、短，分布稀疏，新梢生长旺盛。以中长果枝结果为主，每果枝平均坐果 1.8 个。坚果圆筒形。纵径 4.1 cm，横径 3.1 cm，单果重 13.89 g。壳厚 1~1.2 mm，核仁充实饱满，易取仁，出仁率 40%~55.3%，仁黄褐色。

在陕西商洛市商州 3 月下旬萌芽，4 月上中旬雌雄花相继开放，8 月下旬果实成熟，10 月下旬开始落叶。

该类群抗逆性强，适应性广。一般大树株产可达 100 kg。对水肥条件要求较高，管理不当时种粒不饱满。宜于秦巴山区稀植栽培。

5　陈仓核桃
Chencanghetao

产地为陕西省宝鸡市至留坝县，古称陈仓道一带，因而得名"陈仓核桃"，属晚实类群。

树势中庸，树冠呈自然开心形。20 年生树，树高 5.5 m，冠径平均 5.75 m，枝条粗而长，分布稠密。以中长果枝结果为主，每果枝平均坐果 1.9 个。多为双果，少数为三果。坚果中等大，近圆形。三径均值 3.23 cm，单果重 12.16 g。壳厚 1.0~1.2 mm，易取仁，核仁充实饱满，出仁率 46.33%。

在陕西宝鸡市 4 月上旬萌芽，4 月中下旬雌、雄花陆续开放，9 月上旬果实成熟，10 月下旬落叶。

该类群栽培历史悠久，适应性强，具有较好的抗性，是我国宝贵的种质资源和育种材料。但因立地条件及长期实生繁殖，品质优劣差异大，发展时应注意选择优良单株和无性系。

6 楚兴核桃
Chuxinghetao

湖北省兴山县林业局2009年选育，农家品种，当地群众留优去劣群体选择而来。

树姿直立，树势强，树冠呈近圆形，40年生树高12 m，冠径10 m，主干树皮灰白色、黑褐色，纵状开裂。枝条分布稠密，嫩枝草绿色，1年生枝条灰白色。侧芽果枝率最高70%~90%。奇数羽状复叶，小叶数5~7枚，单枝结果1~3个，平均结果2个。坚果近圆形或阔椭圆形，果面较光洁，单果重8.0~14.2 g，三径均值2.96~3.38 cm。核壳厚0.99~1.24 mm。出仁率52.4%~58.46%。可取半仁或取整仁，核仁味甜或淡，内种皮淡褐色或淡黄色。

楚兴核桃播种后6~8年结果，嫁接苗4~5年开花结果，8~10年后进入盛产期。在鄂西海拔1 000 m地区4月中旬至5月上旬盛花，春梢速生期5月中旬到6月上旬，9月中旬坚果成熟，11月上旬落叶期。

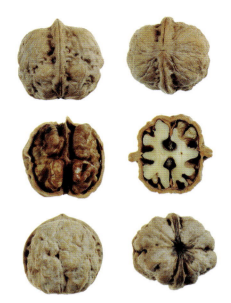

图3-456 '楚兴核桃'坚果

'楚兴核桃'适宜兴山县海拔300~1 400 m的区域及周边相同地区。

7 串核桃（又名葡萄核桃、穗核桃）
Chuanhetao

代表株树势旺盛，树冠呈半圆形，树姿开张，主干明显，枝分布均匀，粗壮。结果母枝连续结果能力强，每果枝平均坐果5个以上，小叶9~13枚，每雌花序小花5~30朵。坚果长圆形，三径均值3.2 cm，壳纹浅、黄色，壳厚1 mm，核仁饱满，可取整仁，出仁率60%，含油率67.5%，碘值122.9，酸值0.847，味香，耐贮藏。

8 大麻子核桃
Damazihetao

主要分布于陕西省商州、洛南等地，有8个单系，属晚实类群。

树势健壮，树姿开张，树冠自然半圆形，枝分布稠密，多为斜生枝，新梢生长旺盛，节间短，芽近圆形。实生苗8年开始结果，结果枝多以顶花芽抽生。每果序单、双果为主，少数三个果。坚果大，近圆形或倒圆形。壳面沟纹深，凹点多。壳厚1.1~1.49 mm，核仁饱满，浅褐色，取仁较易，出仁率43.6%~56.89%。

该类群抗病、抗寒、抗风，耐旱性强，产量高而稳。

9 大绵仁核桃
Damianrenhetao

主要分布在陕西省镇安县，属晚实类群。

树势强，树冠呈宽圆锥形。上部枝条直立，下部枝条开张，分布较稀疏。新梢生长旺盛。结果枝以顶花芽结果为主。坚果特大，三径均值为3.85 cm，果个大小均匀，单果重23.4 g。壳面光滑。果壳较厚，为1.6~1.8 mm。易取仁，核仁充实饱满，出仁率42%。

该类群果大，产量高，品质优，成熟期早，但抗旱、抗寒力差，对水肥要求较高。可在秦巴山区适当发展。

图3-455 '楚兴核桃'树体

10 扶风隔年核桃
Fufenggenianhetao

原西北农科所1952年发现，属早实类群。现已有5个以上单系。目前已遍及全国20多个省（自治区、直辖市）。

树势旺盛，树姿较开张。枝条粗、短而稠密，易发生二次枝。叶厚、浓绿。以中、短果枝结果为主，侧芽结果率80%左右。每雌花序雌花数1~4朵。多以结双果为主，有二次结果现象。坚果近圆形或扁圆形，果个大小均匀，三径均值3.45 cm，单果重7.5 g。壳面较光滑，缝合线稍平，结合紧密，壳厚1.2 mm，内褶壁不发达，取仁易，核仁充实饱满，出仁率45%~55%。

在陕西关中地区3月上旬萌芽，4月上旬展叶，雄花散粉盛期4月中旬，雌花4月下旬盛开，雄先型，11月上旬落叶。

该类群实生繁殖后早实性明显，抗旱、抗寒、较丰产，但核仁微涩。是我国宝贵的育种材料。

11 瓜核桃
Guahetao

主要分布在陕西省陇县境内，属晚实类群。因果大形似西瓜，故得名"瓜核桃"。

树势强，树姿开张，树冠圆头形，枝条粗壮，中等长度，分布稠密，新梢生长旺盛。播种后第七年开始结果，以结双果、三果居多。坚果大，卵圆形。三径均值3.8 cm，单果重14.4 g。壳面较光滑，壳厚1.4 mm，易取仁，仁充实饱满，黄褐色，出仁率45%。

在陕西陇县4月上旬萌芽，4月中下旬雌雄花开放，9月上旬果实成熟，10月中旬落叶。

该类群坚果大，抗逆性强，耐阴湿，适应性广，适宜于陕西渭北黄土丘陵区发展。

12 光滑泡核桃
Guanghuapaohetao

树势较强，树冠伞形，枝分布较均匀。小叶9~11枚，先端叶大，小叶长卵形。每果枝平均坐果2个，结果母枝连续结果能力强。坚果圆形，三径均值3.56 cm，壳面浅黄色，单果重14.2 g，壳厚1.5 mm，核仁饱满，取仁易，出仁率57%，含油率64.5%，碘值132.4，酸值0.923，味香，耐贮藏。

13 光皮核桃
Guangpihetao

产地为陕西省洛南县，属晚实类群。至少有3个以上单系。

树势较强，树姿半开张，呈自然疏层形。枝条粗，长度中等，分布稀密。顶花芽结果为主，平均每果枝结果1.9个，多为双果。坚果中等大，近圆形。三径均值3.44 cm，单果重12.39 g。壳面光滑，壳厚1.39 mm，易取仁，核仁充实饱满，乳白色，出仁率48.76%。

在陕西洛南3月下旬萌芽，4月上旬雌雄花相继盛开，9月上旬果实成熟，10月下旬落叶。

该类群适应强，丰产稳产，尤以壳面光滑美观深受果农欢迎。宜于秦巴山区川塬、丘陵区发展。

14 赫核8号
Hehe 8

由贵州省赫章县林业局和贵州大学选育而成。

树势强，树冠圆形，树姿半开张，分枝力强，侧生混合芽比率60%，较丰产。小叶9~13片，阔披针形。坚果椭圆形，果基圆，果顶尖；坚果重8.2 g，壳面略麻，色浅，缝合线窄而凸起，结合较松，壳厚0.67 mm，核仁饱满，可取整仁，核仁浅黄色，出仁率48%左右。含脂肪44.5%，不饱和脂肪酸91.4%，氨基酸11 417 mg/100 g，人体必需氨基酸3 994 mg/100 g。

在贵州省赫章县3月中旬发芽，4月上旬雄花散粉，4月中旬雌花盛开，9月上旬坚果成熟。

15 黄泡壳核桃
Huangpaokehetao

树势较旺，树冠半圆形。果母枝连续结果能力强，每果序坐果1~4个，3个以上的占50%左右。小叶9~11枚，先端叶大，侧叶长椭圆形。坚果圆形，三径均值3.53 cm，壳面浅黄色，单果重12.5 g，壳厚1.3 mm，可取整仁，出仁率57%，含油率64.5%，碘值132.4，酸值0.923，味香。

16 鸡蛋皮核桃
Jidanpihetao

主要分布在陕西省陇县、宝鸡、户县和秦岭以南的洛南、山阳、商州等地，属于晚实类群。

树势强，树姿开张，树冠圆头形，枝条粗壮，着生密集，新梢生长旺盛。播种后第八年开始结果。每果枝平均坐果1.5个。坚果大，近圆形。三径均值3.8 cm左右，果个均匀，单果重14.8 g。壳极薄，似鸡蛋皮。极易取仁，核仁充实饱满，仁色较浅，出仁率47.3%~57.63%。

该类群抗逆性、适应性强，壳薄如鸡蛋皮，品质优良。适宜于秦巴山区及北方黄土丘陵区发展。

17 尖尖核桃
Jianjianhetao

主要分布于陕西省山阳县，属晚实类群。

树势强，树姿开张，树冠圆锥形，枝条分布较密，新梢健壮。播种后第八年开始结果，以顶花芽结果为主。坚果中等大，长圆形。三径均值 3.3 cm，单果重 13.0 g。果面较光滑，壳厚 1.4 mm，易取仁，核仁充实饱满，出仁率 43%。仁色暗黄褐色。

该类群适应性强，抗病力弱，虽有一定栽培面积，但品质较差，可作育种材料保护利用。

18 尖尾巴核桃
Jianweibahetao

主要分布在陕西省商洛市商州区，属晚实类群。因其坚果基部特别瘦尖，故名"尖尾巴核桃"。

树势中庸，树姿开张，树冠半圆形。复叶小叶 5~9 片，播种后第五年就可结果，以顶花芽结果为主，每果枝平均结果 1.24 个。坚果小，近椭圆形。三径均值 2.8 cm，单果重 8.4 g。壳面光滑，壳厚 1.2 mm，取仁易，核仁充实饱满，黄褐色，出仁率 40% 左右。

在陕西商洛市商州区 4 月上旬萌芽，4 月中下旬雌雄花盛开，8 月下旬坚果成熟，10 月中旬落叶。

该类群抗逆性、适应性均强，生长旺盛，寿命长，结果早，宜于秦巴山区发展。

19 尖嘴核桃
Jianzuihetao

主要分布在陕西省商洛市商州区境内，属晚实类群。

树势强，树姿直立，树冠近圆形。枝条分布稠密，以顶花芽结果为主，每果枝平均坐果 1.45 个，以单双果结果居多。坚果大，近圆锥形。三径均值 3.7 cm，单果重 15.3 g。壳面较光滑，壳厚 1.2 mm，核仁充实饱满，仁色较浅，出仁率 48.5%。

在洛南县 4 月上旬萌芽，4 月中下旬雌雄花相继开放，9 月下旬果实成熟，10 月中旬落叶。

该类群适应性强，抗涝、抗风折，对立地条件要求不严，但不耐旱。宜在秦巴山区沟洼地或潮湿处发展。

20 康县白米子
Kangxianbaimizi

分布于甘肃康县云台、大堡、长坝等地。

树势强，树姿开张，树冠圆头形。枝条稠密。小叶 7~9 片，椭圆形。抽生结果枝 52.6%。雄先型。4 月中旬雄花盛期，4 月下旬雌花盛期。每雌花序着生雌花 2~5 朵。9 月中下旬坚果成熟。实生树 9~10 年生结果。坚果椭圆形。纵径 4.07 cm，横径 3.52 cm，单果重 11.72 g。壳面较麻、色深。坚果壳薄，约 1.1 mm，内褶壁膜质，取仁易。核仁颜色中等，不太饱满，出仁率 50% 以上。

该类型坚果品质较好，商品率高，是当地主要栽培和外销类型之一。适宜川坝地带栽植。

21 康县穗状
Kangxiansuizhuang

树势强，小叶 6~9 片，椭圆形。呈穗状结果，生果穗一般着生 4~5 果，多者 11 果。壳厚 1.5 mm，内褶壁退化，取仁容易，颜色中等，味香甜，品质上等。该类型为穗结果类型，品质优良，可作育种优育材料。

22 康县乌米子
Kangxianwumizi

分布于甘肃南部康县的云台、大堡、长坝及嘴台等地。

树势强，树姿开张，树冠圆头形，枝条稠密。小叶 7~9 片，椭圆形。每雌花序开雌花 2~5 朵。9 月中下旬坚果成熟。实生苗 8~9 年生结果。大小年结果明显，单株产量较低。单果圆球形，纵径 3.52 cm，横径 3.47 cm，坚果重 13.13 g，壳面麻，色深，壳较薄。内褶壁退化，取仁容易，核仁充实，饱满，仁重 8.13 g，色深，出仁率 55%~66%。

该类型树势强壮，核仁充实饱满，出仁率高，品质优良，抗旱能力强，是当地主要优良类型之一。

23 露仁核桃
Lurenhetao

主要分布于陕西省汉中、山阳、洛南、商州以及秦岭以北的户县、永寿、陇县等地，属晚实类群。部分果仁外露，故称"露仁核桃"。

树势中庸，权冠呈自然圆头形。50 年生树高 8.6 m，冠径 11 m。枝条长而粗，分布稀疏，新梢生长旺盛。实生苗 8~10 年开始结果，以顶花芽结果为主。每果序单、双果居多，少数三果。坚果中等大，多为近圆形。三径均值 3.4 cm，单果重 12.4~14 g，壳厚 0.8~1.0 mm，有露孔，部分种仁外露。核仁饱满，易取仁，出仁率 53.0% 左右，含脂肪 71.38%。

该类群抗旱、抗寒、不耐瘠薄，可作为取仁专用类群适当发展。

24 马鞍桥核桃
Maanqiaohetao

主要分布在陕西省秦岭以南的山阳、商州等地，属晚实类群。

树势较弱，树姿开张，成年树高 18 m 左右，平均冠径 15 m。枝条粗长，较稀疏。结果枝多由顶芽抽出，每果序 1~2 果为主，三果较少。坚果中等大，扁圆形，三径均值 3.49 cm，果尖凹陷，呈马鞍形，核仁饱满，淡黄色，取仁易，单果重 11 g，出仁率 50.8%~51.1%。

该类群抗旱、抗寒、抗病虫，果实成熟期较早，出仁率高，具有较好的发展前景。产量高而稳，通常大树株产坚果 100 kg 左右。

25 马提笼核桃
Matilonghetao

主要产于陕西省山阳县境内，属晚实类群。

成年大树生长势强，树姿开张，树冠呈自然圆头形。树高 6.7 m，冠径 5.9 m。枝条粗壮，分布稀疏。每果枝平均坐果 1.6 个，单、双果为主。坚果大，扁圆形，三径均值 4 cm，单果重 14.2 g，果个均匀。壳面光滑美观，壳厚 1.29 mm，核仁饱满，浅褐色，出仁率 49.58%。

该类群适应性广，生长旺盛，适宜秦巴山区适当发展。

26 马牙核桃
Mayahetao

主要分布在陕西秦岭以南的洛南、商州等地，有 3 个单系，属晚实类群。

树势较强，树姿直立，树冠呈自然圆头形。50 年生树高 14 m，平均冠径 12.5 m。枝条粗而长，分布稠密，结果枝多由顶芽抽出。每果序 1~2 个果为主，三果以上很少。坚果中等大，椭圆形，果尖钝圆，有突起，果基钝平或微凹。三径均值 3.42 cm，果壳较厚，取仁易，出仁率 40%~56.9%。

该类群适应性强，抗薄、耐旱，对土壤要求不严，但丰产性差，抗病力弱。

27 米核桃
Mihetao

主要分布于陕西省石泉、旬阳、城固、西乡等地，属晚实类群。

树势强，树姿开张，树冠呈自然圆头形，枝条粗壮，着生稀疏。多以顶花芽结果为主，每果枝平均坐果 1.6 个。播种后一般第六年开始结果，以结双果或三果居多。坚果大，近圆形。三径均值 4.1 cm，单果重 16.0 g。壳面褐色，较光滑，壳厚 1 mm。易取仁，核仁充实饱满，出仁率 36.3%~49.0%。

该类群耐旱、耐瘠薄，适应性广，对立地条件要求不严，是我国宝贵的育种材料。

28 母核桃
Muhetao

俗称母猪核桃，主要分布在陕西秦岭以南的山阳县境内，属于晚实类群。

树势中庸，树姿开张，树冠自然圆头形。枝条分布较密，结果枝多以顶芽结果为主，每果枝平均结果 1~2 个。坚果大，近圆形，三径均值 3.7 cm。壳面棕褐色，较光滑，美观。取仁易，仁饱满，单果重 17.4 g，出仁率 41.4%。

该类群抗病、抗旱、抗寒、抗风，早期丰产，对土壤要求不严格。结果品质优良，坚果品质好。

29 牛蛋核桃
Niudanhetao

主要分布在陕西省洛南、山阳、商州等地，属晚实类群。

树势强，树姿开张，呈圆头形。播种后 7~8 年开始结果，结果枝多由顶花抽生。一般株产 50 kg。坚果中等大，近卵圆形，三径均值 3.5 cm，单果重 15.8 g，壳厚 2 mm。缝合线微凹陷，取仁较易，饱满，仁色乳白色，出仁率 46%，含粗脂肪 69.10%。

该类群抗寒、抗旱、耐瘠薄，对土壤要求不严格。但易受核桃举肢蛾危害，早期落花、落果严重。

30 山口核桃
Shankouhetao

主要分布于陕西洛南县山口一带，故名"山口核桃"，属晚实类群。

树势强，树姿开张，树冠呈自然圆头形。枝条密集而粗壮。萌芽力强，发枝率较强。播种后 10 年开始结果，多以顶花芽结果为主。坚果较小，圆球形。三径均值 3.0 cm，单果重 11.5 g。果面光滑美观，壳厚 1 mm 左右。取仁易，核仁充实饱满，仁色浅，出仁率 43%。

在陕西洛南县 4 月上旬萌芽，4 月下旬雌雄花开放，8 月下旬坚果成熟，10 月下旬落叶。

该类群产量高而稳，品质优良，抗旱、抗寒、抗病虫，对立地条件要求不严格，宜于在秦巴山区发展。

31 社核桃
Shehetao

主要分布于陕西省陇县、宝鸡、太白等县，属晚实类群。因其坚果在"秋社节"前就可成熟而得名。

树势强，树姿较开张，树冠呈自然圆头形。枝条粗而长，分布稀疏。播种后第六年开始结果，以顶花芽结果为主，每果枝平均坐果2个，双果率达90%。丰产、稳产，大小年不明显。坚果倒卵形。单果重10.0 g。果面较光滑，易取仁，核仁充实饱满，仁色浅，出仁率46%左右。

在陕西陇县4月上旬萌芽，4月中下旬雌雄花陆续开放，8月中下旬坚果成熟，10月中旬落叶。

该类群抗旱、抗寒、抗病、抗风性均强，成熟期早，丰产稳产，可以提前上市，深受果农喜爱，宜于在陕西渭北黄土丘陵发展。

32 圆核桃
Yuanhetao

主要分布在陕西省延长县境内，属晚实类群。

树势中庸，树姿开张，树冠圆头形。枝条粗短，分布较密，新梢生长旺盛。多以顶花芽结果为主。坚果近圆形。三径均值3.0 cm，果个均匀，平均单果重13.2 g。壳面较光滑，壳厚1.2 mm，易取仁，核仁充实饱满，仁色黄褐色，出仁率50.24%。

在陕西延长县4月中旬萌芽，5月上中旬雌雄花开放，9月中旬坚果成熟，10月中旬落叶。

该类群适应性强，抗旱、抗病虫、抗风力，产量高而稳，大小年现象不明显，宜于北方黄土高原丘陵区发展。

33 早熟核桃
Zaoshuhetao

主要分布于陕西省山阳县境内，属晚实类群。

树势强，树姿开张，树冠主干疏层形，枝条稠密，多为斜生。以顶花芽结果为主，每果枝结果1.8个。坚果中大，长圆形。三径均值3.51 cm，单果重12.97 g。壳厚1.2 mm，易取仁，核仁充实饱满，仁色较浅。出仁率49.4%。

在陕西商洛市山阳县3月下旬萌芽，4月上中旬雌雄花盛开，8月中下旬坚果成熟，10月下旬落叶。

该类群抗逆性强，成熟期早，品质优良，适于秦巴山区栽培。

34 枣核桃
Zaohetao

主要分布于陕西省洛南县境内，属晚实类群。因其坚果形似青枣而得名。

树势旺，树姿半开张，树冠呈疏层形，枝条粗而长，分布稀疏。以顶花芽结果为主，每果枝平均坐果2.2个。坚果中等大，形似青枣。三径均值3.78 cm，单果重12.9 g。壳薄，易取仁，核仁充实饱满，仁色浅褐色，出仁率54.14%。

该类群抗逆性较强，丰产、稳产，品质优良，有较好的发展前景，宜于秦巴山区栽培。

35 纸皮核桃
Zhipihetao

主要分布于陕西省平利县境内，属晚实类群。因其壳薄如纸，故名"纸皮核桃"。

树势强，树姿开张，树冠呈自然圆头形。枝条粗而短，以中长果枝结果为主。实生苗6~7年开始结果。侧芽结果率30%左右，每果枝平均坐果1.52个。坚果长圆形。单果重11.2 g，壳面深褐色，光滑而美观。壳厚0.8~1.0 mm，取仁易，核仁充实饱满，出仁率52.9%，仁黄褐色。在陕西平利县3月中旬萌芽，4月上中旬雌雄花相继开放，8月下旬坚果成熟，11月上旬落叶。

该类群适应性强，生长旺盛，耐旱、耐寒、耐瘠薄，宜于在秦巴山区及立地条件相近地区发展。

36 周至隔年核桃
Zhouzhigenianhetao

陕西省果树研究所1955年资源普查时发现，共有7个单系。属早实类群。现已遍及陕西省及全国20多个省（自治区、直辖市）核桃产区。

树势旺盛，树冠呈圆头形或半圆形。枝条粗、短，分布稠密。易发生二次枝。以中短枝结果为主，侧芽结果率70%左右。坚果近方形，果个中等大，单果重12.7 g，壳厚1.34 mm，出仁率52.84%。

在陕西关中地区3月下旬萌芽，4月上旬展叶，4月中旬雄花散粉盛开，4月下旬雌花盛开，雄先型。9月上旬坚果成熟，10月下旬至11月上旬落叶。

该类群抗旱、抗寒、抗病力强，是我国宝贵的育种资源和育种材料。

五、特异种质资源

1 串子核桃
Chuanzihetao

分布于陕西省太白县境内，又称太白串子核桃，属晚实特异类群。因其青果在果序上成串核桃列而得名。

70年生大树，树势较强，树姿中开张。枝条粗而长，分布稀疏。以短果枝结果为主，发枝力较强。雄花序先端粗壮，雌花繁多呈条形串状排列，柱头三分叉。以双果、三果以上着生为主，串状果率达到30%以上，每串果5~21个青果不等。坚果较小，阔心脏形。三径均值2.8 cm左右，单果重11.8 g，壳厚1~1.2 mm，壳面偶有3条缝合线，核仁饱满，色浅，出仁率52.8%。

该类群耐寒，抗晚霜，连续结果能力强，丰产稳产，尤以青果呈串状着生和雌花柱头呈三分叉为其突出特点。该类群是我国核桃的珍贵资源，可作为育种材料保护、开发利用。

2 挂核桃
Guahetao

主要分布在陕西省宝鸡陈仓区，属晚实特异类群。

树势较强，树姿开张，成年树呈乱头状。一般树高9 m，冠径9.5 m，枝条较细。播种后10年开始结果。雌花多呈丛状，并有雌、雄花同穗现象。果实多穗状着生，每穗坐果5~8个。坚果圆形，三径均值4 cm，单果重14.4 g。壳厚1.4~1.8 mm，果壳3条缝合线较多。核仁饱满，取仁较易，出仁率48.3%。

该类群抗旱、抗寒、抗晚霜、丰产、稳产。可作为育种材料加以保护和利用。

3 红瓤核桃
Hongranghetao

分布于陕西省秦岭以南汉中市城固县双溪乡，属晚实特异类群。1960年被陕西省果树所普查发现，1986年商洛市核桃研究所引种繁殖了少数植株。因其坚果核仁皮色为鲜红色而得名。

母树近百年，树势较弱，树姿开张，树冠自然开心形。枝条粗壮，分布稀疏。初生幼叶鲜红而美观，老熟后转为绿色，叶脉呈浓粉红色。一般为顶花芽结果，雄花较少，雌花单生，初生时为淡粉红色，后逐渐变为乳白色。每序结果单、双果为主，少数为三果。坚果小，近圆形。壳厚1.2 mm。核仁饱满，味香甜。

该类群适应性强，抗旱、抗寒，抗瘠薄，尤以坚果仁色特殊为其突出特点，是我国核桃极其宝贵的种质资源，可作为育种材料保护、开发利用。

图3-457 '红瓤核桃' 坚果

4 三棱核桃
Sanlenghetao

生长在陕西省石泉县，属晚实特异类群。因其坚果有3条缝合线而得名。

树势强，树冠呈自然圆头形。枝条粗状，分布稀疏。以顶花芽结果为主，每果序坐果1~4个。坚果近圆形，单果重7.4 g。壳面淡褐色，有较突出的3条缝合线，结合紧密。壳厚1.1 mm，内褶壁极薄，分为3个格，核仁饱满，取仁较难，出仁率51.4%。

该类群适应性广，耐旱、耐瘠薄。可作为种质资源进行保护和利用。

5 五蕾核桃
Wuleihetao

分布于陕西省商洛市商州区境内，为晚实特异类群，因其青果紧集成簇状着生而得名。

树势强，树姿开张。枝条粗壮，分布稠密，发枝力强，以中、短果枝结果为主。雌花序多着生3朵雌花，坐果3个，五蕾簇状果约占25%左右。坚果小，圆球形。单果重10.1 g，壳面厚0.98 mm，少数果呈露仁状。核仁饱满，取仁易，出仁率54.4%。

该类群抗病、抗涝，适应性较强，尤以青果聚成簇状五蕾态着生为其突出特点。适于浅山区生长，可作为种质资源保护和利用。

6 乌米核桃
Wumihetao

主要分布在陕西秦岭以南的勉县西乡和汉台区境内，属晚实特异类群。因果仁皮为黑褐色而称为"乌米核桃"。

成年大树生长势强，树姿开张。新梢生长旺盛，枝条分布稠密。以单、双果为主，偶有三果。坚果多长圆形。三径均值 3 cm，单果重 12.9 g。壳厚 1.3~1.8 mm。核仁饱满，易取仁，出仁率 54.8%，含粗脂肪 68.1%。

该类群适应性广，抗旱、抗寒，对立地条件要求不严格。核仁皮色为黑褐色是其突出特点。但丰产性能欠佳。为我国稀有的核桃种质资源，应加强保护和开发利用。

图 3-459 '乌米核桃'结果状

图 3-458 '乌米核桃'树体

7 橡子核桃
Xiangzihetao

主要分布在陕西省洛南、山阳、商州等地。属晚实类群。因其坚果特小，似橡子而得名。

树势中庸，树冠开张，枝条分布稠密。以顶芽结果为主，播种后 8~10 年结果。坚果长椭圆形，三径平均 2.4 cm，单果重 6.5 g，壳厚 1~1.5 mm，核仁饱满，取仁较难，出仁率 38%~45%。

该类群适应性强，抗旱、抗寒、抗瘠薄，对立地条件要求不严格，是我国抗性育种的宝贵资源。

六、地理标志产品

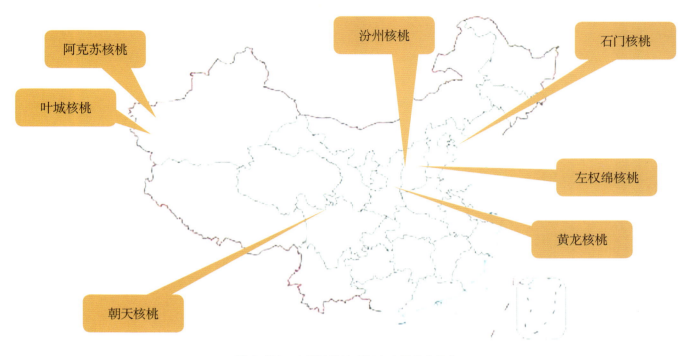

图 3-460　中国核桃地理标志产品分布示意

1 阿克苏核桃
Akesuhetao

保护范围：阿克苏核桃地理标志产品保护范围以新疆维吾尔自治区阿克苏地区行政公署《关于对阿克苏核桃地理标志产品地域保护范围划定的请示》（阿行署发 [2007] 177 号）提出的范围为准，为新疆维吾尔自治区阿克苏地区的阿克苏市、阿拉尔市、库车县、新和县、沙雅县、拜城县、温宿县、阿瓦提县、乌什县、坷平县等 10 个县市现辖行政区域。

质量技术要求：

（一）品种

温 185、新新 2、扎 343。

（二）立地条件

选择保护区范围内肥力较高，质地较轻的灌耕土、砂壤土、风沙土为栽培土壤，土层厚度 1.5 m 以上，pH 值 7.0~7.8，总含盐量低于 0.2%，地下水位低于 2 m，表层有机质含量 ≥ 1%。无污染，有灌溉条件。

（三）栽培技术

1. 苗木　选择'新新 2'、'温 185'、'扎 343'的嫁接苗。
2. 定植密度　根据土壤状况、品种性状而定，每 667 m² ≤ 44 株（1 亩 = 667 m² = 1/15 公顷，下同）。
3. 施肥　以农家肥为主，年施肥量 ≥ 2 500 kg/667 m²。
4. 整形修剪　综合运用疏、截、摘、拉修剪方法，使树冠内枝条均匀，保证光照充足，通风良好。疏雄，定植当年及第二年的植株，所有的雌、雄花都疏去。结果树疏除 3/4 或 2/3 雄花，减少养分消耗，促进坐果，提高产量。
5. 环境、安全要求　农药、化肥等的使用必须符合国家的相关规定，不得污染环境。

（四）采收

1. 采收时间　青果皮由绿变黄，全树 2/3 青果自然开裂，青果皮易剥离时开始采收。
2. 采后处理　手工脱去青皮后，趁湿用清水清洗，然后将洗干净的坚果晾晒 5~7 天（晴天），当坚果碰敲声音脆响，横隔膜易搓碎，种仁皮色由乳白变淡黄褐色即可。脱皮过程中严禁使用化学药剂。

（五）质量特色

1. 感官特色

(1)'温185'坚果圆形或长圆形，果基圆，果顶渐尖，壳面光滑，缝合线平或微突起，结合紧密，易取整仁，核仁充实饱满，乳黄色，味香。

(2)'新新2号'坚果长圆形，果基圆，果顶稍小，平或稍圆，壳面光滑，浅黄褐色，缝合线平，结合紧密，仁色淡黄褐色，易取仁，种仁饱满，味香。

(3)'扎343'坚果椭圆形或卵圆形，壳面淡褐色，光滑美观，缝合线平，结合紧密，仁色淡黄褐色，易取仁，种仁饱满，味香。

2. 理化指标

项目	指标		
	温185	新新2号	扎343
平均果重(g)	≥12	≥10	≥13
出仁率(%)	≥55	≥43	≥45
整齐度(%)	≥90	≥90	≥90
畸果率(%)	≤4	≤4	≤4
空壳果率(%)	≤3	≤3	≤3
破损果率(%)	≤0.3	≤0.3	≤0.3
含水率(%)	≤6.5	≤6.5	≤6.5
壳厚(mm)	≤0.8	≤1.2	≤1.2

3. 安全要求　产品安全指标必须达到国家对同类产品的相关规定。

1. 育种　以当地核桃为砧木，以母树接穗进行嫁接。
2. 栽植　栽植时间10月上中旬，栽植密度≤490株/hm²。
3. 整形修剪　采取自然开心形或疏散分层形定干、修剪，以保证通风透光。
4. 施肥　以农家肥为主，辅以化肥。定植时施农家肥应≥10 kg或尿素≥0.1 kg。挂果树每年施农家肥≥50 kg，或磷肥≥2 kg。

（四）采收

1. 采收时期　8月下旬开始采收。
2. 脱青　彻底清洗以保持果面光洁，颜色基本一致。

（五）质量特色

壳薄、取仁易，出仁率高，粗蛋白质含量和粗脂肪含量高。

质量特色	沙河	硕星
感官指标	平均单果重≥11 g，单果平均仁重≥7 g，壳厚≤1 mm，极易取仁，出仁率≥55%	平均单果重≥15 g，单果平均仁重≥9 g，壳厚≤1.4 mm，取仁容易，出仁率≥52%
理化指标	粗蛋白质≥12%，粗脂肪≥65%，水分≤8%	粗蛋白质≥12%，粗脂肪≥65%，水分≤8%

2 朝天核桃
Chaotianhetao

保护范围：朝天核桃地理标志产品保护范围以四川省广元市朝天区人民政府《关于确定朝天核桃地理标志保护产品范围的请示》（广朝府[2006]155号）提出的范围为准，为四川省广元市朝天区现辖行政区域。

质量技术要求：

（一）品种

沙河核桃、硕星核桃。

（二）立地条件

海拔500~1 500 m，土壤类型为壤土或砂壤土，有机质含量1.2%~3%，pH值7.0~7.5，背风向阳的缓坡地，地下水位在地表2 m以下。

（三）栽培技术

3 汾州核桃
Fenzhouhetao

保护范围：汾州核桃地理标志产品保护范围以山西省吕梁市人民政府《关于做好汾州核桃地理标志产品保护工作的通知》（吕政函〔2007〕126号）提出的范围为准，为山西省汾阳市杏花村镇、冀村镇、贾家庄镇、肖家庄镇、演武镇、峪道河镇、三泉镇、石庄镇、杨家庄镇、阳城乡、西河乡、栗家庄乡、文峰街道办事处、太和桥街道办事处14个乡镇街道办事处现辖行政区域，孝义市兑镇、阳泉曲镇、下堡镇、西辛庄镇、高阳镇、东许乡、柱濮镇、下栅乡、驿马乡、南阳乡、杜村乡11个乡镇街道办事处现辖行政区域。

质量技术要求：

（一）品种

大龙眼、小龙眼及优良后代。

(二)立地条件

保护区范围内海拔 700~1 300 m，土壤类型为褐土，土质为壤土、砂壤土，有机质含量≥1.0 %，pH 值 7.0~8.2，地下水位在地表 1.5 m 以下。

(三)栽培技术

1. 育苗　以当地核桃为砧木，从无检疫性病虫害的母株上采集接穗进行嫁接繁殖。

2. 栽植　秋栽在苗木落叶后至土壤封冻前进行。春栽在土壤解冻后发芽前进行，栽植密度≤1 245 株/hm²。

3. 整形修剪　树冠内枝条均匀，保证通风透光。

4. 施肥　以农家肥为主，年施肥量≥3 000 kg/hm²。

5. 环境、安全要求　农药、化肥等的使用必须符合国家的相关规定，不得污染环境。

(四)采收

1. 采收时期　青皮种苞开裂 1/3 时开始采收。

2. 脱青皮　脱完青皮后黑果率≤3 %，脱皮过程中禁止使用化学药剂浸泡。

(五)质量特色

1. 感官特色　果实大小均匀，近圆形，壳皮薄，色黄白，内隔壁较小，易取仁，种仁饱满，微甜。

2. 理化指标

	项　目	大龙眼	小龙眼
核　桃	横径(mm)	≥35	≥35
	平均果重(g)	≥12	≥14
	出仁率(%)	≥58	≥55
	含水率(%)	≤8.0	≤8.0
核桃仁	脂肪含量(%)	≥57	≥57
	蛋白质含量(%)	≥15	≥15

3. 安全要求　产品安全指标必须达到国家对同类产品的相关规定。

4　黄龙核桃

Huanglonghetao

保护范围：黄龙核桃地理标志产品保护范围为陕西省延安市黄龙县现辖行政区域。

质量技术要求：

(一)品种

薄壳 1 号、5 号、圣龙 1 号。

(二)立地条件

海拔 600~1 730 m，土壤 pH 值 6.5~8，土壤有机质含量≥1.0%。

(三)栽培管理

1. 苗木繁育　以当地核桃苗为砧木，选育无检验性病虫害的品种接穗进行嫁接繁殖。

2. 定植　栽植时间为秋季 10 月下旬至 11 月上中旬，春季 3 月中下旬，栽植密度 495 株/hm²。

3. 施肥　采用分季配方施肥，以有机肥为主，辅助施用化学肥料，有机肥施用量≥7.5 t/hm²。

4. 整形修剪

(1) 树形为自然开心形和疏散分层形；

(2) 以冬剪为主，冬剪和夏剪相结合。

5. 环境、安全要求　农药、化肥等的使用必须符合国家的相关规定，不得污染环境。

(四)采收、分级

在 9 月上旬，果实充分成熟后采收，及时脱青皮、漂洗、晾晒或烘干，漂洗过程中不允许加入漂白剂。坚果实行分品种、分级包装。

(五)贮藏

常温贮藏不超过 12 个月，不得出现酸败。

(六)质量特色

1. 感官特征　坚果内褶壁薄，取仁方便，种皮色浅，缝合线较平，壳面洁净，核仁饱满、色浅。

2. 理化指标

项目	指　标
平均果重(g)	≥10
出仁率(%)	≥50
含水量(%)	≤8
脂肪含量(%)	≥60
蛋白质含量(%)	≥13.5
含糖量(%)	≥10

3. 安全要求　产品安全指标必须达到国家对同类产品的相关规定。

5 石门核桃
Shimenhetao

保护范围：石门核桃地理标志产品保护范围为河北省卢龙县现辖行政区域。

质量技术要求：

（一）品种

从在当地核桃实生群体中选出的元宝、龙珠、魁香、硕宝等品种。

（二）立地条件

土壤类型选择以石灰岩为主成土母质的褐土类，质地为中壤或砂壤土，土层厚度≥1 m，pH值7~7.9，土壤有机质含量≥0.8%，光照充足，排水良好，地下水位在地表2 m以下。

（三）栽培管理

1. 育苗　选择亲合力强的核桃属植物作砧木采用嫁接繁殖或其他无性繁殖。

2. 定植

（1）时间　春季4月上旬或秋季落叶后至土壤结冻前；

（2）密度　≤495株/hm²。

3. 肥水管理

（1）施肥　以有机肥为主，结果园每年施优质有机肥≥25 000 kg/hm²。

（2）灌水　每年的5~6月视核桃园的土壤墒情灌水1~2次。

4. 整形修剪　依据立地条件和栽植密度选择适宜的树形，培养好主侧枝和结果枝组，充分利用光能，合理负载。

5. 环境、安全要求　农药、化肥等的使用必须符合国家的相关规定，不得污染环境。

（四）采收及采后处理

1. 采收时间　有20%~30%核桃青果自然开裂或青皮由绿转黄时开始采收。

2. 采后处理　核桃青果采收后，在保持坚果品质不变的条件下，采用自然或机械脱青皮，阴干或烘干至含水量≤8%。

（五）质量特色

1. 感官特色

品种	坚果形状	果形指数	外壳颜色	取仁难易	种仁颜色	种仁风味
元宝	元宝形	0.81±0.03	浅黄褐色	易取整仁	淡黄白色	香、不涩
龙珠	圆形	0.90±0.04	浅黄褐色	易取整仁	淡黄白色	香、微涩
魁香	圆形	0.92±0.03	浅黄褐色	易取整仁	黄白色	浓香、不涩
硕宝	近圆形	0.93±0.05	浅黄褐色	易取整仁	黄白或淡黄	香、微涩

2. 理化指标

品种	单果重（g）	壳厚度（mm）	出仁率（%）	脂肪含量（%）	蛋白质含量（%）
元宝	≥13.0	0.9~1.0	≥56.0	≥66.0	≥16.0
龙珠	≥12.0	1.0~1.1	≥52.0	≥70.0	≥15.0
魁香	≥12.0	1.0~1.2	≥53.0	≥66.0	≥17.0
硕宝	≥17.0	1.0~1.2	≥50.0	≥59.0	≥20.0

3. 安全要求　产品安全指标必须达到国家对同类产品的相关规定。

6 叶城核桃
Yechenghetao

保护范围：叶城核桃地理标志产品保护范围为新疆维吾尔自治区喀什地区叶城县、莎车县、泽普县、麦盖提县、巴楚县等5个县现辖行政区域。

质量技术要求：

（一）品种

扎343、萨依瓦克5号、萨依瓦克9号。

（二）立地条件

海拔1 050~1 850 m，土壤类型为灌淤土，土质为砂壤土和砂土，土壤有机质含量≥8 g/kg，土层厚度≥2 m，地下水位在地表1.5 m以下。

（三）栽培管理

1. 育苗　以当地核桃实生苗为砧木，从无检疫性病虫害的母株上采集接穗进行嫁接繁殖。

2. 栽植　春季栽植时间3月中下旬，秋季栽植时间10月下旬至11月上旬，栽植密度≤330株/hm²。

3. 整形修剪　采取开心形或主干形树形，冬季修剪与夏季修剪相结合，保证树体通风透光。

4. 施肥　以有机肥为主。施肥量：幼树期每株施有机肥≥20 kg，盛果期每株施有机肥≥50 kg。

5. 浇水　在萌芽前、果实发育期、果实成熟前、土壤封冻前保证各浇水1次，其他时间视墒情而定。

6. 环境、安全要求　农药、化肥等的使用必须符合国家的相关规定，不得污染环境。

（四）采收

外果皮60%以上自然开裂后开始采收。

（五）质量特色

1. 感官特征　坚果椭圆形或卵圆形，壳面光滑，纹路浅、色浅，易取整仁，单宁含量低，无涩味，果仁香甜可口。

2. 理化指标　单果重≥12 g，出仁率≥53%，水分≤4%。

3. 安全要求　产品安全指标必须达到国家对同类产品的相关规定。

7　左权绵核桃
Zuoquanmianhetao

保护范围：左权绵核桃地理标志产品保护范围以山西省左权县人民政府《关于确定左权绵核桃地理标志产品保护范围的报告》（左政发〔2007〕95号）提出的范围为准，为山西省左权县麻田镇、拐儿镇、芹泉镇、桐峪镇、粟城乡等5个乡镇现辖行政区域。

质量技术要求：

（一）品种

白水绵核桃、老牛绵核桃、辽香1号。

（二）立地条件

海拔650~1100 m，土壤类型为壤土或砂壤土，有机质含量≥1.0%，土层厚度1.0 m以上，土壤pH值6.5~7.5，地下水位在地表2 m以下。

（三）栽培技术

1. 育苗　以当地核桃为砧木，从无检疫性病虫害的母株上采集接穗进行嫁接繁殖。

2. 栽植　春季栽植时间在土壤解冻后至苗木发芽前完成，秋季栽植时间在苗木落叶后至土壤封冻前完成，栽植密度≤490株/hm²。

3. 树形　采取自然开心形或疏散分层形。

4. 施肥　以农家肥为主，辅以化肥。幼树每年每株应施农家肥≥25 kg，成龄树每年每株应施农家肥≥50 kg。

5. 环境、安全要求　农药、化肥等的使用必须符合国家的相关规定，不得污染环境。

（四）采收

1. 采收时期　以果皮开裂1/5时开始采收。

2. 脱青　采用堆沤法脱青皮或化学脱青皮。

（五）贮藏

可根据实际情况采用短期干藏、低温冷藏、膜帐密封贮藏。

（六）质量特色

1. 感官特色

指标	白水绵核桃	老牛绵核桃	辽香1号
果形	扁圆，缝合线较宽，顶部平，果形基本一致。壳面洁净，呈自然黄白色	椭圆，缝合线较窄，顶部微凹，果形基本一致。壳面洁净，呈自然黄白色	缝合线微突，果形基本一致。壳面洁净，呈自然黄白色
果仁	饱满、黄白色、涩味淡	饱满、淡琥珀色、微涩	饱满、黄白色、涩味淡

2. 理化指标

指标	白水绵核桃	老牛绵核桃	辽香1号
横径(mm)	≥30	≥30	≥30
平均果重(g)	≥12	≥12	≥10
出仁率(%)	≥45	≥45	≥45
含水率(%)	≤8	≤8	≤8
脂肪含量(%)	≥60	≥60	≥60
蛋白质含量(%)	≥12	≥12	≥12

3. 安全要求　产品安全指标必须符合国家对同类产品的相关规定。

第二节　泡核桃

一、优良品种

1　大白壳核桃
Dabaikehetao

云南早期无性核桃品种。主要栽培于云南省华宁县，分布海拔1 500~2 000 m。

树姿开张，成年树冠直径约13~19 m，发枝力1∶1.36。小枝褐色，有白色的皮孔，长9.4 cm，粗0.8 cm。顶芽圆锥形，1~2侧芽圆形。复叶长44.5~56 cm，小叶13片，少数11或15片，顶端小叶歪斜或退化，椭圆状披针形，渐尖。雄先型。每雌花序着生雌花2~3朵，少数1或4朵。顶芽结果为主，果枝率51.5%，坐果率77.7%，平均每果枝坐果2个，其中单果占24.8%，双果占55.1%，三果占0.3%。坚果圆形，果基平，果顶圆。纵径3.7 cm，横径3.7 cm，侧径3.5 cm，单果重11.7~13.0 g。壳面光滑，色浅，缝合线平，结合紧密，尖端钝尖；壳厚1.1 mm。内褶壁退化，横隔膜纸质，易取整仁。核仁重6.1~7.5 g，出仁率51.9%~57.4%。核仁较饱满，淡紫色，味香，无涩味。1年生嫁接苗定植后5~6年结果。盛果期株产约40~60 kg，每平方米树冠投影面积产仁量0.13 kg。

在原产地3月上旬发芽，3月下旬雄花散粉，4月中旬雌花盛开。9月中旬坚果成熟。

该品种丰产性中等。坚果大，壳面光滑，果形美观，可作为以改良坚果外观的育种亲本。该品种主要适宜滇中地区栽培，海拔1 500~2 000 m。

2　大泡核桃
Dapaohetao

又称漾濞泡核桃、茶核桃、绵核桃。

此品种为云南省早期无性优良品种，已有500多年的栽培历史。主要分布于漾濞、永平、云龙、昌宁、凤庆、楚雄、保山、景东、南华、巍山、洱源、大理、腾冲、新平、镇源、云县、临沧等地，垂直分布1 470~2 450 m。

树势较强，树姿较直立。树冠直径15 m左右；分枝力盛果期为1∶1.36，随树龄的增大而降低。新梢黄褐色，背阴面呈黄绿色，皮孔白色；新梢长6.2 cm，粗0.9 cm。顶芽圆锥形，第一、二侧芽圆形，基部侧芽扁圆形，贴生，无芽距和芽座。小叶9~13枚，多9~11枚，椭圆状披针形，顶端渐尖，顶端小叶多歪斜或退化。雄先型。雄花较多，雄花约长8~25 cm，每雄花序有90~120朵雄花；每雌花序有雌花1~4朵，多为2~3朵，坐果率81%。以顶芽结果为主，侧花芽率10%以下。结单果占14.5%，结双果占45.1%，三果占39.1%，结四果占1.3%。坚果扁圆形，果基略尖，果顶圆。纵径3.87 cm，横径3.81 cm，侧径3.1 cm，单果重12.3~13.8 g。果面麻，色浅，缝合线中上部略突起，结合紧密，先端钝尖，壳厚0.9~1.0 mm。内褶壁及横隔膜纸质，易取整仁。核仁饱满，味香不涩。核仁重6.4~7.9 g，出仁率53.2%~58.1%。核仁含油率67.3%~75.3%（不饱和脂肪酸占89.9%），蛋白质12.8%~15.13%。1年生嫁接苗定植后7~8年开花结果。丰产、盛果期株产坚果100 kg左右，高者可达250 kg，每平方米树冠投影面积产仁量0.18~0.22 kg。

在云南漾濞，3月上旬发芽，3月下旬雄花散粉，4月中旬雌花盛开。9月下

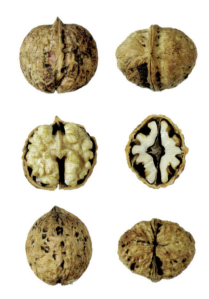

图3-461　'大泡核桃'坚果

旬坚果成熟采收，11月上旬落叶。有枝干害虫轻度危害，无严重病害。

该品种长寿高产，品质优良，是果油兼优的优良品种，也是云南省多年来大力发展推广和内销外贸的优良品种之一。目前，栽培面积已达150多万亩。适宜在滇西、滇中、滇西南、滇南北部，海拔1 600~2 200 m的地区栽培。

3 大沙壳 Dashake

产于华宁、新平等县，分布海拔1 500~2 000 m。

树势开张，坚果圆球形顶端突尖，三径平均为4.3 cm×4.1 cm×3.6 cm；外观较白，刻纹深密，缝合线较平，紧密；单果重17.2~22.79 g，仁重8.7~11.79 g，壳厚1.8~2.2 mm，内褶壁不发达，纸质，较易取仁，出仁率50.6%~51.7%，仁饱满饱胀，味香，色黄，含油率67.0%。

该品种3月上旬芽萌动，3月下旬至4月上旬为雄花期，4月中旬至下旬为雌花期，9月中旬坚果成熟，10月下旬落叶。该品种丰产性强，品质较好。

4 丽53号 Li 53

在丽江县龙蟠乡龙华村，海拔1 900 m。80年生，树高11 m，冠径10.5 m，树势较旺，树姿直立树势生长良好，小叶9~11枚，多9枚，长椭圆披针形。3月30日左右开雌花，9月下旬至10月上旬果熟，11月下旬落叶。开花习性为雄先型。每枝结果1~3个，多为2~3个，结果枝率达40%。发枝力中等，种子近圆球形，

图3-462 '丽53号'坚果

种壳刻纹中而浅较光滑，个中等，每千克88个，单果重11.4 g，三径平均值为3.22 cm，形状系数1.0，种壳厚0.7 mm。种仁黄白色，饱满饱胀，易取仁，味香，出仁率65%~68.5%，核仁含油量为73.9%。

5 三台核桃（又称草果核桃） Santaihetao

主要分布在云南省大姚、宾川及祥云等地，后来发展到新平、双柏、武定、昆明、楚雄、南华等县（市）。垂直分布在海拔1 500~2 500 m的地区。

树势旺，树体大，树姿开展。盛果期冠径达13.4~21.8 m，结果母枝平均抽梢1.32个，新梢绿褐色，长8.0 cm。顶芽圆锥形，顶端1~2侧芽圆形，腋芽扁圆形，无芽柄芽座。小叶7~13枚，多为9~11枚，椭圆状披针形，顶端渐尖。雄先型。雄花序较多，花序长10~25 cm，每雄花序着生小花100朵左右；每雌花序有雌花1~4朵，以2~3朵居多，占75%。顶芽结

果为主，侧花芽占10%左右。坐果率73.6%，每果枝平均坐果1.92个，其中单果31.2%，双果占45.2%，三果占23.2%，四果占0.4%。坚果倒卵圆形，果基尖、果顶圆，纵径3.84 cm，横径3.35 cm，侧径2.92 cm，单果重9.49~11.57 g。种壳较光滑，色浅，缝合线窄，上部略突，结合紧密，尖端渐尖，壳厚1.0~1.1 mm。内褶壁及横隔膜纸质，易取整仁。仁重4.6~5.5 g，出仁率50%以上。核仁充实，饱满，色浅，味香纯、无涩味。仁含油率69.5%~73.1%，蛋白质14.7%。1年生嫁接苗定植后7~8年结果。盛果期平均株产80 kg，高产株达300 kg，每平方米树冠投影面积产仁0.20 kg左右。

在大姚地区，3月上旬发芽，4月上旬雄花散粉，雌花显蕾，4月中旬雌花盛开，4月下旬幼果形成，9月下旬坚果成熟，11月下旬落叶。树干害虫轻度危害，无严重病害。

该品种长寿高产，是果油兼优的优良品种，是云南省大力推广和内销外贸的优良品种之一。适宜在滇中、滇西、滇西南、滇南北部海拔1 600~2 200 m的地区栽培。

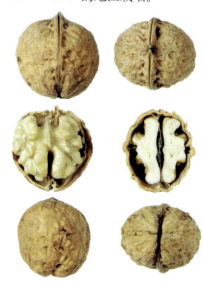

图3-463 '三台核桃'坚果

6 维2号
Wei 2

实生中选出，是泡核桃树种的栽培实生优株，维西县塔城乡其宗村。丰产性能好，结实枝率高达77%，平均每枝结果数为2.18个。产量高，树体高大，每平方米树冠产仁量0.17~0.33 kg。3月上旬芽膨大，3月中旬开雄花，3月下旬开雌花，为雄先型。9月中下旬坚果成熟，11月上旬落叶。果个较大，三径均值3.84 cm，单果重15.6 g，比漾泡大。种形美观，种形正圆球形，种壳麻点少而浅，光滑美观。种子质量好。种仁饱满饱胀，易取仁，出仁率达54%，含油量高达75%，食味香纯。种子耐贮藏。种壳较厚，1.2~1.5 mm，厚薄均匀，耐贮藏时间长，据测定放置1年的种子含油量为70.84%，比新鲜核桃含油量降低4.16%，食味尚好。放置3年核桃还可以食用。种子耐运输，由于种壳厚，耐挤压，运输后不会造成种壳破碎。适宜海拔1 600~2 400 m。

7 细香核桃（又称细核桃）
Xixianghetao

为云南省早期无性繁殖优良品种之一。主要分布在滇西昌宁、龙陵、保山、施甸、腾冲等地，分布海拔1 650~2 200 m。

树势强，树姿开张，成年树冠直径达13.5~21.8 m。发枝力为1∶1.53，小枝黄褐色，长5.1 cm，粗0.88 cm。顶芽圆锥形，第一、二侧芽圆形。小叶7~11片，多为9片，椭圆状披针形，叶尖渐尖，顶端小叶多歪斜或退化。雄先型。每雌花序着生雌花2~3朵。每果枝平均坐果2.5个。单果占13.4%，双果占28.9%，三果占51.8%，四果占5.99%。坚果圆形，果基和果顶较平。纵径3.3 cm，横径3.3 cm，侧径3.2 cm，单果重8.9~10.1 g。果面麻，缝合线较宽、凸起，结合紧密，尖端钝尖；壳厚1.0~1.1 mm。内褶壁和横隔膜纸质，易取整仁。核仁重4.7~5.8 g，出仁率53.1%~57.1%。核仁充实饱满、色浅、味香、含油率71.6%~78.6%。蛋白质14.7%。1年生嫁接苗定植后5~6年结果，盛果期平均株产约85 kg，每平方米冠幅垂直投影产仁0.18 kg。

在原产地，3月上旬发芽，3月下旬雄花散粉，4月上旬雌花盛开。9月上旬坚果成熟，10月下旬落叶。

该品种坚果较小，外观较差，但丰产性好，仁味香纯，坚果出仁率及含油率较高，适宜作加工品种。该品种适宜在滇西、滇中、滇西南、海拔1 600~2 200 m的地区栽培。

8 漾江1号
Yangjiang 1

由漾泡核桃与娘青核桃杂交选育而成。树势强，分枝角度大，内腔充实，树冠紧凑。坚果扁圆球形，基部较平，尖端渐尖，三径平均为3.1 cm×3.6 cm×3.7 cm；外观麻点多，有大有小，一般较深，缝合线较窄、较平，紧密；单果重13.5 g，平均核仁重7.0 g；壳厚1.2 mm；内褶

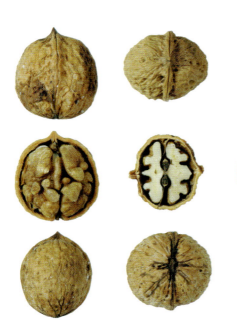

图3-464 '维2号'坚果

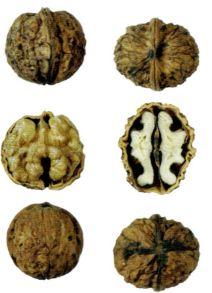

图3-465 '细香核桃'坚果

图3-466 '漾江1号'坚果

壁不发达、纸质，取仁较易，出仁率50.0%~54.6%；仁饱满，味香微涩，为黄白色，含油率70.53%~72.2%。

该品种3月上中旬芽萌动，3月下旬至4月上旬为雄花期，4月上中旬为雌花期；9月中下旬坚果成熟，10月下旬落叶。该品种丰产性强，品质较好，坚果性状较一致，适宜海拔1 600~2 200 m地区发展。

9 漾江2号
Yangjiang 2

由漾泡核桃与娘青核桃杂交选育而成。树势强，分枝角度小，内腔充实、树冠紧凑。坚果扁圆球形，基部较平，尖端渐尖，尖端钝尖，三径平均为3.0 cm×3.7 cm×3.8 cm；外观较光滑，麻点少且较浅，刻纹较细，缝合线较宽、较平，紧密；单果重12.2 g，仁重6.1 g；壳厚1.1 mm；内褶壁不发达，纸质，取仁易，出仁率50.0%~56.56%；仁饱满，味香微涩，为黄白色，含油率70.53~72.2%。

该品种3月上、中旬芽萌动，3月下旬至4月上旬为雄花期，4月上中旬为雌花期；9月中下旬坚果成熟，10月下旬落叶。该品种丰产性强，品质较好，坚果性状较一致，适宜于海拔1 600~2 400 m的地区发展。

10 漾江3号
Yangjiang 3

由漾泡核桃与娘青核桃杂交选育而成的。目前，已在漾濞、云龙、永平、祥云、鹤庆、剑川、石屏等县种植。

树势强，分枝角度较大，内腔紧凑。坚果扁圆球形，基部较平，尖端渐尖，三径平均为3.0 cm×3.6 cm×4.0 cm；外观麻点较多，且较深大，缝合线较窄，中上部隆起，紧密；单果重12.7 g，仁重6.5 g；壳厚1.1 mm；内褶壁不发达，纸质，较易取仁，出仁率50.0%~53.97%；仁饱满，味香微涩，为黄白色。

该品种3月上、中旬芽萌动，3月下旬至4月上旬为雄花期，4月上中旬为雌花期；9月中下旬坚果成熟，10月下旬落叶。该品种丰产性强，品质较好，坚果性状较一致，适宜于海拔1 600~2 400 m 地区发展。

11 漾实1号
Yangshi 1

从漾泡核桃实生选育形成。树势中庸，树姿半开张，树冠自然开心形。坚果扁圆球形，两端较平，尖端钝尖，三径平均为3.3 cm×3.8 cm×4.0 cm；外观较光滑，刻点少、小、浅，缝合线较平，紧密；单果重10.6~16.5 g，仁重5.5~10.4 g；壳厚0.9~1.2 mm；内褶壁不发达，纸质，易取仁，出仁率52.2%~61.9%；仁饱满饱胀，味香微涩，为黄白色，含油率72.2%。该品种3月上、中旬芽萌动，3月下旬至4月上旬为雄花期，4月上中旬为雌花期；9月中下旬坚果成熟，10月下旬落叶。该品种丰产性强，品质好，坚果性状较一致，适宜于海拔1 600~2 200 m的地区发展。

12 漾杂1号
Yangza 1

由大理州林业局杨源选用漾濞泡核桃与当地娘青夹绵核桃进行种内杂交培育而成，在漾濞、云龙、永平、祥云、鹤庆、剑川、石屏、重庆市开县等地种植，属晚实类型。纵径3.1 cm，横径3.6 cm，侧径3.7 cm，平均单果重13.5 g，出仁率50%~54.6%，仁色浅黄，脂肪含量70.5%~72.2%，杂交新品种丰产、坚果品质优良、种实中等。

图3-467 '漾杂1号'坚果

13 漾杂 2 号
Yangza 2

由大理州林业局杨源选用漾濞泡核桃与当地娘青夹绵核桃进行种内杂交培育而成，在漾濞、云龙、永平、祥云、鹤庆、剑川、石屏、重庆市开县等地种植，属晚实类型。纵径 3.0 cm，横径 3.7 cm，侧径 3.8 cm，单果重 12.2 g，出仁率 50%~56.6%，仁色浅黄，脂肪含量 69.4%~69.7%，杂交新品种丰产、坚果品质优良、种实中等。

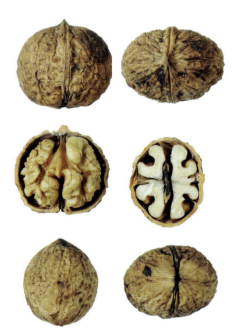

图 3-468 '漾杂 2 号' 坚果

14 漾杂 3 号
Yangza 3

由大理州林业局杨源选用漾濞泡核桃与当地娘青夹绵核桃进行种内杂交培育而成，在漾濞、云龙、永平、祥云、鹤庆、剑川、石屏、重庆市开县等地种植，属晚实类型。纵径 3.2 cm，横径 3.6 cm，侧径 4.0 cm，平均单果重 12.7 g，出仁率 50%~54%，仁色浅黄，脂肪含量 67.9%~69.6%，杂交新品种丰产、坚果品质优良、种实中等。

图 3-469 '漾杂 3 号' 坚果

15 永 11 号
Yong 11

永 11 号发现于永胜县片角乡水冲村，海拔 2 250 m。21 年生，树高 11 m，冠径 12 m，树势旺，树姿开张；坚果在 10 月中旬成熟。小叶 7~13 枚，多 9 枚，长椭圆披针形。4 月 2 日左右开雌花，10 月中旬果熟，11 月中下旬落叶。开花习性为雄先型。每枝结果 1~3 个，多 3 个，结果枝率达 75%。种子近纺锤圆形，种壳麻点中而深、不光滑，个中等，每千克 72 个，平均单果重 11.0 g，三径平均值为 3.20 cm，形状系数 1.0，种壳厚 0.9 mm，种仁黄白色，饱满饱胀，内褶壁纸质，易取仁，可取整仁，味香，出仁率 52%~60%，核仁含油量为 71.2%。

图 3-470 '永 11 号' 坚果

16 云新 90301
Yunxin 90301

由云南省林业科学院于 1990 年种间杂交育成。亲本为云南省大姚三台核桃 *J. sigillata* D. 和从新疆引进的早实核桃 *J. regia* L. '新早 13 号' 进行种间杂交。1995~2000 年进行无性系测定。2002 年 12 月通过云南省科技厅组织的专家鉴定。2004 年 12 月被云南省林木品种审定委员会通过品种认定。现已在云南省昆明、云县、凤庆、漾濞、新平、石屏、沾益、陆良、鲁甸、丽江等 10 多个县 8 个地州试验示范栽培。

树势较旺，树冠紧凑，7 年生植株树高 4.05 m，干径 10.1 cm，冠幅 12.3 m²。短果枝类型，小叶 9~11 片，多为 9 片，呈椭圆状披针形，顶芽圆锥形，侧芽圆锥形。有芽柄、芽距，枝条绿褐色。发枝力 1∶4，花枝率 95.8%，每花枝平均着花 2.66 朵；果枝率 77.9%，每果枝平均坐果 2.31 个，侧果枝占 88%，坐果率 82%。坚果长扁圆形。三径均值 3.2 cm；单果重 7.06 g，仁重 5.0 g，出仁率 65.07%，壳面刻纹浅滑，缝合线不突起，结合紧密。壳厚0.81 mm，内褶壁退化，横隔膜纸质，可取整仁。核仁饱满，黄白色，味香，含油率68.4%。1年生嫁接苗定植后2~3年结果，8年进入盛果期，株产10 kg左右。

在昆明地区2月下旬发芽，雄先型。3月下旬雄花散粉，4月上旬雌花开放，8月下旬坚果成熟，11月中旬落叶。

该新品种核桃早实、早熟、丰产、优质，树体矮化，耐寒，适宜性较广，上市早，是理想的鲜食和鲜仁加工品种，但必须采用集约化栽培管理措施才能丰产、优质。

17 云新90303
Yunxin 90303

由云南省林业科学院于1990年种间杂交育成。亲本为云南省大姚三台核桃与从新疆引进的早实核桃'新早13号'进行种间杂交。1995~2000年进行无性系测定。2002年12月通过云南省科技厅组织的鉴定。2004年12月通过云南省林木品种审定委员会认定。现在云南省昆明、云县、凤庆、漾濞、新平、石屏、沾益、陆良、鲁甸、丽江等10余个县8个地州试验示范栽培。

树势较旺，树冠紧凑。7年生植株树高4.5 m，干径17.6 cm，冠幅14.7 m²。短果枝类型，小叶9~11片，多为9片，呈椭圆状披针形；顶芽圆锥形，侧芽圆锥或扁圆形。有芽柄、芽距，枝条绿褐色。花枝率96.4%，每花枝平均着花2.93朵；果枝率84.5%，坐果率84.5%，每果枝坐果2.41个，侧果枝率87.4%。坚果长扁圆形。三径均值3.4 cm，单果重10.6 g，仁重6.4 g，出仁率60.09%，壳面刻纹浅滑，缝合线不突起，结合紧密。壳厚0.79 mm，内褶壁退化，横隔膜纸质，可取整仁。核仁饱满，仁色黄白，味香，无涩味，含油率68.6%。1年生嫁接苗定植后2~3年结果，8年进入盛果期，株产6~10 kg。

在昆明地区2月下旬发芽，雄先型。3月下旬雄花散粉，4月上旬雌花开放，8月下旬坚果成熟，11月中旬落叶。

该杂交新品种具有早实、早熟、丰产、优质，树体矮化及耐寒的特点，适宜性较广，上市早，是鲜食和鲜仁加工理想品种。要充分发挥好该品种的经济性状，必须采用集约化栽培技术措施。

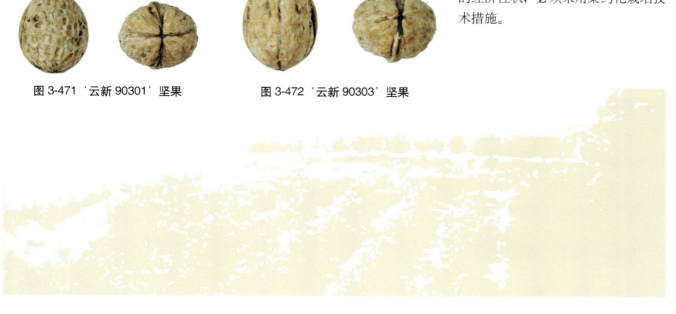

图3-471 '云新90301'坚果　　　图3-472 '云新90303'坚果

18 云新90306
Yunxin 90306

由云南省林业科学院于1990年种间杂交育成。杂交亲本选用云南大姚三台核桃与从新疆引进的早实核桃'新早13号'进行种间杂交。1995~2000年进行无性系测定。2002年12月通过云南省科技厅组织的鉴定。2004年12月通过云南省林木品种委员会认定。现已在云南省昆明、云县、凤庆、漾濞、新平、石屏、沾益、陆良、鲁甸、丽江等10余个县, 8个地州试验示范种植。

树势较旺, 树冠紧凑。7年生植株树高4.8 m, 干径14 cm, 冠幅16.23 m²。短果枝类型, 小叶7~11片, 多9片, 呈椭圆状披针形; 顶芽圆锥形, 侧芽圆锥或扁圆形。有芽柄、芽距, 枝条绿褐色。发枝力1:3.86, 花枝率96.7%, 每花枝平均着花2.91朵; 果枝率85%, 侧果枝率占88.6%, 每果枝平均坐果2.41个, 坐果率85.4%。坚果扁圆形。三径均值3.5 cm, 单果重10.4 g, 核仁重6.4 g, 出仁率60.59%。壳面光滑, 缝合线不突起, 结合紧密。壳厚0.85 mm, 内褶壁退化, 横隔膜纸质, 可取整仁。仁饱满, 仁色黄白, 味香、无涩味, 仁含油率68.4%。1年生嫁接苗定植后2~3年结果, 8年进入盛果期, 株产10 kg左右。

在昆明地区2月下旬发芽, 雄先型, 3月下旬雄花散粉, 4月上旬为雌花盛期, 8月下旬坚果成熟, 11月中旬落叶。

该杂交新品种具有早实、早熟、丰产、优质, 树体矮化及耐寒的特点, 适应性较广, 上市早, 是理想的鲜食和鲜仁加工品种, 但必须采用集约化栽培技术措施, 方能丰产、优质。

19 云新高原核桃
Yunxingaoyuanhetao

由云南省林业科学院于1979年种间杂交育成。亲本为云南漾濞晚实泡核桃 J. sigillata D. 和从新疆引进的早实核桃 J. regia L. '云林A7号'进行种间杂交。1986~1990年无性系测定。1997年通过云南省科委组织的鉴定。2004年12月被云南省林木品种审定委员会通过品种审定。现已在云南省昆明、漾濞、双江、云县、凤庆、耿马、巍山、永平、丽江、永胜、个旧、石屏、新平、陆良、沾益、双柏、武定、鲁甸、宣威、安宁、保山、泸西等20多个县(市)9个地州试验示范栽植, 并引种到四川、贵州、湖南、湖北等省试植。

树势强, 树冠紧凑, 分枝力较强, 为中果枝类型。复叶长45 cm, 小叶多为9片, 呈椭圆状披针形。顶芽圆锥形, 侧芽圆形或扁圆形, 有芽距、芽柄, 枝条绿褐色。侧花芽占51%, 每雌花序多着生2朵, 坐果率78%, 坚果长扁圆形。纵径4.3 cm, 横径3.9 cm, 侧径3.3 cm, 单果重13.4 g。核仁重7.0 g, 出仁率52%。壳面刻纹大浅, 缝合线中上部略凸, 结合紧密, 壳厚1.0 mm。内褶壁退化, 横隔膜纸质, 可取整仁。鲜仁饱满、脆香、色浅, 核仁含油率70%左右。

在漾濞地区3月上旬发芽, 雌先型, 3月下旬雌花成熟, 4月上旬幼果形成, 8月下旬坚果成熟。1年生嫁接苗定植后2~3年结果, 8年进入盛果期, 株产10~15 kg。

该品种在滇西、滇中、滇东、滇东北及滇西北海拔1 600~2 400 m的地区栽培, 但必须采取适地适树、集约化经营管理措施, 才能优质丰产。该品种成熟早, 上市早, 是目前云南省理想的鲜食及鲜仁加工品种。

图3-473 '云新90306'坚果

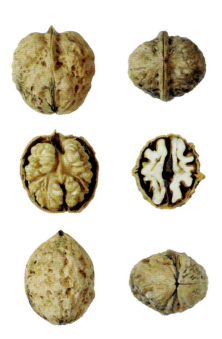

图3-474 '云新高原核桃'坚果

图3-475 '云新高原核桃'树体

图3-476 '云新云林核桃'树体

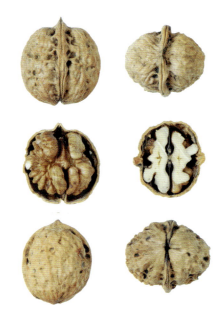

图3-477 '云新云林核桃'坚果

20 云新云林核桃

Yunxinyunlinhetao

由云南省林业科学院于1979年种间杂交育成。亲本为从新疆引进早实核桃 *J. regia* L. 云林 A7号和云南漾濞泡核桃 *J. sigillata* D. 进行种间杂交。1986~1990年进行无性系测定。1997年通过云南省科委组织的鉴定。2004年12月被云南省林木品种审定委员会通过品种审定。现已在云南省20多个县（市）9个地州试验示范栽植，并引种到四川、贵州、湖南、湖北等省试植。

树势较旺，树冠紧凑，分枝力强，为中短果枝类型。复叶长46.5 cm，小叶多为9~11片，呈椭圆状披针形。顶芽圆锥形，侧芽圆形或扁圆形，有芽距、芽柄。枝条黄褐色。侧花芽占70.1%，每雌花序多着生2~3朵，坐果率82.1%。坚果扁圆形。纵径3.3 cm，横径3.5 cm，侧径3.2 cm，单果重10.7 g，核仁重5.8 g，出仁率54.3%，壳面刻纹大浅，缝合线中上部微突，结合紧密，壳厚1.0 mm。内褶壁不发达，横隔膜纸质，可取整仁。核仁饱满，鲜仁脆嫩，仁色黄白，含油率70.3%，味香，不涩。1年生嫁接苗定植后2~3年结果，8年进入盛果期，株产10 kg左右。

在漾濞地区3月上旬发芽，雄先型，3月下旬雄花散粉，4月下旬雌花成熟。9月上旬坚果成熟，比漾濞泡核桃提前15~20天成熟并上市。该品种宜在滇西、滇中、滇东、滇东北及滇西北海拔1 600~2 400 m的地区栽培，但必须采取集约化栽培管理措施才能丰产、优质。

二、优良单株

1 会5号

Hui 5

该优株发现于会泽县迤车镇阿里窝村，海拔195 m，实生选育。树势较旺，树姿直立。3月8日芽膨大，3月23日开始展叶，叶显土红色；雌先型，4月7日雌花初花，4月12日为雌花盛花期，4月16日雌花末期。4月17日左右，雄花初花。坚果9月25日左右成熟。坚果近圆球形，纵、横、侧径分别为3.32 cm、3.46 cm、3.15 cm；两肩平，底部圆，外观较光滑。缝合线紧突，先端钝尖，壳厚1.2 mm，单果重14.5 g，内褶壁微发达，隔膜纸质，可取整仁，仁色浅黄，核仁饱满，味香，出仁率51.1%。

2　丽3号
Li 3

该优株发现于丽江县七河乡华锋村，海拔2 350 m。60年生树高12 m，冠径11 m；树势较旺，树姿开张；果枝率84.6%，每序多三果；坚果8月下旬至9月上旬成熟。

坚果圆球形，纵、横、侧径分别为3.5 cm、3.4 cm、3.3 cm，单果重9.6 g，壳厚1 mm，内褶壁纸质，可取整仁，核仁充实饱满，出仁率59.4%，株产坚果约75 kg。

3　丽18号
Li 18

该优株发现于丽江县保山乡苏民村，海拔2 230 m。150年生，树高16 m，冠径20 m；树势较旺，树姿开展；雌先型；果枝率50%，每序多三果；坚果9月下旬成熟，大小年明显。

坚果长扁圆形，纵、横、侧径分别为4.1 cm、3.4 cm、3.4 cm，单果重14.6 g，壳厚0.8 mm，内褶壁纸质，可取整仁，核仁充实饱满，味香甜，出仁率60.8%，株产坚果约150 kg。

4　丽20号
Li 20

该优株发现于丽江县鸣音乡太和阿当乐村，海拔2 100 m。50年生，树高14 m，冠径16.5 m；树势旺，树姿耸直；雌先型；果枝率60%，每果序多为三果。坚果9月中旬成熟。大小年明显。

坚果圆球形，纵、横、侧径分别为3.7 cm、3.6 cm、3.4 cm，单果重14.6 g，壳厚1.1 mm，内褶壁革质，可取整仁，核仁饱满，味香，出仁率58.9%，株产坚果约150 kg。

5　丽21号
Li 21

该优株发现于丽江县鸣音乡太和阿当乐村，海拔1 960 m。母树60年生，树高13 m，冠径11.5 m；树势较旺，树姿直立；雄先型；果枝率87.9%，每果序多为双果；坚果9月中旬成熟。大小年明显。

坚果近圆球形，纵、横、侧径分别为3.5 cm、3.4 cm、3.2 cm，平均单果重11.9 g，壳厚1 mm；内褶壁纸质，可取整仁；核仁饱满，味香，出仁率66.75%，株产坚果约30 kg。

6　宁2号
Ning 2

该优株发现于宁蒗县翠依张乡关田村，海拔2 400 m。50年生，树高12 m，冠径11 m；树势旺，树姿直立；雌先型；果枝率60%，每果序为三果；坚果8月下旬成熟。大小年明显。

坚果扁球形，纵、横、侧径分别为3.25 cm、3.25 cm、3.0 cm，单果重11.4 g，壳厚1.0 mm，内褶壁纸质，可取整仁，核仁饱满，味香，出仁率56.5%，株产坚果约48 kg。

7　宁3号
Ning 3

该优株发现于宁蒗县翠依乡关田村，海拔2 770 m。100年生，树高11 m，冠径11 m；树势较弱，树姿开张，雄先型；坚果9月中旬成熟。大小年较明显。

坚果圆球形，纵、横、侧径分别为3.21 cm、3.45 cm、3.2 cm；单果重11 g，壳厚0.7 mm；内褶壁革质，易取整仁，核仁饱满，味香甜，出仁率59.5%，株产坚果约45 kg。

8　漾实
Yangshi

该优株发现于丽江县金山乡新民中村，为漾濞泡核桃实生优株，海拔2 400 m。18年生，树高6 m，冠径4.5 m，树势较旺，树姿直立；雌先型；果枝率71.4%，每果序多为三果；坚果9月中旬成熟。较稳产。

坚果扁圆球形，纵、横、侧径分别为4.0 cm、3.8 cm、3.5 cm；单果重13.4 g，壳厚1.0 mm，内褶壁纸质，可取整仁，核仁饱满，味香，出仁率56%，株产坚果约70 kg。

所选优株核桃正在当地通过嫁接进行发展。云南省核桃优株选择工作潜力很大，如原来的实生区昭通、丽江、迪庆及怒江等地州（市）有待进一步调查选优。核桃优良单株丽3号、丽18号、丽20号、丽21号、丽53号、宁2号、宁3号、漾实及永11号主要适宜在丽江地区，海拔1 900~2 700 m范围内发展栽培。

9　彝63
Yi 63

该优株发现于彝良县龙安乡木坪村，实生选育。树势较旺，树姿直立。3月2日芽膨大，3月20日开始展叶，叶显土红色；雌先型；4月7日雌花初花，4月10日为雌花盛花期，4月14日为雌花末期。4月14日左右，雄花初花。坚果9月1日左右成熟。坚果近圆球形，纵、横、侧径分别为3.42 cm、3.43 cm、3.31 cm；两肩平，底部圆，缝合线紧突，先端钝尖，外观较麻。壳厚1.1 mm，单果重

12.0 g，内褶壁不发达，隔膜纸质，可取整仁，仁色黄，核仁饱满，味香，出仁率56.4%。

10 昭鲁32
Zhaolu 32

该优株发现于鲁甸龙头山镇龙井村，海拔2 020 m，实生选育。树势较旺，树姿直立；雄先型。3月5日芽膨大，3月20日开始展叶，叶浅绿略土红色；4月2日雄花初花，4月8日为雄花盛花期，4月12日为雄花末期，4月16日落花。4月10日左右，雌花初花。雌雄花首尾略相遇。坚果9月15日左右成熟。坚果近椭圆形，纵、横、侧径分别为3.32 cm、3.46 cm、3.15 cm；两肩平，底部圆，缝合线紧突，先端钝尖，外观较光滑。壳厚1.3 mm，单果重12.3 g，内褶壁不发达，隔膜纸质，可取整仁，仁色浅黄，核仁饱满，味香甜，出仁率55.8%。

11 昭鲁45
Zhaolu 45

该优株发现于鲁甸县龙头山镇龙泉村，海拔1 880 m，实生选育。树势较旺，树姿直立，雄先型。3月1日芽膨大，3月15日开始展叶，叶浅绿略土红色；3月30日左右雄花初花，4月4日左右为雄花盛花期，4月10日为雄花末期，4月15日落花。4月9日左右，雌花显现，4月16日后进入新花。雌雄花首尾略相遇。坚果8月30日左右成熟。坚果近圆球形，纵、横、侧径分别为3.47 cm、3.69 cm、3.40 cm；两肩稍圆，底部平，缝合线紧突，先端渐尖，外观较光滑。壳厚1.1 mm，单果重13.2 g，内褶壁不发达，隔膜纸质，可取整仁，仁色浅黄，核仁饱满，味香甜，出仁率57.3%。

三、实用农家类型

1 草果核桃
Caoguohetao

云南省早期无性繁殖品种，主要栽培于漾濞、洱源、巍山等县，分布海拔2 000~2 300 m。

树体较小，分枝角度小，新梢多而细，褐色或绿褐色，小叶7~11片。每雌花序着生雌花2朵，多顶枝结果，侧果枝占20%。坚果长圆形，果基及果顶尖削，形似草果。纵径4.1 cm，横径3.1 cm，侧径2.0 cm，单果重10.2 g。壳面麻，缝合线中上部突起，渐尖。壳厚0.9~1.0 mm，内褶壁和横隔膜纸质，易取整仁。核仁重5.0 g，出仁率48.8%，核仁较饱满，色浅，味香，含油率69%。

3月上旬发芽，雌先型，3月中旬雌花开放，3月下旬雄花散粉，9月上旬坚果成熟。

该品种坚果较小，品质上等，商品价值较高，产量比较稳定，唯树干容易空心。该品种主要适宜在滇西地区海拔2 000~2 300 m的范围内栽培。

2 大泡夹绵核桃（又称方核桃）
Dapaojiamianhetao

云南省早期无性繁殖品种。主要栽培于漾县。分布零星，多见于海拔1 890~2 100 m的地带。

树体小，树姿开张，成年树高7.5 m，冠径约8 m，枝条黄褐色，稍扭曲。小叶9~11片，深绝色，椭圆状披针形。坚果扁圆形，果基平，果顶宽圆，渐尖，有4棱；单果重15.29 g，壳面麻，缝合线中上部突起，结合紧密，壳厚1.2~1.3 mm。内褶壁和横隔膜革质，可取半仁。出仁率48.3%。核仁较饱满，色浅，味香，仁含油率70.7%。盛果期单株产量约45 kg。8月下旬坚果成熟。该品种主要适宜在滇西，海拔1 800~2 100 m的地区栽培。

3 大屁股夹绵核桃
Dapigujiamianhetao

云南省早期无性繁殖品种。主要栽培于漾濞县，零星分布，适宜海拔2 000 m左右的地区栽培。

树势旺，树姿直立，成年树冠径约9 m。小叶7~11片，多为9片，坚果扁圆形，果基宽平，中间略凹，果顶圆，单果重14 g。壳面麻，缝合线中上部凸起，结合紧密，尖端钝尖，壳厚1.3 mm。内褶壁革质，横隔膜革质，只能取碎仁。核仁重5.89 g，出仁率41.4%，核仁色浅，味香不涩，含油率66.4%~69.6%。盛果期株产坚果约30 kg。

产地3月上旬发芽，雌雄花同熟，雌雄花期同在3月下旬至4月上旬。9月中旬坚果成熟。

该品种产量不高，坚果品质中下等。适应性强，宜于荒地栽培。适宜在滇西海拔2 000 m左右的地区栽培。

4 二白壳核桃
Erbaikehetao

云南省早期无性繁殖品种。主要栽培于华宁县。分布海拔1 500~2 000 m。

坚果圆球形，果基圆，果顶圆。纵径3.3 cm，横径3.5 cm，侧径3.1 cm，单果重12.5 g，壳面光滑，色浅，缝合线平，结合紧密，果形美观，壳厚1 mm，内褶壁革质，横隔膜革质，可取整仁。核仁重6.6 g，出仁率52.9%。核仁饱满，仁色浅，味香，含油率70.3%。

该品种坚果外形美观，核仁品质上等，可作为改善坚果外形的育种亲本，宜扩大栽培。主要适宜在滇中，海拔1 500~2 000 m的地区栽培。

5 滑皮核桃
Huapihetao

云南省早期无性繁殖品种。主要栽培于巍山、漾濞、大理、洱源等县。分布海拔1 800~2 400 m。

树姿开张，发枝力1∶1.25。树枝黄绿色或绿褐色。侧花芽占30%，果枝率58.3%，坐果率76.3%。结单果占28.3%，双果占37.6%，三果14.1%。小叶7~13片，多9~11片。坚果圆形，果基稍平，果顶圆。纵径3.4 cm，横径3.8 cm，侧径3.4 cm，单果重11.9 g，壳面较光滑，缝合线平，结合紧密，尖端渐尖，壳厚1.1 mm。内褶壁革质、横隔膜革质，可取半仁。核仁欠饱满，核仁重6 g，出仁率50.2%。仁色黄褐，味香，含油率70%左右，含蛋白质19.1%。晚实，盛果期单株产量约50 kg，每平方米树冠投影面积产仁量0.13 kg。

在产地3月上中旬发芽，雌先型，3月下旬雌花盛开，4月上中旬雄花散粉。9月中旬坚果成熟。

该品种坚果光滑美观。核仁欠饱满，仁色深，风味欠佳，不宜大量发展。主要适宜在滇西地区海拔1 800~2 400 m的范围栽培。

6 鸡蛋皮核桃
Jidanpihetao

云南省早期无性繁殖品种，因坚果壳特别薄而得名。主要栽培于漾濞、巍山、洱源、云龙、大理等县。分布海拔1 850~2 400 m。

树姿开张，成年树冠径10.0~13.0 m，发枝力1∶1.2，小枝黄褐色，下垂。小叶9~11片，少数为7或13片，椭圆状披针形，渐尖。每雌花序着生雌花2~3朵，稀1或4朵，果枝率57.1%，坐果率88.9%，顶芽或第一、二侧芽结果，结单果占15.6%，双果占43.8%，三果占40.6%，每果枝平均坐果2.25个。坚果椭圆形、果基略尖，果顶圆，纵径4.0 cm，横径3.4 cm，侧径3.2 cm，坚果重11.9 g。壳面麻点较浅，色浅，缝合线窄，中上部略突，结合紧密，尖端渐尖；壳厚0.75 mm。内褶壁革质，横隔膜纸质，易取整仁。核仁重6.7 g，出仁率51.9%~56%，核仁饱满，色浅，香脆，无涩味。含油率65.0%~68.7%。盛果期株产25~30 kg。每平方米树冠投影面积产仁量0.16 kg。

3月上旬发芽，雌雄花同熟，3月下旬雄花散粉和雌花盛开。9月上旬坚果成熟。

该品种树体小，果枝率及坐果率较高，坚果早熟，壳薄，出仁率较高，香脆可口，品质上等，是优良鲜食及核仁加工品种。主要适宜在滇西地区，海拔1 800~2 400 m范围内栽培。

7 老鸦嘴核桃
Laoyazuihetao

云南省早期无性繁殖品种。主要栽培在云龙、漾濞、永平等县。分布海拔1 800~2 400 m。

发枝力弱，1∶1.31。小叶7~15片，多为11~13片；椭圆状披针形。雄先型，每雌花序着生雌花2~3朵，稀1或4朵。顶芽结果，果枝率61.8%，坐果率86.3%；结单果占14.3%，双果占61.9%，三果占23.8%，每果枝坐果2.11个。坚果近圆形，果基圆，果顶圆。纵径3.9 cm，横径4.3 cm，侧径4 cm，单果重17 g。壳面麻，色浅，缝合线略突起，结合紧密，尖端渐尖，形似鸦嘴，尖嘴长1 cm，壳厚1.4 mm。内褶壁革质，横隔膜革质，可取1/4仁。核仁重7.99 g，出仁率45.2%。核仁饱满，色浅，味香，无涩味。核仁含油率69.4%，晚实，盛果期株产坚果3 050 kg，每平方米树冠投影面积产仁量0.18 kg。

9月下旬成熟。该品种果枝率和坐果率较高，仁色浅，味香，但坚果壳厚，品质欠佳。适宜在滇西海拔1 800~2 400 m的地区栽培。

8 泸水1号（又称片马核桃）
Lushui 1

云南省后期优选无性繁殖品种。主要栽培于泸水县，分布海拔1 700~2 300 m。

树体较小，盛果期冠径7~11 m，发枝力1∶1.3。雌先型。每雌花序着生雌花2~3朵，稀1或4朵。顶芽结果为主，果枝率58.3%，坐果率85%，每果枝平均坐果2.47个，其中单果占16.9%，双果占26.8%，三果占49.%，四果占7%。小叶7~11片，多9片，椭圆状披针形。坚果阔扁圆形，果基圆，果顶渐尖。纵径3.7 cm，横径3.9 cm，侧径3.5 cm，单果重14.1 g。壳面较麻，色浅，缝合线宽而突起，结合紧密，壳厚1.15 mm。内褶壁及横隔膜纸质，易取整仁。核仁重7.5 g，出仁率53%。核仁饱满，黄色，味香，不涩，仁含油率74%。盛果期株产坚果28~58 kg，产量中等，每平方米树冠投影面积产仁量0.23 kg。9月中旬坚果成熟。

该品种树体较小，冠形紧凑，产量较高，坚果品质中等，宜作鲜食或加工品种栽培。适宜在滇西地区海拔1 700~2 300 m栽培。

9 弥渡草果核桃（又称纸皮核桃）
Miducaoguohetao

云南省后期优选无性繁殖品种。主要栽培于弥渡、祥云县。分布海拔1 800~2 300 m。

树势中等，树姿直立，分枝力弱，1:1.17；新梢黄褐色。小叶7~13片，多9~11片，椭圆状披针形，渐尖。每雌花序着生雌花2~3朵，稀1或4朵。顶芽结果为主，果枝率67.4%，坐果率71.7%，每果枝平均坐果2.2个，其中单果占16%，双果占48%，三果占36%。坚果椭圆形，果底和果顶圆。纵径3.1 cm，横径3.1 cm，侧2.9 cm，单果重7.8 g。壳面较光滑，淡黄色，缝合线窄，结合紧密，尖端渐尖，壳厚0.9 mm。内褶壁及横隔膜纸质，易取整仁。核仁重4.9 g，出仁率63%，核仁充实饱满，色浅，味香，无涩味。核仁含油率71.8%。盛果期株产量30~50 kg，每平方米树冠投影面积产仁量0.18 kg。

果实早熟，常于8月中旬成熟。

该品种坚果小，每千克约128个，但丰产性好，果枝率高，成熟早，壳薄，出仁率高，品质好，是理想的早熟核桃品种。适宜在滇西海拔1 800~2 300 m的地区栽培。

10 娘青核桃（又称娘青夹绵核桃）
Niangqinghetao

云南省早期无性繁殖品种，主要栽培于漾濞县。分布海拔1 750~2 400 m。

树姿开张，冠形紧凑，成年树冠约18 m，分枝力1:1.4。短枝多，皮色黄绿，长4.7 cm，粗0.8 cm。顶芽圆锥形，第一、二侧芽圆形。小叶7~13片，多为9~11片，椭圆状披针形，顶端小叶歪斜或退化。雄先型。每雌花序着生雌花1~4朵，多为2~3朵。顶芽结果为主，侧果占17.8%。果枝率56%，坐果率74.6%，结单果占24.8%，双果占47.9%，三果占26.2%，四果占1.1%；平均每果枝坐果2个。坚果卵形，果基圆，果顶尖削。纵径3.9 cm，横径3.5 cm，侧径2.3 cm，单果重10.9~12.2 g。果面粗糙，缝合线中上部略突，结合紧密，渐尖。壳厚1.2~1.3 mm。内褶壁及横隔膜革质，能取半仁。核仁重4.5~5.7 g，出仁率40.9%，核仁饱满，仁淡紫色，纹理深色，味香，不涩。仁含油率70.4%~75.6%。蛋白质14.8%。1年生嫁接苗定植后5~6年结果，较丰产，盛果期株产坚果43.8~78.5 kg，每平方米树冠投影面积产仁量0.16 kg。

在当地3月上旬发芽，3月下旬雄花散粉，4月上旬雌花盛开。9月下旬坚果成熟。

该品种适应性强，耐瘠薄土壤。嫁接易成活。果枝密集，丰产性好，核仁品质中上等，宜作仁用品种栽培。主要适宜在滇西、滇中，海拔1 700~2 400 m的地区栽培。

11 水箐夹绵核桃
Shuijingjiamianhetao

云南省后期优选无性繁殖品种。主要栽培于凤庆、昌宁县。分布海拔1 750~2 100 m。

树势较强，树姿较直立。成年冠径约9.5 m，发枝力1:1.2。枝条绿色较密集的圆形混合花芽，结果呈聚生状（7~35个果），一株树可出现10多团（偶尔出现）。小叶9~13片，椭圆状披针形，渐尖。果枝率62.2%。坐果率86.8%，其中单果占9.5%，双果占24.3%，三果占60.8%，四果以上占5.4%，平均每果枝坐果2.6个。坚果椭圆形，果基及果顶圆。纵径3.7 cm，横径3.4 cm，侧径3.3 cm，单果重11.5 g。壳面粗糙，缝合线突起，结合紧密，尖端钝尖，壳厚1.3~1.4 mm。内褶壁和横隔膜革质，可取1/4仁。核仁饱满，核仁重4.9 g，出仁率42.7%。仁色浅，味香，不涩。核仁含油率70.5%。1年生嫁接苗定植后10年左右结果，盛果期株产20~40 kg，每平方米树冠投影面积产仁量0.17 kg。

9月下旬坚果成熟。该品种最突出的特点是偶有果枝会出现密集状的结果现象，产量高。但不易取仁，出仁率较低。适宜在滇西及滇南北部地区，海拔1 700~2 100 m的范围内栽培。

12 小夹绵核桃
Xiaojiamianhetao

云南省早期无性繁殖品种。主要栽培于漾濞县，分布零星，多见于海拔 1 500~1 700 m 地区。

树体较小，树姿开张。小枝褐色或灰褐色。小叶 5~7 片，深绿色，卵状披针形，雌雄同熟。坚果圆形，果基圆，果顶圆。三径平均 3.1 cm，单果重 8.7 g。壳面麻，壳厚 1.3 mm。内褶壁和横隔膜革质，取仁难。核仁重 3.8 g，出仁率 43.4%，仁饱满，色浅，味香，不涩。核仁含油率 68.2%。

在产地 3 月上旬发芽，3 月下旬至 4 月上旬为雌雄花盛期，9 月上旬坚果成熟。

该品种产量稳定，坚果品质下等，适宜于滇西低海拔 1 500~1 700 m 的地区栽培。

13 小红皮核桃（又称小米核桃）
Xiaohongpihetao

该品种主要分布在会泽、昭通、曲靖等地。

坚果扁卵型，果基略尖，果顶平，坚果小。纵径 3.2 cm，横径 3.4 cm，侧径 2.8 cm，单果重 9.1 g。壳面较光滑，缝合线结合紧密，尖端钝尖，壳厚 0.8 mm。内褶壁和横隔膜纸质，易取整仁。核仁重 5.1 g，出仁率 55.6%。核仁充实饱满，色浅，味香纯，无涩味。仁含油率 66.6%。

该品种青果时向阳面皮色呈红色。坚果小，较光滑，出仁率高，坚果品质中上等。该品种适宜在滇东及滇东北海拔 1 800 m 左右的地区栽培。

14 小泡核桃（又称小核桃）
Xiaopaohetao

云南省早期无性繁殖品种，主要栽培于漾濞、巍山、大理等县（市）。分布海拔 1 500~1 870 m。

树姿直立，树冠紧凑，呈卵圆形。发枝力 1：1.5。小叶多为 9 片，稀 7 或 11 片。叶基圆，卵状披针形，渐尖。雌先型。每雌花序着生雌花 2~3 朵，稀 1 或 4 朵。果枝率 61.1%，坐果率 87.6%，结单果占 15%，双果占 55%，三果占 3%，平均每果枝坐果 2.2 粒。坚果小，圆形，果基平，果顶圆。纵径 2.9 cm，横径 3 cm，侧径 2.8 cm，单果重 7.7~8.09 g。壳面麻、色浅、缝合线稍凸，结合紧密，尖端钝尖。壳厚 1.01~1.1 mm。出仁率 47.3%~50%，核仁含油率 65.7%~69.2%，蛋白质 17.3%。盛果期单株产量约 30~61.5 kg，每平方米树冠投影面积产仁量 0.2 kg。

在产地 3 月上旬发芽，3 月下旬雌花盛开，4 月上旬雄花散粉，8 月下旬坚果成熟。该品种丰产性好。连续抽生果枝力强，大小年结果不十分明显，坚果品质中上等，果实成熟期比其他品种早熟 15 天左右。适宜滇西海拔 1 500~1 900 m 地区栽培。

15 圆菠萝核桃（又称阿本冷核桃）
Yuanboluohetao

云南省早期无性繁殖品种。主要栽培于云龙、漾濞、永平、洱源等地。分布海拔 1 700~2 600 m，多见于 2 000~2 500 m 的高山区。

树姿开张，树冠紧凑，盛果期冠径 9.2~15.5 m，每母枝平均抽梢 1.28 个，新梢灰褐色，平均长 5.41 cm，粗 0.84 cm。小叶 9~11 片深绿色，卵状披针形。顶端结果为主，侧枝结果占 17.3%。雄先型。每雌花序着生雌花 2~3 朵，少有 1 或 4 朵。果枝率 58.7%，坐果率 81.0%，平均每果枝坐果 2 粒，其中单果占 23.9%，双果占 52.9%，三果占 23.5%。坚果短扁圆或圆形，果基圆，果顶平。纵径 3.5 cm，横径为 3.7 cm，单果重 10.9 g。壳面麻、浅黄色。缝合线中上部略突起，结合紧密，顶端渐尖，壳厚 1.1~1.2 mm。内褶壁革质，横隔膜革质，能取半仁。核仁重 5.5 g，出仁率 50%~55%。核仁饱满，色浅、味香、不涩。核仁含油率 65.5%~71.3%。较丰产，盛果期株产约 42~70 kg，每平方米树冠投影面积产仁量 0.16 kg。

在产地 2 月下旬或 3 月上旬发芽，4 月上旬雄花散粉，4 月下旬雌花盛开。9 月下旬坚果成熟。

该品种长寿、较丰产、耐寒，可在海拔较高的地区栽培。适宜在滇西海拔 2 000~2 500 m 的地区栽培。

图 3-478 '圆菠萝核桃'坚果

16 早核桃（又称南华早核桃）
Zaohetao

云南省早期无性繁殖品种，主要栽培于楚雄、南华等县（市）。分布海拔1 500~2 200 m。

树姿开张，树冠径约11 m，发枝力1∶1.36。小叶5~11片，多为9片。雌先型。每雌花序着生雌花1~3朵，果枝率66.1%，每果枝平均坐果1.8个，其中单果占27.5%，双果占69.4%，三果占2.8%。坚果扁圆形，果基圆，果顶平。纵径3.4 cm，横径3.5 cm，侧径2.7 cm，单果重8.2 g，壳面麻，刻纹较浅，较光滑，色浅；缝合线中上部略突起。尖端渐尖，壳厚0.85 mm。内褶壁退化，横隔膜纸质，可取整仁。核仁重4.3 g，出仁率52%。核仁较饱满，仁色浅，味略香，无涩味。含油率67.6%。盛果期株产量约25~30 kg，产量较低，每平方米树冠投影面积产仁量0.13 kg。

8月下旬坚果成熟，为早熟品种。

该品种坚果较小，早熟，壳薄，仁饱满、色浅、味香，质量上等。但产量偏低。该品种主要适宜于滇中海拔1 500~2 200 m的地区栽培。

第三节 麻核桃

一、优良品种

冀龙
Jilong

该品种为河北农业大学于1984年在河北省涞水县白涧区赵各庄镇板城村东窝河北核桃野生资源中发现的110年生实生大树。2005年10月通过河北省科技厅组织的成果鉴定，定名为'艺核1号'，2005年12月通过河北省林木品种审定委员会审定，定名为'冀龙'。

树体高大，树姿半开张，生长较旺，枝条粗壮，复叶7~13枚。雌雄同株，异形异花，雄花小花110~264朵，雌花3~14朵簇生。坚果圆形，是民间俗名"大果鸡心"的一种，纵径4.96 cm，横径4.39 cm，底座平，纹理粗深，变化丰富，缝合线突出，壳厚，内隔壁发达，骨质，纹理粗犷，凹凸变化较大。

在河北保定地区，3月底至4月初萌芽展叶，雄先型。4月中旬雄花盛期，4月中、下旬雌花盛期，5月中旬至6月下旬为果实速长期，6月底至7月上旬为硬核期，9月上、中旬为采收期。

该品种抗病性及抗寒力均较强。坚果外形纹理美观，为手疗佳品。可在北方地区少量发展用于文玩核桃生产或抗寒育种材料。普通核桃栽培区均可发展。

图3-479 '冀龙'雌花

图3-480 '冀龙'结果状

图3-481 '冀龙'坚果

二、优良无性系

1 M2号
M2

该优系由北京市农林科学院林业果树研究所从北京市延庆实生麻核桃中选出,2008年定为优系。

图3-482 'M2号'树体

树势较强,树姿半开张,分枝力中等。1年生枝灰色,粗壮,节间较短,果枝中短,顶部1~3芽结果,属中短枝型。顶芽圆锥形,侧芽形成混合芽能力较强。小叶数7~13片,多为9、11片,顶叶较大。每雌花序着生3~8朵雌花,柱头黄色,坐果1~3个,多双果,坐果率为35%左右。坚果圆形,果基平,果顶微尖。纵径3.7 cm,横径3.8 cm(最大可达4.2 cm),侧径3.5 cm。缝合线突出,中宽,结合紧密。壳面颜色较浅,纵纹不明显,纹理较美观,沟纹较深。

在北京平原地区4月上旬萌芽,雌花期在4月下旬,雄花期在4月下旬至5月初,9月上旬坚果成熟,11月上旬落叶。

该优系适应性强,较耐瘠薄,抗病性强,丰产。坚果中大,果形好,纹理较美观,为手疗佳品。可在北方地区少量发展用于文玩核桃生产或抗寒、抗病育种材料。

2 M9号
M9

北京市农林科学院林业果树研究所从北京市平谷区熊耳寨实生麻核桃中选出,2008年定为优系。

树势较强,树姿较直立,分枝力中等。1年生枝深灰色,较粗壮,节间中短,果枝中短,顶芽结果,属中短枝型。顶芽圆锥形,侧芽形成混合芽能力低。小叶数7~13片,多11片,顶叶较大。每雌花序着生4~8朵雌花,柱头浅黄色,坐果1~4个,多双果,坐果率为35%左右。坚果长圆形,果基微凹,较窄,果顶尖。纵径4.4 cm,横径3.9 cm(最大可达4.5 cm),侧径3.9 cm。缝合线突出,中宽,结合紧密。壳面颜色较浅,纵纹较明显,纹理较美观,沟纹较深。

在北京平原地区4月上旬萌芽,雌花期在4月中、下旬,雄花期在4月底至5月上旬,9月上旬坚果成熟,11月上旬落叶。

该优系适应性强,较耐瘠薄,抗病性强,较丰产。坚果中大,纹理较美观,为手疗佳品。可在北方地区少量发展用于文玩核桃生产或抗寒、抗病育种材料。

图3-483 'M2号'雌花

图3-485 'M2号'青果

图3-484 'M2号'雄花

图3-486 'M2号'坚果

图3-487 'M9号'树体

图3-488 'M9号'雄花

图3-489 'M9号'结果状

图3-490 'M9号'坚果

图3-491 'M29号'树体

图3-492 'M29号'雌花

图3-493 'M29号'雄花

图3-494 'M29号'青果

图3-495 'M29号'坚果

3 M29号

M29

北京市农林科学院林业果树研究所从北京市延庆大庄科实生麻核桃中选出，2008年定为优系。

树势强，树姿半开张，分枝力中等。1年生枝灰白色，粗壮，节间较短，果枝中短，顶部1~2芽结果，属中短枝型。顶芽圆锥形，侧芽形成混合芽能力较低。小叶数9~13片，多11片，顶叶较大。每雌花序着生3~7朵雌花，柱头黄色，坐果1~3个，多单、双果，坐果率为30%左右。坚果扁圆形，果基平或微凹，果顶微尖。纵径3.6 cm，横径3.9 cm（最大可达4.3 cm），侧径3.7 cm。缝合线较突出，中宽，结合紧密。壳面颜色较深浅，纵纹较明显，纹理美观，沟纹较深。

在北京平原地区4月上旬萌芽，雄花期在4月中、下旬，雌花期在4月下旬至5月初，9月上旬坚果成熟，11月上旬落叶。

该优系适应性强，较耐瘠薄，抗病性强，丰产。坚果中大，果形好，纹理美观，为手疗佳品。可在北方地区少量发展用于文玩核桃生产或抗寒、抗病育种材料。

4　M30号
M30

该优系由北京市农林科学院林业果树研究所从北京市延庆大庄科实生麻核桃中选出，2008年定为优系。

树势较强，树姿较直立，分枝力中等。1年生枝灰色，较粗壮，节间较短，果枝中长，顶芽结果，属中枝型。顶芽圆锥形，侧芽形成混合芽能力低。小叶数9~13片，多为11片，顶叶较大。每雌花序着生3~6朵雌花，柱头黄色，坐果1~2个，多双果，坐果率为30%左右。坚果长圆形，果基平，果顶尖，两肩下沉。纵径4.3 cm，横径3.9 cm（最大可达4.4 cm），侧径3.9 cm。缝合线突出，较宽，结合紧密。壳面颜色较浅，纵纹较明显，纹理美观，沟纹密，较深。

在北京平原地区4月上旬萌芽，雌花期在4月下旬，雄花期在4月底至5月上旬，9月上旬坚果成熟，11月上旬落叶。

该优系适应性强，较耐瘠薄，抗病性强，较丰产。坚果较大，纹理美观，为手疗佳品。可在北方地区少量发展用于文玩核桃生产或抗寒、抗病育种材料。

图 3-496 'M30号' 树体

图 3-497 'M30号' 雌花

图 3-498 'M30号' 雄花

图 3-499 'M30号' 结果状

图 3-500 'M30号' 坚果

图 3-501 'M59号' 树体

图 3-502 'M59号' 雌花

5　M59号
M59

北京市农林科学院林业果树研究所从北京市昌平区长陵镇实生麻核桃中选出，2008年定为优系。

树势较强，树姿较直立，分枝力中等。1年生枝灰白色，粗壮，节间较短，果枝中长，顶芽或顶部1~2个芽结果，属中枝型。顶芽圆锥形，侧芽形成混合芽能力较低。小叶数9~13片，多11片，顶叶中大。每雌花序着生5~8朵雌花，柱头黄色，坐果1~3个，多双果，坐果率为40%左右。

坚果长椭圆形，果基平，果顶尖。纵径3.8 cm，横径3.9 cm（最大可达4.4 cm），侧径3.9 cm。缝合线突出，中宽，结合紧密。壳面颜色浅，纵纹不明显，纹理较美观，沟纹深。

在北京平原地区4月上旬萌芽，雌花期在4月下旬，雄花期在4月底至5月上旬，9月上旬坚果成熟，11月上旬落叶。

该优系适应性强，较耐瘠薄，抗

图 3-503 'M59 号' 雄花

图 3-504 'M59 号' 结果状

图 3-505 'M59 号' 坚果

病性强，丰产。坚果大，纹理美观，为手疗佳品。可在北方地区少量发展用于文玩核桃生产或抗寒、抗病育种材料。

6 M60 号

M60

北京市农林科学院林业果树研究所从北京市延庆八达岭实生麻核桃中选出，2008 年定为优系。

树势较强，树姿半开张，分枝力较低。1 年生枝浅灰色，较粗壮，节间较短，果枝中短，顶芽结果，属中短枝型。顶芽圆锥形，侧芽形成混合芽能力低。小叶数 9~13 片，多 11 片，顶叶较大。每雌花序着生 3~7 朵雌花，柱头黄色，坐果 1~3 个，多双果，坐果率为 35% 左右。

坚果长椭圆形，果基平，果顶锐尖。纵径 4.6 cm，横径 4.0 cm（最大可达 4.6 cm），侧径 3.5 cm。缝合线很突出，较宽，结合紧密。壳面颜色浅，纵纹明显，纹理美观，沟纹较深。

在北京平原地区 4 月上旬萌芽，雌花期在 4 月中、下旬，雄花期在 4 月底至 5 月上旬，9 月上旬坚果成熟，11 月上旬落叶。

该优系适应性强，较耐瘠薄，抗病性强，丰产。坚果大，纹理美观，为手疗和核雕佳品。可在北方地区少量发展用于文玩核桃生产或抗寒、抗病育种材料。

图 3-506 'M60 号' 树体

图 3-507 'M60 号' 结果状

图 3-508 'M60 号' 坚果

图 3-509 'M60 号' 雌花

图 3-510 'M60 号' 雄花

7 金针1号
Jinzhen 1

该优系由北京市农林科学院林业果树研究所从陕西宝鸡秦岭山区实生麻核桃中选出，2008年定为优系。

树势较弱，树姿半开张，分枝力中等。1年生枝灰白色，较粗壮，节间较短，果枝中短，顶芽及以下1~2个芽结果，属中短枝型。顶芽圆锥形，侧芽形成混合芽能力中等。小叶数7~11片，多为9片，顶叶较大。每雌花序着生3~8朵雌花，柱头黄色，坐果1~4个，多双果，坐果率为40%左右。坚果圆形，果基微凹，果顶微尖。纵径4.0 cm，横径4.0 cm（最大可达4.9 cm），侧径3.7 cm。缝合线突出，中宽，结合紧密。壳面颜色较浅，纵纹较明显，纹理一般，沟纹深，多刺状。

在北京平原地区4月上旬萌芽，雄花期在4月中、下旬，雌花期在4月底至5月上旬，9月上旬坚果成熟，11月上旬落叶。

该优系适应性较强，较耐瘠薄，抗病性较弱，夏季感病叶易脱落，丰产。坚果较大，多刺状突起，手握有扎手感，为手疗佳品。推测此类型可能为野核桃与核桃的杂交种，可在北方地区（秦岭地区可能更适宜）少量发展用于文玩核桃生产。

图3-512 '金针1号'雌花

图3-513 '金针1号'结果状

图3-511 '金针1号'树体

图3-514 '金针1号'坚果

8 京艺1号
Jingyi 1

该优系由北京市农林科学院林业果树研究所从北京房山区霞云岭乡的野生麻核桃中选出，2007年定为优系。

树势强，树姿半开张，分枝力中等。1年生枝灰白色，较粗壮，节间较短，果枝中短，顶芽结果，属中短枝型。顶芽圆锥形，侧芽形成混合芽能力低。小叶数9~13片，多11片，顶叶较大。每雌花序着生4~7朵雌花，柱头浅黄色，坐果1~3个，多双果，坐果率为35%左右。坚果长圆形，果基较平，果顶微尖。纵径4.0 cm，横径3.8 cm（最大可达4.5 cm），侧径3.6 cm。缝合线突出，中宽，结合紧密。壳面颜色浅，纵纹明显，纹理美观，沟纹较深。

在北京平原地区4月上旬萌芽，雄花期在4月下旬，雌花期在4月底至5月上旬，9月上中旬坚果成熟，10月底至11月上旬落叶。

该优系适应性抗强，耐瘠薄，抗病性中等，丰产。坚果中大，纹理美观，为手疗佳品。可在北方地区少量发展用于文玩核桃生产或抗寒育种材料。

图3-515 '京艺1号'树体

图 3-516 '京艺 1 号' 雌花

图 3-519 '涞水鸡心' 树体

图 3-517 '京艺 1 号' 结果状

图 3-520 '涞水鸡心' 雌花

图 3-521 '涞水鸡心' 结果状

图 3-522 '涞水鸡心' 雄花

图 3-518 '京艺 1 号' 坚果

图 3-523 '涞水鸡心' 坚果

9 涞水鸡心

Laishuijixin

原树来自河北涞水县，北京市农林科学院林业果树研究所 2003 年收集，2007 年定为优系。

树势较强，树姿半开张，分枝力中等。1 年生枝灰色，较粗壮，节间较短，果枝中短，顶芽结果，属中短枝型。顶芽圆锥形，侧芽形成混合芽能力低。小叶数 7~11 片，多 9 片，顶叶较大。每雌花序着生 3~7 朵雌花，柱头黄色，坐果 1~4 个，多双果，坐果率为 30% 左右。坚果长椭圆形，果基平，果顶尖。纵径 4.4 cm，横径 4.0 cm（最大可达 4.7 cm），侧径 4.0 cm。缝合线较突出，中宽，结合较紧密，果顶较易开裂。壳面颜色浅，纵纹明显，纹理美观，沟纹较深。

在北京平原地区 4 月上旬萌芽，雄花期在 4 月中、下旬，雌花期在 4 月底至 5 月上旬，9 月上旬坚果成熟，11 月上旬落叶。

该优系适应性强，较耐瘠薄，抗病性强，丰产。坚果较大，纹理较美观，为手疗和核雕佳品。可在北方地区少量发展用于文玩核桃生产或抗寒、抗病育种材料。

10 南将石狮子头
Nanjiangshishizitou

原树生长在河北省涿鹿县谢家堡乡南将石村，北京市农林科学院林业果树研究所2006年收集，2008年定为优系。

树势较强，树姿半开张，分枝力较弱。1年生枝深灰色，较粗壮，节间较短，果枝中短，顶芽结果，属中短枝型。顶芽圆锥形，侧芽形成混合芽能力低。小叶数9~13片，多11片，顶叶较大。每雌花序着生3~7朵雌花，柱头鲜红色，坐果1~3个，多双果，坐果率为35%左右。坚果长圆形，果基平或凹，常歪，果顶微尖。纵径3.8 cm，横径3.7 cm（最大可达4.5 cm），侧径3.6 cm。缝合线突出，中宽，结合紧密。壳面颜色浅黄，纵纹不明显，纹理美观，沟纹较深。

在北京平原地区4月上旬萌芽，雌花期在4月下旬，雄花期在4月底至5月上旬，9月上旬坚果成熟，11月上旬落叶。

该优系适应性抗强，耐瘠薄，抗病性强，丰产。坚果中大，纹理美观，为手疗佳品。可在北方地区少量发展用于文玩核桃生产或抗寒、抗病育种材料。

图3-525 '南将石狮子头'树体

图3-526 '南将石狮子头'坚果

图3-524 '南将石狮子头'结果状

11 盘山狮子头
Panshanshizitou

原树来自天津蓟县，北京市农林科学院林业果树研究所2005年收集，2008年定为优系。

树势较强，树姿半开张，分枝力较低。1年生枝灰色，较粗壮，节间较短，果枝中短，顶芽结果，属中果枝类型。顶芽圆锥形，侧芽形成混合芽能力低。小叶数7~13片，多11片，顶叶较大。每雌花序着生3~8朵雌花，柱头黄色，坐果1~4个，多双果，坐果率为30%左右。坚果圆形，果基平，果顶圆。纵径3.3 cm，横径3.4 cm（最大可达3.8 cm），侧径3.2 cm。缝合线突出，较窄，结合紧密。壳面颜色较深，纵纹较明显，纹理美观，沟纹密，较深。

在北京平原地区4月上旬萌芽，雌花期在4月中、下旬，雄花期在4月底至5月上旬，9月上旬坚果成熟，11月上旬落叶。

该优系适应性强，较耐瘠薄，抗病性强，丰产。坚果较小，果形好，纹理美观，为手疗佳品。可在北方地区少量发展用于文玩核桃生产。

图3-527 '盘山狮子头'雌花

图3-528 '盘山狮子头'雄花

图3-529 '盘山狮子头'结果状

图3-530 '盘山狮子头'坚果

三、地理标志产品

涞水麻核桃（又称野三坡麻核桃）
Laishuimahetao

产地范围：涞水麻核桃（野三坡麻核桃）地理标志产品保护产地范围为河北省保定市涞水县现辖行政区域。

专用标志使用：涞水麻核桃（野三坡麻核桃）地理标志产品保护产地范围内的生产者，可向河北省保定市涞水县质量技术监督局提出使用"地理标志产品专用标志"的申请，经河北省质量技术监督局审核，由国家质检总局公告批准。涞水麻核桃（野三坡麻核桃）的法定检测机构由河北省质量技术监督局负责指定。

质量技术要求

（一）种源

麻核桃 *J. hopeiensis* Hu。

（二）立地条件

土壤类型为褐土，土壤质地为壤土，土层厚度≥1 m，土壤pH值7.0~8.0，土壤有机质含量≥0.8%。

（三）栽培管理

1. 苗木繁育 以核桃楸或实生核桃为砧木采用嫁接繁殖。

2. 栽植时间及密度 春季3月下旬至4月底；每公顷栽植株数≤330株。

3. 施肥 以腐熟的有机肥为主，盛果期树每年施用有机肥≥50 kg/株。

4. 环境、安全要求 农药、化肥等的使用必须符合国家的相关规定，不得污染环境。

（四）采收

8月中旬至9月上旬，总苞尚未开裂或刚刚开裂时采收。

（五）质量特色

1. 感官特色 坚果壳质地细密，坚果入水即沉，纹理圆润，品相端庄，果壳无裂缝、无磨损、无花斑，相撞时发金石之声，皱沟疏密得当，有自然天成的逼真图案。

品系	外部形状特征
狮子头	坚果外壳近于圆球形，果底大而平，矮桩，花纹形如雄狮鬃毛，多卷花、绕花、拧花，纹路较深
公子帽	坚果外壳似古代公子帽形状，缝合线大而明显突出，并且在近果底处形成两个美丽的"大兜儿"，果底较大，矮桩，纹路较浅
官帽	坚果外壳似乌纱帽形状，缝合线比公子帽饱满圆润，果底大而平，比公子帽的桩稍高，纹路较深
虎头	坚果外壳似虎头形状，与狮子头相比果底稍小，桩较高，纹路似麦穗，花纹细密饱满
鸡心	坚果外壳呈三角形似"鸡心"形状，坚果大，果底小，桩高，果顶大而突出，壳面多粗直纹，纹路较深

2. 理化指标

物理指标 品系	横径(mm)	侧径(mm)	单果重(g)	密度(g/cm³)
狮子头	≥42	≥40	≥22	≥1.05
公子帽	≥42	≥36	≥20	≥0.90
官 帽	≥45	≥42	≥23	≥0.85
虎 头	≥43	≥40	≥22	≥0.93
鸡 心	≥45	≥44	≥23	≥0.85

3. 安全要求 产品安全指标必须达到国家对同类产品的相关规定。

第四节 核桃楸

图 3-531 核桃楸树体

乔木，高 20~25 (30) m，胸径 30~40 (80) cm；树冠宽卵形；树干通直；树皮灰或暗灰色，交叉纵裂，裂缝菱形；小枝色淡，被毛。小叶 9~17 (19) 枚，矩圆形，长 6~18 cm，宽 3~7.6 cm，先端尖，基部圆，不对称，边缘细锯齿，幼叶有短柔毛及星状毛，后上面仅中脉有毛，下面有星状毛及柔毛。胸花序长 10~27 cm。雌花序有 5~7 (10) 朵花，密被腺毛，柱头面暗红色。果近球形或卵形，先端尖，长 3.5~7.5 cm，径 3~5 cm，被褐色腺毛，果核暗褐色，长卵形或长椭圆形，长 2.5~5 cm，先端锐尖，具 8 条纵棱脊，中间有不规则深凹陷。花期为 5 月，8~9 月产果。果仁可食，含油率 40%~63.14%，为重要的滋补中药。北方地区常用为嫁接核桃之砧木。

图 3-532 核桃楸坚果

第五节 野核桃

8 年生树树体中等，树高 5.8 m 左右，干径 12 cm，生长势中庸，树体开张，树冠广圆形。树冠东西长 4.5 m 左右，南北长 4.0 m。树冠比较松散，枝条平展。干皮灰白色，稍有纵裂；皮目中等大小、稀，皮较平滑，枝条茸毛密。复叶长度为 30 cm 左右，小叶数 9~17 片，小叶椭圆形，基部扁圆形或心脏形，小叶长 13 cm，宽 7 cm，小叶无柄，叶缘细锯齿状，叶面背颜色浅绿。雄花序长度 15 cm 左右，雄花序黄绿色，粗 15 mm 左右，小花簇密度稀，花药黄色，花粉量较少，花粉可育，雌先型。雌花序顶生，每个花序雌花数量 2~20 朵，果数 2~10 个，柱头和子房均为鲜艳的桃红色。青果卵圆形，果皮绿色，果点小而密，果面茸毛密。结果母枝粗

图 3-533 野核桃雌花

度 0.698 cm，侧芽抽生果枝率 15%，连续结果能力中，坐果率 30% 左右，丰产性低，坚果形状长圆形，除缝合线外，有 6 条明显的棱脊凸起。单果重 8.3 g 左右，坚果浅褐色，缝合线隆起，缝合线结合紧密，厚壳，不露仁，内褶壁骨质，取仁难，出仁率 26%，核仁较饱满，单个核仁平均重 2.16 g，核仁淡黄色，核仁风味好。

野核桃一般萌芽比普通核桃晚，多在 3 月下旬芽萌动，4 月初萌芽，4 月中旬开始抽枝展叶。4 月下旬雄花开放。4 月中上旬雌花开放。果实 9 月上中旬成熟，11 月中下旬落叶。

图 3-534 野核桃坚果

图 3-535 野核桃结果状

第六节　黑核桃

1 北加州黑核桃
J. hindsii

该品种生长快，抗病性差，病虫害较多，但它与核桃的杂交种——奇异核桃（Paradox），却具有长势旺、抗逆性强等显著优势。在瘠薄干旱的山地上生长明显优于核桃或黑核桃。生长快，美观，是城市绿化和营造农用林的好树种。木材强度高，色泽浅，是制作家具的良好材料。同时也是繁育核桃和黑核桃良种嫁接苗的优良砧木。

2 魁核桃
J. major

适应性较强，根系发达，生长较快，但是干形较差，木材结构紧密，纹理细，色泽浅，是制作现代家具的上等材料。在欧洲多作为农用林和用材林树种，也是繁育核桃和黑核桃良种嫁接苗的好砧木。

图 3-536 '北加州黑核桃'树体

图 3-537 '魁核桃'树体

3 东部黑核桃
J. nigra

生长速度快，干型通直，坚果丰产，抗病性强。1 年生苗高可达 0.7~1.5 m，地径达 2.0~2.5 cm，5 年生幼树，树高达 11 m，胸径 12 cm 左右。

图 3-538 '东部黑核桃' 树体

图 3-539 '东部黑核桃' 结果状

4 比尔
Bill

优质用材类型，树干通直，材质优良。木材纹理美观，具有明显髓射线形成的横向纹理。

在河南省洛宁县 4 月 27 日开始萌芽，雄花盛期为 5 月 31 日，雌花盛期为 5 月 10 日，雌先型。

图 3-540 '比尔' 树体

图 3-541 '比尔' 结果状

5 哈尔
Hare

材果兼用类型，原产地为美国伊利诺伊州，速生，坚果较大。

在河南省洛宁县 4 月 19 日开始萌芽，雄花盛期为 4 月 21 日，雌花盛期为 4 月 29 日，雄先型。

图 3-542 '哈尔' 树体

图 3-543 '哈尔' 结果状

6 娇迪
Jodie

材果兼用类型，原产地为美国艾奥瓦州，丰产性强。

在河南省洛宁县 4 月 22 日开始萌芽，雄花盛期为 4 月 25 日，雌花盛期为 5 月 25 日，雄先型。

图 3-544 '娇迪'树体

图 3-545 '娇迪'结果状

7 奥齐 1 号
Osage County 1

优质用材类型，树势较强，木材纹理美观，具有明显髓射线形成的横向纹理，呈水波纹状，产坚果也较多。

在河南省洛宁县 4 月 19 日开始萌芽。

图 3-546 '奥齐 1 号'树体

8 拉兹
Wrights C-4

材果兼用晚实类型，原产地在美国艾奥瓦州，速生，坚果较大。单果重 13.9~19.7 g，核仁重 4.0~7.1 g，出仁率 36%，抗病性强，取仁较容易，核仁色泽一般，风味较好。

在河南省洛宁县 4 月 20 日开始萌芽，雄花盛期为 4 月 23 日，雌花盛期为 5 月 3 日，雄先型。

图 3-547 '拉兹'树体

图 3-548 '拉兹'结果状

图 3-549 '浪花'树体　　图 3-550 '丽纹'树体

9　浪花
Lamb

优质用材类型，树势较强，木材纹理美观，具有明显髓射线形成的横向纹理，呈水波纹状。

10　丽纹
Leavenworth

优质用材类型，原产地为美国堪萨斯州，木材材质好。

11　迈尔斯
Myers (Elter)

材果兼用晚实类型，原产地为美国俄亥俄州，坚果均匀，丰产。单果重 14~16 g，核仁重 5.2~5.6 g，出仁率 36%~38%，抗病性一般，取仁较容易，核仁色泽较浅，风味较好。

图 3-551 '丽纹'结果状　　图 3-552 '迈尔斯'结果状

12 麦克 Mceinnis

优质材果兼用晚实类型，原产地美国内布拉斯加州，适应性强。坚果较大，丰产，单果重17.9 g，核仁重6.4 g，出仁率35%，抗病性一般，较难取仁，核仁色泽较浅，风味较好。

13 名特 Mintle

优质材果兼用抗寒类型，原产地在美国艾奥瓦州，速生、干形好，抗寒性强，丰产。坚果小，出仁率高，风味特佳，耐贮藏，室温下可贮藏。

在河南省洛宁县4月20日开始萌芽，雄花盛期为4月22日，雌花盛期为5月25日，雄先型。

14 皮纳 Peanut

材果兼用类型，原产地为美国俄亥俄州，果较大，丰产。

图3-553 '麦克'树体

图3-555 '名特'树体

图3-557 '皮纳'树体

图3-554 '麦克'结果状

图3-556 '名特'结果状

图3-558 '皮纳'结果状

15 帕米尔20号
Pammel Park 20

优质用材类型,木材纹理美观,具有明显髓射线形成的横向纹理,呈水波纹状。

在河南省洛宁县4月18日开始萌芽,雄花盛期为4月18日,雄先型。

16 奇异
Paradox

速生用材和农用林类型,原产地为美国加利福尼亚州,是 *J. hindsii*×*J. regia* 的杂交种,树势旺,抗逆性比其他核桃属树种抗旱性强,生长速度较快,结实少。自1970年开始成为加州栽培核桃的主要砧木资源。在我国北方石质山地生长良好,为用材、绿化、农用林及砧木的优良树种。

17 强悍
Qianghan

速生用材和农用林类型,原产地为河南省洛宁县,是 *J. major*×*J. regia* 的杂交种,表现出抗性强、生长快、树势旺、干形好等明显的杂种优势,4年生幼树高达8 m,胸径12 cm,超过了黑核桃和核桃的生长速度,当地群众把它比喻为"骆驼",是用材、绿化、农用林的好树种。

图3-559 '帕米尔20号'树体

图3-560 '奇异'树体

图3-562 '强悍'树体

图3-561 '奇异'坚果

18 莎切尔
Thatcher

材果兼用类型，原产地为美国宾夕法尼亚州，速生，侧花芽结果早实类型，坚果较大，丰产，出仁率28.4%，平均单果重13 g，平均核仁重5.2~5.6 g，出仁率36%~38%，抗病性强，取仁容易，核仁色泽深，风味较好。在河南省洛宁县4月21日开始萌芽，雄花盛期为4月23日，雌花盛期为5月1日，雄先型。

19 汤姆
Tom Roe

优质材果兼用抗寒类型，原产地为美国俄亥俄州，树势较强，是汤姆和梅尔的杂交种，壳薄，出仁率高，仁色浅，木材纹理美观，具有明显髓射线形成的横向纹理，呈水波纹状。

图 3-563 '莎切尔' 结果状

图 3-565 '莎切尔' 树体

图 3-566 '汤姆' 树体

图 3-564 '莎切尔' 坚果

第四章
山核桃属

第一节 山核桃

1 浙林山 1 号
Zhelinshan 1

'浙林山1号'由浙江农林大学于2006年育成,是天然林中选育的优良单株经无性系测定选育而成。

乔木,树冠宽卵形,树冠开张,小枝较粗壮,新枝、叶密被盾状着生的橙黄色的腺体,果枝短,裸芽。小叶5~7枚,顶叶较大。每雌花序着生2~3朵雌花,坐果2~3个,多双果。核果状坚果,皮厚,具明显的4个纵脊,长3.6 cm,宽3.2 cm,鲜果重19~21 g;果核大,壳面光滑,近圆形,果顶略具4棱,具短尖,长2.08~2.14 cm,宽2.14~2.22 cm,干籽重4.0~4.5 g,出籽率30.2%,出仁率52.49%,含粗脂肪66.67%,粗蛋白11.59%,钙0.17%,钾0.38%,性状稳定,果实品质好。

在浙江、安徽省山核桃产区3月中旬萌发,5月初为雄花散粉盛期,集中散粉期约3天,雌雄同熟。9月上旬坚果成熟,11月上旬落叶。

该品种适应性较强,丰产、稳产性好,坚果大,适宜在山核桃产区发展。

图 4-1 '浙林山 1 号' 树体

图 4-2 '浙林山 1 号' 坚果

2 浙林山 2 号
Zhelinshan 2

'浙林山2号'由浙江农林大学于2006年育成,是天然林中选育的优良单株经无性系测定选育而成。

乔木,树冠倒卵形,中上部树冠大,小枝细瘦,新枝、叶密被盾状着生的橙黄色的腺体,果枝短,裸芽。小叶5~7枚,倒卵状披针形,渐尖,边缘具细密锯齿,背面密被黄褐色腺鳞,核果状坚果,皮厚,具4纵脊,长约3.5 cm,宽约3.2 cm,鲜果重14.3~16.1 g,果核大,卵圆形,长2.08~2.24 cm,宽1.96~2.18 cm,干籽重4.0~4.2 g,出籽率30.2%,出仁率47.88%,含粗脂肪69.33%,粗蛋白10.64%,钙0.13%,钾0.40%,性状稳定,果实品质好。

在浙江、安徽省山核桃产区3月中旬萌发,5月初为雄花散粉盛期,集中散粉期约3天,雌雄同熟。9月上旬坚果成熟,11月中旬落叶。

该品种适应性较强,丰产、稳产性好,抗性中等,坚果品质优良,适宜在山核桃产区发展。

图 4-3 '浙林山 2 号' 树体

图 4-4 '浙林山 2 号' 坚果

3 浙林山 3 号
Zhelinshan 3

'浙林山 3 号'由浙江农林大学于 2006 年育成，是天然林中选育的优良单株经无性系测定选育而成的。

乔木，树冠圆卵形，中部树冠大，树势中庸，萌芽力较弱，新枝、叶密被盾状着生的橙黄色的腺体，果枝短，裸芽。小叶 5~7 枚，顶叶较大。每雌花序着生 2~4 朵雌花，坐果 2~3 个，多双果。核果状坚果，近球形，具 4 纵脊，长约 2.8 cm，宽约 2.7 cm，单果重 12.2~14.7 g，果核卵圆形，中等偏大，长约 1.9 cm，宽约 1.8 cm，干籽重 3.4~3.7 g，出籽率 36.74%，出仁率 49.6%。

在浙江、安徽省山核桃产区 3 月上旬萌动，4 月底为雄花散粉盛期，雌雄同熟。8 月底至 9 月初坚果成熟，10 月下旬落叶。展叶期、花期、果实成熟期均提早 7~10 天。

该品种适应性较强，丰产、稳产性好，抗性中等，坚果品质优良，适宜在山核桃产区发展。

图 4-5 '浙林山 3 号' 坚果

图 4-6 '浙林山 3 号' 树体

第二节 长山核桃

1 YLJ023

'YLJ023'由中国林业科学研究院（以下简称中国林科院）亚热带林业研究所、建德市林业局从实生林分中选出。

树体中等，生长势较旺。叶长镰刀形，落叶较早。果实中等大小，果棱较明显，核果重 8.9 g，果实籽粒饱满，含油率 76%。

本品种属雌先型，雌花时间为 4 月 23 日至 5 月 3 日，雄花时间为 5 月 3~13 日。

该品系适应性强，适宜浙江、云南、江西、湖南、湖北、皖南等地种植。

图 4-7 'YLJ023' 树体

图 4-8 'YLJ023' 结果状

2 YLJ042

YLJ042

'YLJ042'由中国林科院亚热带林业研究所、建德市林业局从实生林分中选出。

树体高大，生长势较旺，树冠开张型。叶长镰刀形，落叶早。果实中等大小，果棱明显。核果椭圆形，极易取仁，核仁重7.4 g，含油率76%。

雌先型，雌花时间为4月27日到5月5日，雄花时间为5月5~12日。果实成熟期在10月下旬至11月上旬。

该品系适应性强，较耐干旱，丰产稳产性极好。适宜浙江、云南、江西、湖南、皖南等地种植。

图4-9 'YLJ042' 树体

图4-10 'YLJ042' 结果状

3 波尼

Boni

'波尼'由(USDA-ARS美国农业部农业研究服务中心)1984年选育而成。杂交组合是:'Mohawk'בStarking Hardy Giant'。

该品种树体高大，生长势强，树冠直立或半开张；奇数羽状复叶，小叶11~17片，椭圆状披针形或微弯近镰形。雌雄同株异花，花期部分相遇。坚果椭圆形，果顶尖，果基圆平，果壳粗糙。纵径2.3~2.5 cm，横径4.5~4.9 cm。壳厚1.0~1.3 mm。单果重为7.6~8.1 g。核仁充实饱满，棕黄色至黄白色，核仁重4.4~4.7 g。出仁率58%，粗脂肪71.40%，蛋白质13.40%，油酸59.22%，亚油酸30.03%。

在江苏省泗洪地区3月下旬萌动，4月中下旬雄花散粉，4月下旬雌花盛花期，雌雄花期部分相遇，属雄先型品种。9月底至10月初坚果成熟，11月初落叶。

该品种适应性强，较耐瘠薄；丰产性好，定植后第四年结果株率达85%以上，平均株产2 kg。坚果品质优良，适宜在江苏及周边地区发展。

图4-12 '波尼' 结果状

图4-13 '波尼' 果实

图4-11 '波尼' 树体

图4-14 '波尼' 坚果

4 洪宅1号
Hongzhai 1

'洪宅1号'由中国林科院亚热带林业研究所、建德市林业局于2003年从实生林分中选出。

树势强，树姿开张，分枝力强，枝条中粗。1年生枝黄褐色，中粗，节间长；果枝长，属长枝型。顶芽尖（夏芽），侧芽形成混合芽能力30%~40%。小叶11~13片，顶叶狭长。每雌花序着生雌花3~6朵，坐果2~3个。坚果卵圆形，果基尖，果顶锐尖，横截面圆形。纵径35.06~44.65 mm，横径22.9~26.2 mm，单果重6.9~10.2 g。壳面较光滑，色浅，缝合线平滑，结合紧密。核仁重3.8~5.9 g，出仁率51.0%~61.9%。主要成分：棕榈酸6.22%，棕榈烯酸0.06%，硬脂酸2.31%，油酸75.42%，亚油酸14.87%，亚麻酸0.68%，花生酸0.14%，花生烯酸0.29%，蛋白质6.32 g/100 g。

3月下旬萌芽。雄先型，雄花花期为5月上旬，5~7天后开雌花，可与'马汉'互为授粉品种。坚果成熟10月中旬，11月中下旬落叶。

该无性系适应性强，较耐干旱瘠薄，适宜在立地条件相似的浙江、江西、湖南、皖南等地发展。

图4-16 '洪宅1号'树体

图4-17 '洪宅1号'结果状

图4-15 '洪宅1号'雌花

图4-18 '洪宅1号'坚果

5 洪宅5号
Hongzhai 5

'洪宅5号'由中国林科院亚热带林业研究所、建德市林业局于2003年从实生林分中选出。

树势中等，树姿开张，分枝力中等，枝条粗长。1年生枝黄褐色，粗长，节间长；果枝中长。顶芽（夏芽）尖，侧芽形成混和芽能力70%~80%。小叶11~15片，顶叶宽大。每个雌花序着生雌花3~6朵，坐果2~3个。坚果长椭圆形，果基钝，果顶锐尖，横断面稍扁。纵径34.1~41.9 mm，横径21.9~24.4 mm，单果重6.2~9.3 g。壳面光滑，色浅，缝合线平滑。核仁重

图4-19 '洪宅5号'结果状

图4-20 '洪宅5号'坚果

图 4-21 '洪宅 5 号' 树体

生雌花 4~6 朵，坐果 2~3 个。坚果卵圆形，果基平，果顶锐尖，横断面稍扁。纵径 39.8~51.4 mm，横径 23.2~29.5 mm，单果重 8.6~12.9 g。壳面光滑，色浅，缝合线平滑。核仁重 4.8~7.5 g，出仁率 49.9%~80.5%。主要成分：棕榈酸 5.98%，棕榈烯酸 0.06%，硬脂酸 2.54%，油酸 70.73%，亚油酸 19.49%，亚麻酸 0.79%，花生酸 0.15%，花生烯酸 0.26%，蛋白质 7.62 g/100 g。

3月下旬萌芽。雌先型，雌花花期为4月下旬至5月上旬，7~10天后开雄花。坚果成熟期在10月中下旬，11月中下旬落叶。

该无性系适应性广，抗逆性强，适宜在立地条件相似的浙江、江西、湖南、皖南等地发展。

2.4~5.0 g，出仁率 44.2%~58.6%。主要成分：棕榈酸 6.22%，棕榈烯酸 0.06%，硬脂酸 2.51%，油酸 70.74%，亚油酸 19.19%，亚麻酸 0.85%，花生酸 0.16%，花生烯酸 0.28%，蛋白质 5.74 g/100 g。

3月下旬萌芽。雄先型，雄花花期5月上旬，3~4天后开雌花。坚果成熟期为9月底至10月上旬。11月中下旬落叶。

该无性系适应性强，较耐干旱瘠薄，适宜在立地条件相似的浙江、江西、湖南、皖南等地发展。

6 洪宅 9 号
Hongzhai 9

'洪宅 9 号'由中国林科院亚热带林业研究所、建德市林业局于 2003 年从实生林分选出。

树势中等，树姿开张，分枝力中等，枝条中粗。1 年生枝黄褐色，中粗，节间稍长；果枝中长。顶芽尖（夏芽），侧芽形成混合芽能力 70%~80%。小叶 11~15 片，顶叶宽大。每雌花序着

图 4-22 '洪宅 9 号' 结果状

图 4-23 '洪宅 9 号' 坚果

图 4-24 '洪宅 9 号' 树体

7 洪宅11号
Hongzhai 11

'洪宅11号'由中国林科院亚热带林业研究所、建德市林业局于2003年从实生林分选出。

树势中等,树姿开张,分枝力中等,枝条中粗。1年生枝黄褐色,中粗,节间长;果枝长。顶芽尖(夏芽),侧芽形成混合芽能力50%左右。小叶11~15片,顶叶狭长。每个雌花序着生雌花3~5朵,坐果2~3个。坚果椭圆形,果基尖,果顶锐尖,横断面圆形。纵径37.9~43.8 mm,横径19.1~23.5 mm,单果重5.2~8.3 g。壳面光滑,色稍深,缝合线平滑。核仁重2.2~4.4 g,出仁率41.0%~53.6%。主要成分:棕榈酸5.78%,棕榈烯酸0.07%,硬脂酸2.67%,油酸75.37%,亚油酸14.90%,亚麻酸0.77%,花生酸0.17%,花生烯酸0.27%,蛋白质8.07 g/100 g。

3月下旬萌芽。雌先型,雌花花期为4月底至5月上中旬,雄花迟7~10天开。坚果成熟期为10月中下旬,11月中下旬落叶。

该无性系适应性广,结实早,适宜在立地条件相似的浙江、江西、湖南、皖南等地发展。

图4-27 '洪宅11号' 雌花

图4-26 '洪宅11号' 结果状

图4-28 '洪宅11号' 坚果

图4-25 '洪宅11号' 树体

8 洪宅13号
Hongzhai 13

'洪宅13号'由中国林科院亚热带林业研究所、建德市林业局于2003年从实生林分选出。

树势中等,树姿开张,分枝力中等,枝条中粗。1年生枝黄褐色,中粗,节稍长;果枝稍长。顶芽(夏芽)尖,侧芽形成混合芽能力70%~80%。小叶11~13片,顶叶稍宽。每雌花序着生雌花3~5朵,坐果2~4个。坚果椭圆形,果基钝,果顶锐尖,横断面稍扁。纵径33.9~41.7 mm,横径22.0~24.7 mm,

单果重 6.9~8.7 g。壳面光滑，色稍深，缝合线平滑。核仁重 2.8~4.3 g，出仁率 40.6%~52.4%。主要成分：棕榈酸 6.61%，棕榈烯酸 0.04%，硬脂酸 2.52%，油酸 67.19%，亚油酸 22.16%，亚麻酸 1.02%，花生酸 0.15%，花生烯酸 0.30%，蛋白质 6.79 g/100 g。

3月下旬萌芽。雌先型，雌花花期为4月底至5月上旬，雄花迟8~10天开。坚果成熟期在10月中下旬，11月中下旬落叶。

该无性系适应性广，抗逆性强，结实早，适宜在立地条件相似的浙江、江西、湖南、皖南等地发展。

图 4-29 '洪宅13号' 树体

图 4-30 '洪宅13号' 结果状

图 4-31 '洪宅13号' 坚果

9 洪宅 21 号
Hongzhai 21

'洪宅21号'由中国林科院亚热带林业研究所、建德市林业局于2003年从实生林分选出。

树势中等，树姿直立，分枝力中等，1年生枝黄褐色，细短，果枝短。顶芽（夏芽）尖，侧芽形成混合芽能力30%~40%。小叶11~15片，顶叶狭长。每雌花序着生雌花3~6朵，坐果2~4个。坚果椭圆形，果基尖，果顶渐尖，横断面稍扁。纵径34.2~43.9 mm，横径19.4~23.0 mm，单果重5.5~8.0 g。壳面光滑，色稍深，缝合线平滑。核仁重2.4~4.0 g，出仁率35.9%~54.5%。主要成分：棕榈酸5.98%，棕榈烯酸0.07%，硬脂酸2.46%，油酸73.09%，亚油酸17.16%，亚麻酸0.82%，花生酸0.15%，花生烯酸0.27%，蛋白质8.68 g/100 g。

3月下旬萌芽。雌先型，雌花花期为4月底至5月上旬，雄花迟7天左右。坚果成熟期在10月上中旬，11月中下旬落叶。

该无性系适应性强，结实早，适宜在立地条件相似的浙江、江西、湖南、皖南等地发展。

图 4-32 '洪宅21号' 树体

图 4-33 '洪宅21号' 结果状

图 4-34 '洪宅21号' 坚果

10 洪宅26号
Hongzhai 26

'洪宅26号'由中国林科院亚热带林业研究所、建德市林业局于2003年从实生林分选出。

树势中等，树姿开张，分枝力稍弱，枝条粗短。1年生枝黄褐色，粗短，节间短；果枝粗短，属短枝型。顶芽（夏芽）尖，侧枝形成混合芽能力30%~40%。小叶11~15片，顶叶稍宽。每个雌花序着生雌花3~5朵，坐果2~4个。坚果椭圆形，果基钝，果顶锐尖，横断面圆形。纵径37.5~44.9 mm，横径21.6~24.3 mm，单果重6.6~10.6 g。壳面光滑，色稍深，缝合线平滑。核仁重3.3~5.3 g，出仁率36.1%~54.4%。主要成分：棕榈酸5.79%，棕榈烯酸0.04%，硬脂酸2.38%，油酸69.69%，亚油酸20.64%，亚麻酸0.98%，花生酸0.15%，花生烯酸0.32%，蛋白质7.35 g/100 g。

4月上中旬萌芽。雌先型，雌花花期为5月上中旬，雄花迟3天左右。坚果10月中旬成熟，11月中下旬落叶。

该无性系适应性广，有自花授粉能力，适宜在浙江、江西、湖南、皖南等立地条件相似的地区发展。

图4-36 '洪宅26号' 树体

图4-37 '洪宅26号' 雄花

图4-35 '洪宅26号' 结果状

图4-38 '洪宅26号' 坚果

11 洪宅28号
Hongzhai 28

'洪宅28号'由中国林科院亚热带林业研究所、建德市林业局于2003年从实生林分选出。

树势强，树姿开张，分枝能力强，树条粗长。1年生枝黄褐色，粗长，节间长。结果枝长，属长枝型。顶芽（夏芽）尖，侧芽形成混合芽能力70%~80%。小叶13~17片，顶叶稍宽大。每个雌花序上着生雌花4~6朵，坐果2~4个。坚果椭圆形，果基钝，果顶锐尖，横断面稍扁。纵径38.3~45.6 mm，横径23.2~26.8 mm，单果重7.4~10.8 g。壳面光滑，色浅，缝合线平滑。核仁重4.0~7.3 g，出仁率43.7%~62.0%。主要成分：棕榈酸6.18%，棕榈烯酸0.08%，硬脂酸2.41%，油酸69.74%，亚油酸20.27%，亚麻酸0.90%，花生酸0.15%，花生烯酸0.27%，蛋白质6.68 g/100 g。

3月下旬萌芽。雌先型，雌花花期为4月底至5月上中旬，雄花迟5~7天开放。坚果成熟期在10月上中旬，11月中下旬落叶。

该无性系适应性广，抗逆性强，适宜在立地条件相似的浙江、江西、湖南、皖南等地发展。

图4-39 '洪宅28号' 结果状

图4-40 '洪宅28号'树体

图4-41 '洪宅28号'坚果

图4-42 '洪宅29号'树体

图4-43 '洪宅29号'结果状

图4-44 '洪宅29号'坚果

12 洪宅29号
Hongzhai 29

'洪宅29号'由中国林科院亚热带林业研究所、建德市林业局于2003年从实生林分选出。

树势中等，树姿半开张，分枝力稍弱，枝条粗长。1年生枝黄褐色，枝条粗长，节间长；果枝长，属长枝型。顶芽（夏芽）尖，侧芽形成混合芽能力70%~80%。小叶11~13片，顶叶稍宽。每个雌花序着生雌花3~5朵，坐果2~3个。坚果卵圆形，果基钝，果顶锐尖，横断面近圆形。纵径40.1~46.1 mm，横径22.8~26.8 mm，单果重7.6~10.2 g。壳面光滑，色浅，缝合线平滑。核仁重4.2~5.7 g，出仁率47.8%~60.9%。主要成分：棕榈酸6.09%，棕榈烯酸0.05%，硬脂酸2.06%，油酸75.03%，亚油酸15.65%，亚麻酸0.70%，花生酸0.13%，花生烯酸0.29%，蛋白质6.89 g/100 g。

3月下旬萌芽。雄先型，雄花花期为4月底至5月上旬，雌花迟7天左右开放。可与'马汉'互为授粉品种。坚果成熟期10月中上旬，11月中下旬落叶。

该无性系适应性广，抗逆性强，结实早，适宜在立地条件相似的浙江、江西、湖南、皖南等地发展。

13 洪宅 34 号
Hongzhai 34

'洪宅 34 号'由中国林科院亚热带林业研究所、建德市林业局于 2003 年从实生林分选出。

树势中等,树姿开张,分枝力中等,枝条细。1 年生枝黄褐色,细、短、节间短;果枝短,属短枝型。顶芽尖(夏芽),侧芽形成混合芽能力 30%~40%。小叶 11~15 片,顶叶稍宽。每个雌花序着生雌花 3~6 朵,坐果 2~3 个。坚果椭圆形,果基尖,果顶锐尖,横断面近圆形。纵径 33.3~38.7 mm,横径 19.0~22.1 mm,单果重 4.7~7.0 g。壳面光滑,色浅,缝合线平滑。核仁重 2.8~4.3 g,出仁率 52.9%~60.9%。主要成分:棕榈酸 6.00%,棕榈烯酸 0.08%,硬脂酸 2.06%,油酸 71.98%,亚油酸 18.59%,亚麻酸 0.87%,花生酸 0.14%,花生烯酸 0.29%,蛋白质 9.4 g/100 g。

3 月下旬萌芽。雌先型,雌花花期 4 月底至 5 月上旬,雄花迟 7~10 天。坚果成熟期在 10 月上中旬,11 月中下旬落叶。

该无性系适应性广,结实早,适宜在立地条件相似的浙江、江西、湖南、皖南等地发展。

图 4-46 '洪宅 34 号' 结果状

图 4-47 '洪宅 34 号' 坚果

图 4-45 '洪宅 34 号' 雌花

14 洪宅 35 号
Hongzhai 35

'洪宅 35 号'由中国林科院亚热带林业研究所、建德市林业局于 2003 年从实生林分选出。

树势强,树姿半开张,分枝力中等,枝条中粗。1 年生枝黄褐色,中粗,节间中长;结果枝长,属长枝型。顶芽尖(夏芽),侧芽形成混合芽能力 50% 左右。小叶 11~13 片,顶叶狭长。每个雌花序着生雌花 3~5 朵,坐果 2~3 个。坚果椭圆形,果基钝,果顶锐尖,横断面圆形。纵径 34.9~41.5 mm,横径 22.6~26.2 mm,单果重 7.1~10.1 g。壳面光滑,色浅,缝合线平滑。核仁重 3.5~5.3 g,出仁率 44.2%~57.4%。主要成分:棕榈酸 6.07%,棕榈烯酸 0.05%,硬脂酸 2.54%,油酸 70.83%,亚油酸 19.20%,亚麻酸 0.87%,花生酸 0.16%,花生烯酸 0.28%,蛋白质 6.57 g/100 g。

3 月下旬萌芽。雄先型,雄花花期 4 月底至 5 月上旬,雌花迟 3~5 天开,可与'马汉'互为授粉品种。坚果成熟期在 10 月中下旬,11 月中下旬落叶。

该无性系适应性广,抗逆性强,结实早,适宜在立地条件相似的浙江、江西、湖南、皖南等地发展。

图 4-48 '洪宅 35 号' 树体

图 4-49 '洪宅 35 号' 结果状

图 4-50 '洪宅 35 号' 雄花

图 4-51 '洪宅 35 号' 坚果

15 洪宅 99 号
Hongzhai 99

'洪宅 99 号'由中国林科院亚热带林业研究所、建德市林业局于 2003 年从实生林分选出。

树势强，树姿开张，分枝力强，枝条粗长。1 年生枝黄褐色，粗长，节间长。果枝长，属长枝型。顶芽尖（夏芽），侧芽形成混合芽能力 30% 左右，结果枝多从顶芽抽生。小叶 11~15 片，顶叶狭长。每个雌花序着生雌花 3~6 朵，坐果 2~3 个。坚果椭圆形，果基圆，果顶钝，横断面圆形。纵径 34.7~41.7 mm，横径 21.7~25.6 mm，单果重 5.8~10.2 g。壳面光滑，色稍深，缝合线平滑。核仁重 2.8~5.5 g，出仁率 41.7%~64.5%。主要成分：棕榈酸 6.69%，棕榈烯酸 0.07%，硬脂酸 2.20%，油酸 68.12%，亚油酸 21.35%，亚麻酸 1.15%，花生酸 0.14%，花生烯酸 0.29%，蛋白质 6.67 g/100 g。

4 月上旬萌芽。雌先型，雌花花期为 5 月上旬至中旬末，雄花迟 5~7 天开，延续到 5 月中旬末，可自花授粉。

图 4-52 '洪宅 99 号' 树体

图 4-53 '洪宅 99 号' 结果状

图 4-54 '洪宅 99 号' 坚果

坚果成熟期为 10 月中下旬至 11 月初。11 月中下旬落叶。

该无性系适应性广，抗逆性强，可自花授粉，适宜在浙江、江西、湖南、皖南等立地条件相似的地区发展。

16 洪宅 103 号
Hongzhai 103

'洪宅103号'由中国林科院亚热带林业研究所、建德市林业局于2003年从实生林分中选出。

树势中等,树姿开张,分枝力中等,枝条中粗。1年生枝黄褐色,中粗,节间中长;果枝中长。顶芽尖(夏芽),侧芽形成混合芽能力30%左右,结果枝多从顶芽抽生。小叶11~13片,顶叶稍宽。每个雌花序上着生雌花3~5朵,坐果2~3个。坚果椭圆形,果基钝,果顶尖,横断面圆形。纵径32.5~38.3 mm,横径21.1~25.4 mm,单果重6.8~9.2 g。壳面光滑,色稍深,缝合线平滑。核仁重3.3~4.7 g,出仁率42.1%~51.4%。主要成分:棕榈酸6.47%,棕榈烯酸0.05%,硬脂酸2.29%,油酸67.83%,亚油酸21.82%,亚麻酸1.09%,花生酸0.14%,花生烯酸0.29%,蛋白质6.16 g/100 g。

4月上旬末萌芽。雌先型,雌花花期为5月上旬至中旬,雄花迟5天左右开放。坚果成熟期为10月中下旬,11月中下旬落叶。

该无性系适应性广,适宜在立地条件相似的浙江、江西、湖南、皖南等地发展。

图 4-56 '洪宅103号' 结果状

图 4-57 '洪宅103号' 坚果

图 4-55 '洪宅103号' 树体

图 4-58 '马汉' 树体

图 4-59 '马汉' 结果状

17 马汉
Mahan

'马汉'由中国林科院亚热带林业研究所、建德市林业局于1981年从实生林分中选出。

树势强,树姿半开张,分枝力中等,枝条中粗。1年生枝黄褐色,节间长;果枝长,属长果枝型。顶芽尖(夏芽),侧芽形成混合芽能力90%以上。小叶11~15片,顶叶狭长。每个雌花序着生雌花5~7朵,坐果2~5个。坚果长椭圆形,果基圆,果顶尾尖,横断面稍扁。纵径47.6~59.3 mm,横径20.8~26.8 mm,单果重9.6~12.7 g。壳面光滑,色稍深,缝合线平滑。核仁重5.3~7.3 g,出仁率49.3%~63.0%。主要成分:棕榈酸5.91%,棕榈烯酸0.06%,硬脂酸2.48%,油酸72.88%,亚油酸17.29%,亚麻酸0.97%,花生酸0.14%,花生烯酸0.27%,蛋白质6.83 g/100 g。

3月下旬萌芽。雌先型,雌花花期为4月25日至5月5日,雄花5月6~8日始花,自花授粉几乎不能结实,必须配置3~4个授粉品种,如'洪宅35号'、'洪宅29号'、'洪宅27号'、'洪宅1号'等无性系。坚果成熟期10月中下旬,11月中下旬落叶。

该品种成花能力强,结实早,建德市目前作为主栽品种。适宜在浙江、江西、湖南、湖北、云南、皖南等地立地和水肥管理条件较好的地区发展,需注意配置授粉树。

图 4-60 '马汉'坚果

图 4-61 '茅山 1 号'树体

图 4-62 '茅山 1 号'坚果

18 茅山 1 号
Maoshan 1

'茅山 1 号'由江苏省农科院园艺所实生选种选出，2010 年 1 月通过江苏省农业科学院鉴定（苏农鉴字【2010】第 10 号）。

树势强，生长旺盛，树冠开张；奇数羽状复叶，每个复叶上有 11~17 片小叶，椭圆状披针形，边缘有锯齿；雌雄同株异花，花期基本相遇。坚果短圆形，基部浑圆。纵径 2.2~2.4 cm，横径 4.1~4.3 cm。壳厚 1.012~1.125 mm。单果重为 8.6~8.9 g。核仁充实饱满，黄白色，核仁重 4.2~4.4 g。出仁率 48.7%，粗脂肪 65.10%，蛋白质 10.00%，油酸 58.29%，亚油酸 30.74%。

在江苏省句容地区 3 月下旬萌动，4 月底至 5 月初为雄花盛花期，5 月上、中旬为雌花盛花期，雌雄花期相遇约有 8 天，属雄先型品种。10 月下旬坚果成熟，11 月中旬落叶。

该品种丰产性好，30 年树平均株产 20.3 kg。坚果品质优良，适宜在我国江苏及周边地区发展。

19 威斯顿
Western

'威斯顿'由美国得克萨斯州圣萨巴市 1895 年在 'San Saba' 中实生选育得到，1924 年命名推出。

树体高大，生长势强，树冠开张，小叶 11~17 片，椭圆状披针形。雌雄同株异花，花期部分相遇。该品种成花能力强，每花序花朵 5-8 个，花序坐果率 91%，花朵坐果率 60%。坚果椭圆形，果顶锐尖稍有弯曲，果基锐尖，果形不对称，果壳粗糙。纵径 2.2~2.5 cm，横径 4.4~4.7 cm。壳厚 1.1~1.4 mm。单果重 7.8~8.2 g。核仁饱满，棕黄色，核仁重 4.5~4.8 g。出仁率 58%，粗脂肪 73.90%，蛋白质 12.50%，油酸 80.76%，亚油酸 10.76%。

在江苏省泗洪地区 3 月下旬萌动，5 月初雄花散粉，5 月上旬为雌花盛花期，雌雄花期部分相遇，属雌先型品种。10 月中旬坚果成熟，11 月上旬落叶。

该品种早果性好，定植后第三年雌花开花株率达 32%，个别树挂果 50 多个，第四年结果株率达 78%，平均株产 1.8 kg。坚果品质优良，适宜在我国江苏及周边地区发展。

图 4-63 '威斯顿'树体

图 4-64 '威斯顿'雌花

图 4-65 '威斯顿'结果状

图 4-66 '威斯顿'坚果

第五章
喙核桃属

喙核桃为落叶乔木，树高达 20 m；小枝幼时有细毛和橙黄色皮孔，后变无毛，髓心充实；芽裸露，通常叠生。奇数羽状复叶，长 30~40 cm，叶柄及轴幼时有短柔毛和橙黄色腺体；小叶通常 7~9 片，近革质，全缘，上端小叶较大，长椭圆形至长椭圆状披针形，长 12~15 cm，宽 4~5 cm，下端小叶较小，通常卵形，小叶柄长 3~5 mm。雄性葇荑花序，长 13~15 cm，下垂，通常 3~9 序成一束，多 5 序，生于花序总梗上，自新枝叶腋生出；雌性穗状花序顶生，直立，雌花 3~5 朵。坚果核果状，近球形或卵状椭圆形，长 6~8 cm，直径 5~6 cm，顶端具渐尖头；外果皮厚，干后木质，4~9 瓣裂开，裂瓣中央具 1~2 个纵肋，顶端具鸟喙状渐尖头；果核球形或卵球形，顶端具一个鸟喙状渐尖头，并有 6~8 条细棱，连喙长 6~8 cm，基部常具一线形痕，内果皮骨质。

图 5-2 喙核桃结果状

图 5-3 喙核桃花

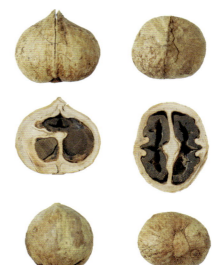

图 5-4 喙核桃坚果

图 5-1 喙核桃树体

参考文献
References

Pei Dong, Yuan Lichai. 2007. Factors affecting in vitro shoot rooting of walnut cultivars. The Journal of Horticultural Science & Biotechnology, 82(2): 223-226.

Pei Dong, Zhang Junpei. 2004.Factors affecting in vitro microshoot rooting of precious cultivars of *Juglans regia L.*. 5th International walnut symposium, 11:12.

Wang Hua, Pei Dong, Gu Ruisheng, et al. 2008. Genetic diversity and structure of walnut populations in central and southwestern china revealed by microsatellite markers. Journal of America Society Horticulture Science, 133(2):197-203.

Wang QingMin, Peng WeiXiu, Pei Dong, et al. 2006. Histological and hormonal characters during the rhizogenesis of in vitro walnut shoots. Acta Horticulturae Sinica, 33 (2):255-259.

Wang QingMin, Peng WeiXiu, Pei Dong, et al. 2006. Histological study of in vitro adventitious roots of Juglans regia. Acta Botanica Boreali-Occidentalia Sinica, 26 (4):719-724.

白仲奎，俎文芳．2002．晚实核桃优良新品种'冀丰'．园艺学报，6(27):594.

白仲奎，郭恩才．2003．晚实核桃优良新品种'里香'．园艺学报，4(30):498.

蔡婧，裴东，崔宏公，等．2001．美国黑核桃早期生长特性的初步研究．干果研究进展，60-63.

陈新乐，王根宪，李忠锋．2009．秦巴山区核桃良种丰产栽培技术规程．北方园艺，(3):228-230.

戴维·雷蒙斯主编，奚声珂，花晓梅译．1987．核桃园经营．北京：中国林业出版社．

董凤祥，冯月生，裴东，等．2000．美国东部黑核桃在我国林业建设中的应用前景、存在问题及对策．世界林业研究，13(2):52-55.

范志远，习学良，方文亮，等．2005．早实核桃新品种云新90306的选育．中国果树，(3):5-7.

范志远，习学良，张雨，等．2005．五个种间杂交早实核桃新品系及其配套栽培技术．中国南方果树，34(2):71-72.

方文亮，范志远，习学良，等．2005．云新90301等3个杂交优良早实核桃新品种的选育．西部林业科学，34(1):1-7.

方文亮，范志远，习学良，等．2005．云新90301等3个杂交优良早实核桃新品种主要经济性状与栽培技术．干果研究进展，66-69.

高英，董宁光，张志宏，等．2010．早实核桃雌花芽分化外部形态与内部结构关系的研究．林业科学研究，23(2):241-245.

韩华柏，何方．2004．我国核桃育种的回顾和展望．经济林研究，(3):45-50.

郝艳宾，王克建，齐建勋，等．早实核桃品种早期丰产栽培试验．中国果树，2005, (1):49-50.

郝艳宾，王贵．2008．核桃精细管理十二个月．北京：中国农业出版社．

郝艳宾，齐建勋．2009．"图说果树良种栽培"丛书—核桃．北京：北京科学技术出版社．

郝艳宾，齐建勋，王克建，等．2005．核桃仁中的多酚及其抗氧化活性的初步研究．干果研究进展，166-170.

郝艳宾，齐建勋，王克建，等．2004．核桃低产园丰产栽培技术．农业新技术，(6):27-28.

郝艳宾，王淑兰，王克建，等．2003．核桃油和核桃蛋白饮料系列产品工艺的研究．食品科学，24(2):103-104.

郝艳宾，王克建，王淑兰，等．2002．几种早实核桃坚果中蛋白质、脂肪酸组成成分分析．食品科学，23(10):123-125.

郝艳宾，王克建，冯晓元，等．2002．核桃在我国加工利用现状及发展趋势．食品工业科技，(1):70-71.

贺奇，王贵，常月梅，等．2010．早实核桃光合特性的初步研究．山西农业大学学报(自然科学版)，30(3):197-200.

侯立群，主钧毅，赵登超，等．2008．核桃新品种元林'．果农之友，(12):9.

廖永坚，张雨，董润泉．2009．美国山核桃栽培管理技术．落叶果树，(6):40-43.

李保国，郭素萍，齐国辉，等．2007．薄皮核桃新品种'绿岭'．园艺学报，34(1):261.

李保国，齐国辉，郭素萍，等．2008．早实早熟薄皮核桃新品种'绿早'．园艺学报，35(7):1088.

李建中．2009．核桃栽培新技术．郑州：河南科学技术出版社．

梁凤玉，高中山，王贵，等．1995．黄土丘陵区核桃丰产栽培技术研究．经济林研究，13(1):16-19.

刘朝斌．2008．中国核桃产业发展的现状及对策．首届中国核桃大会论文集，34-36.

刘广平，赵宝军．2007．核桃果各部位有效活性分析与开发利用评述．干果研究进展，404-406.

刘玮，张志华，马学东．2004．我国核桃深加工现状及展望．果农之友, (1):8-9.

陆斌. 2009. 云南核桃的特性与品质. 经济林研究, 27(2):137-140.

陆斌, 宁德鲁, 张雨, 等. 2007. 云南核桃产业的现状、问题与对策. 干果研究进展, 23-28.

陆斌, 宁德鲁, 暴江山. 2006. 核桃营养药用价值与加工技术研究进展. 中国果菜, (4):41-43.

马和平, 潘刚, 边巴多吉, 等. 2009. 西藏核桃资源开发与利用技术的研究. 西藏科技, (4):25-27.

马庆国, 齐静, 裴东. 2010. 16个早实核桃良种遗传多样性的FISH-AFLP分析. 林业科学研究, 23(5):631-636.

苗玉青, 吴松林, 赵惠新, 等. 2009. 薄皮核桃微枝嫁接技术研究. 新疆农业科学, 46(4):757-760.

裴东. 2008. 我国核桃培育技术的发展动态研究. 首届中国核桃大会论文集, 6-15.

裴东. 2010. 核桃伤流研究述评. 林业科学, 46(3):128-133.

裴东, 李容海, 刘兆发, 等. 2006. 麻核桃资源保护与开发利用研究. 林业资源管理, (4):66-69.

裴东, 谷瑞升. 2005. 树木复幼的研究概述. 植物学通报, 22(6):753-760.

裴东, 吴燕民, 奚声柯. 2000. 美国黑核桃的栽培及在我国的发展前景. 河北林果研究, 15(1):95-100.

裴东, 董凤祥. 1999. 东部黑核桃 (*Juglans nigra*) 在美国的栽培利用概况. 世界林业研究, 12(6):55-57.

荣瑞芬, 厉重先, 刘雪峥, 等. 2008. 核桃内种皮营养与功能成分初步分析研究. 食品科学, 29(11):541-543.

王根宪, 魏耀峰. 2009. 核桃采收及果实采后处理技术. 现代园艺, (10):48-49.

王根宪. 2006. 早实核桃果仁不饱满的原因与对策. 西北园艺, (8):24-25.

王贵, 常月梅, 武静. 2008. 核桃新品种'晋香'. 园艺学报, 35(9):1397.

王贵, 常月梅, 武祥云. 2008. 我国核桃标准化生产的若干问题. 首届中国核桃大会论文集, 30-33.

王贵, 常月梅, 武静. 2008. 晋香核桃新品种的性状评价. 首届中国核桃大会论文集, 102-105.

王贵, 常月梅, 张喜斌, 等. 2003. 集约化核桃园丰产栽培技术. 山西林业科技, (1):1-3,40.

王贵, 高中山, 白埃堤, 等. 1997. 晋丰、晋龙2号核桃新品种选育研究. 经济林研究, 15(3):5-8.

王贵, 高中山. 1992. 核桃新品种——晋龙1号. 园艺学报, 19(3):287-288.

王滑, 阎亚波, 张俊佩, 等. 2009. 应用ITS序列及SSR标记分析核桃与铁核桃亲缘关系. 南京林业大学学报(自然科学版), 33(6): 35-38.

王滑, 郝俊民, 王宝庆, 等. 2007. 中国8个核桃天然居群遗传多样性分析. 林业科学, 43(7):120-124.

王红霞, 张志华, 玄立春. 2007. 我国核桃种质资源及育种研究进展. 河北林果研究, 22(4):387-391.

王红霞, 张志华, 王文江, 等. 2005. 河北核桃光合特性的研究. 园艺学报, 32(3):392-396.

王克建, 杜明, 胡小松, 等. 2009. 核桃仁中多酚类物质的液相/电喷雾质谱分析. 分析化学, 37(6): 867-872.

王克建, 郝艳宾, 齐建勋, 等. 2009. 三种核桃青皮中胡桃醌含量HPLC分析. 第二届中国核桃大会暨首届商洛核桃节论文集, 104-106.

王克建, 郝艳宾, 杨春梅, 等. 2006. 核桃果实中的多酚类物质与核桃酒的制作. 农产品加工(学刊), (1):46-47.

王克建, 齐建勋, 胡小松, 等. 2006. 多酚对核桃仁食用品质影响的初步研究. 食品科学, 27(5):95-97.

王克建, 郝艳宾, 齐建勋. 2004. 核桃油研究进展. 食品科学, 25(11):364-367.

王克建, 郝艳宾, 齐建勋, 等. 2004. 核桃油制取工艺研究概况. 农产品加工, (9):34-35.

王清民, 彭伟秀, 吕保聚, 等. 2006. 核桃试管苗不定根的组织学研究. 西北植物学报, 26(4):719-724.

王晓燕, 张志华, 李月秋, 等. 2004. 核桃品种中脂肪酸的组成与含量分析. 营养学报, 26(6):499-501.

王玉成, 何悦. 2006. 核桃把玩与鉴赏. 北京:北京美术摄影出版社.

魏玉君. 2006. 薄皮核桃. 郑州:河南科学技术出版社.

魏玉君, 罗秀钧. 2004. 优质高档核桃生产技术. 郑州:中原农民出版社.

魏玉君, 朱金山, 王顶门, 等. 2008. 核桃新品种豫丰(暂定名)的选育研究. 安徽农业科学, 36(32):14058-14059.

魏玉君, 朱金山. 2008. 豫丰核桃新品种的性状及栽培技术. 首届中国核桃大会论文集, 147-150.

吴国良, 张志华, 侯立群. 2009. 中国核桃属具特异性状的品种资源. 经济林研究, 27(1):61-64.

吴万波, 韩华柏, 朱益川, 等. 2007. 川西高山峡谷区核桃种质资源表型多样性调查. 经济林研究, (2):42-44.

吴燕民, 裴东, 奚声柯, 等. 1999. 运用RAPD分析麻核桃起源于分类地位. 林业科学, 35(4):25-30.

吴燕民, 裴东, 奚声柯, 等. 2000. 运用RAPD对核桃属种间亲缘关系的研究. 园艺学报, 27(1):17-22.

郗荣庭, 张毅萍. 1996. 中国果树志·核桃卷. 北京:中国林业出版社.

郗荣庭, 张毅萍. 1992. 中国核桃. 北京:中国林业出版社.

郗荣庭，温陟良，张志华，等. 2007. 核桃新品种'清香'的特性研究和评价. 干果研究进展, 1-5.

郗荣庭，张志华，孙红川. 2001. 核桃优良新品种——清香. 河北果树, (4):52-53.

赵宝军，刘广平. 2010. 核桃新品种'辽宁6号'. 果农之友, (1):8.

赵书岗，赵悦平，王红霞，等. 2008. 核桃油脂理化特性与脂肪酸成分的研究. 中国粮油学报, 23(2):85-88.

赵廷松，方文亮，范志远，等. 2007. 早实核桃极早熟新品种——云新高原. 中国南方果树, 36(6):76-77.

赵廷松，方文亮，范志远，等. 2007. 早实核桃新品种云新云林的选育. 中国果树, (4):3-5.

张建国，裴东，张俊佩，等. 2007. 西部经济林用材林品种繁育技术研究. 北京: 科学出版社.

张俊佩，王红霞，高仪，等. 2008. 核桃 (Juglans regia L.) 光合影响因子的研究. 河北农业大学学报, 31(3):33-36.

张俊佩，张建国，裴东，等. 2007. 美国黑核桃嫁接技术研究. 河南农业大学学报, 41(5):522-526.

张美勇，徐颖. 2000. 核桃新品种——鲁丰. 河北果树, (3):13-14.

张美勇，徐颖，杨茂林，等. 2001. 果材兼用型核桃新品种——鲁核1号的选育. 落叶果树, 33(6):3-5.

张美勇，徐颖，王永生，等. 2001. 早实核桃新品种——鲁香育种研究报告. 落叶果树, 33(1):8-9.

张美勇，徐颖，杨茂林，等. 2003. 矮化型核桃新品种岱香的选育研究. 落叶果树, 35(1):4-6.

张美勇，徐颖，刘嘉芬，等. 2008. 核桃新品种鲁果2号的选育研究. 中国果树, (6):3-6.

张美勇. 2010. 核桃大果新品种——鲁果4号. 山西果树, (2):55.

张美勇，徐颖. 2000. 我国核桃无性繁殖技术研究进展. 山东农业科学, (3):48-50.

张雨，董润泉，毛云玲，等. 2009. 核桃新品种维2号选育. 第二届中国核桃大会暨首届商洛核桃节论文集, 107-110.

张雨，董润泉，习学良. 2004. 云南核桃种质资源现状及开发利用. 西北林学院学报, 19(2):38-40.

张艳丽，陆斌，董润泉，等. 2008. 云南核桃优良单株初选. 首届中国核桃大会论文集, 137-140.

张志华，王红霞. 2008. 我国核桃产业发展现状及栽培中存在的问题. 首届中国核桃大会论文集, 16-20.

张志华，郗荣庭，高仪，等. 2004. 早实核桃幼树树相指标及其调控的研究. 河北农业大学学报, 27(6):30-33.

张志华，王红霞，赵书岗. 2009. 核桃安全优质高效生产配套技术. 北京: 中国农业出版社.

张志华，罗秀钧. 1998. 核桃优良品种及其丰产优质栽培技术. 北京: 中国林业出版社.

张志华，郗荣庭，高仪，等. 2006. 河北核桃新品种'艺核1号'. 园艺学报, 2006, 33(3):689.

张志华，高仪，王文江，等. 2001. 核桃果实成熟期间主要营养成分的变化. 园艺学报, 28(6):509-511.

张志华，王文江，高仪，等. 1995. 核桃雌雄异熟性的花芽分化进程. 园艺学报, 22(4):391-393.

张志华，高仪，王文江，等. 1993. 核桃光合特性研究. 园艺学报, 20(4):319-323.

翟梅枝，高绍棠，胥跃平，等. 1999. 晚实核桃新品种——西洛3号. 园艺学报, 26(6):412.

朱益川，韩华柏，吴万波. 2010. 四川核桃及其栽培区划. 四川林业科技, 31(2):21-26.

中文名索引

101007 号 / 122
101022 号 / 122
201017 号 / 123
201041 号 / 123
201045 号 / 124
909012 号 / 124

A

阿本冷核桃 / 166
阿克苏核桃 / 149
爱米格 / 105
奥齐 1 号 / 179

B

白皮核桃 / 141
薄丰 / 47
薄壳香 / 48
薄壳早 / 48
薄麻壳泡核桃 / 141
薄皮核桃 / 141
北加洲黑核桃 / 177
北京 746 / 109
北京 749 / 110
北京 861 / 49
比尔 / 178
波尼 / 187

C

草果核桃 / 155
草果核桃 / 163
长条核桃 / 141
朝天核桃 / 150
陈仓核桃 / 141
楚兴核桃 / 142
川核 1 号 / 50
川核 10 号 / 56
川核 11 号 / 56
川核 2 号 / 50
川核 3 号 / 51
川核 4 号 / 52
川核 5 号 / 52
川核 6 号 / 53
川核 7 号 / 54
川核 8 号 / 54
川核 9 号 / 55
串核桃 / 142
串子核桃 / 147

D

大白壳核桃 / 154
大麻子核桃 / 142
大绵仁核桃 / 142
大泡核桃 / 154
大泡夹绵核桃 / 163
大屁股夹绵核桃 / 163
大沙壳 / 155
岱丰 / 57
岱辉 / 58
岱香 / 58
东部黑核桃 / 178

E

二白壳核桃 / 164

F

方核桃 / 163
汾州大果 / 59
汾州核桃 / 150
丰辉 / 60
丰收 5 号 / 110
凤优 1 号 / 127
扶风隔年核桃 / 143

G

瓜核桃 / 143
挂核桃 / 147
光滑泡核桃 / 143
光皮核桃 / 143

H

哈尔 / 178
哈特利 / 106
寒丰 / 60
和春 6 号 / 61
和上 1 号 / 62
赫核 8 号 / 143
红核桃 / 128
红瓢核桃 / 147
洪宅 1 号 / 188
洪宅 103 号 / 196
洪宅 11 号 / 190
洪宅 13 号 / 190
洪宅 21 号 / 191
洪宅 26 号 / 192
洪宅 28 号 / 192
洪宅 29 号 / 193
洪宅 34 号 / 194
洪宅 35 号 / 194
洪宅 5 号 / 188
洪宅 9 号 / 189
洪宅 99 号 / 195
华山 5 号 / 111
滑皮核桃 / 164
黄龙核桃 / 151
黄泡壳核桃 / 143
会 5 号 / 161

J

鸡蛋皮核桃 / 143
鸡蛋皮核桃 / 164
冀丰 / 62
冀龙 / 167
加查 1 号 / 128
加查 11 号 / 130
加查 16 号 / 130
加查 21 号 / 131
加查 25 号 / 131
加查 29 号 / 132

加查 6 号 / 129
尖尖核桃 / 144
尖尾巴核桃 / 144
尖嘴核桃 / 144
娇迪 / 179
金针 1 号 / 172
晋薄 1 号 / 63
晋薄 2 号 / 63
晋薄 3 号 / 63
晋薄 4 号 / 63
晋丰 / 64
晋龙 1 号 / 64
晋龙 2 号 / 65
晋绵 1 号 / 66
晋绵 2 号 / 66
晋绵 3 号 / 66
晋绵 4 号 / 66
晋绵 5 号 / 66
晋绵 6 号 / 66
晋香 / 67
京香 1 号 / 68
京香 2 号 / 68
京香 3 号 / 69
京艺 1 号 / 172

K

康县白米子 / 144
康县穗状 / 144
康县乌米子 / 144
客龙早 / 70
魁核桃 / 177
魁香 / 70

L

拉兹 / 179
涞水鸡心 / 173
涞水麻核桃 / 175
朗县 1 号 / 132
朗县 10 号 / 134
朗县 14 号 / 134
朗县 19 号 / 135
朗县 27 号 / 135
朗县 35 号 / 136
朗县 49 号 / 136
朗县 52 号 / 136
朗县 7 号 / 133

浪花 / 180
老鸦嘴核桃 / 164
礼品 1 号 / 71
礼品 2 号 / 72
里香 / 72
丽 18 号 / 162
丽 20 号 / 162
丽 21 号 / 162
丽 3 号 / 162
丽 53 号 / 155
丽纹 / 180
辽宁 1 号 / 73
辽宁 10 号 / 78
辽宁 2 号 / 74
辽宁 3 号 / 74
辽宁 4 号 / 75
辽宁 5 号 / 76
辽宁 6 号 / 76
辽宁 7 号 / 77
辽宁 8 号 / 78
龙珠 / 79
陇南 15 号 / 112
陇南 755 号 / 112
露仁核桃 / 144
泸水 1 号 / 164
鲁丰 / 80
鲁光 / 80
鲁果 1 号 / 81
鲁果 2 号 / 82
鲁果 3 号 / 83
鲁果 4 号 / 84
鲁果 5 号 / 84
鲁果 6 号 / 85
鲁果 7 号 / 86
鲁果 8 号 / 86
鲁核 1 号 / 87
鲁香 / 88
绿波 / 88
绿岭 / 89
绿早 / 90

M

M2 号 / 168
M29 号 / 169
M30 号 / 170

M59 号 / 170
M60 号 / 171
M9 号 / 168
马鞍桥核桃 / 145
马汉 / 196
马提笼核桃 / 145
马牙核桃 / 145
迈尔斯 / 180
麦克 / 181
茅山 1 号 / 197
弥渡草果核桃 / 165
米核桃 / 145
米林 1 号 / 137
米林 16 号 / 138
米林 17 号 / 139
米林 8 号 / 138
名特 / 181
母核桃 / 145
慕田峪 6 号 / 112

N

N8-19 / 124
南华早核桃 / 167
南将石狮子头 / 174
娘青核桃 / 165
娘青夹绵核桃 / 165
宁 2 号 / 162
宁 3 号 / 162
牛蛋核桃 / 145

P

帕米尔 20 号 / 182
盘山狮子头 / 174
皮纳 / 181
片马核桃 / 164
葡萄核桃 / 142

Q

奇异 / 182
契可 / 106
强悍 / 182
强特勒 / 105
秦优 1 号 / 113
秦优 2 号 / 113
秦优 4 号 / 114
秦优 5 号 / 114

索　引

青林 / 90
清香 / 106

S

S2-31 / 125
SLZ-13 / 125
三棱核桃 / 147
三台核桃 / 155
沙河核桃 / 114
沙岭 1 号 / 139
沙岭 2 号 / 139
沙岭 3 号 / 139
莎切尔 / 183
山口核桃 / 145
陕核 1 号 / 90
陕核 2 号 / 115
陕核 3 号 / 115
陕核 4 号 / 116
陕核 5 号 / 91
商洛 1 号 / 116
商洛 2 号 / 116
商洛 3 号 / 117
商洛 4 号 / 118
商洛 5 号 / 118
商洛 6 号 / 119
上宋 6 号 / 92
社核桃 / 146
石门核桃 / 152
水箐夹绵核桃 / 165
硕宝 / 92
硕星 / 119
穗核桃 / 142

T

泰 15 / 140
泰 LW / 140
泰 QLB / 140
泰 SSZ / 141
泰勒 / 108
汤姆 / 183

W

WN10-13 / 125
WN10-15 / 126
WN1-2 / 125
WN13-1 / 126
WN16-16 / 126
WN16-23 / 126
WN8-20 / 125
WS1-19 / 126
WS1-36 / 127
WS13-7 / 127
WS2-19 / 127
威斯顿 / 197
维 2 号 / 156
维纳 / 108
温 185 / 93
乌米核桃 / 148
五蕾核桃 / 147

X

西扶 1 号 / 93
西扶 2 号 / 94
西林 2 号 / 94
西林 3 号 / 95
西洛 1 号（原商地 1 号）/ 95
西洛 2 号（原商地 3 号）/ 96
西洛 3 号（原秦岭 2 号）/ 96
西寺峪 1 号 / 120
希尔 / 107
细核桃 / 156
细香核桃 / 156
夏早 / 120
香玲 / 97
橡子核桃 / 148
小核桃 / 166
小红皮核桃 / 166
小夹绵核桃 / 166
小米核桃 / 166
小泡核桃 / 166
新丰 / 98
新新 2 号 / 98
新纸皮 / 99

Y

YLJ023 / 186
YLJ042 / 187
漾江 1 号 / 156
漾江 2 号 / 157
漾江 3 号 / 157
漾实 / 162
漾实 1 号 / 157
漾杂 1 号 / 157
漾杂 2 号 / 158
漾杂 3 号 / 158
野三坡麻核桃 / 175
叶城核桃 / 152
彝 63 / 162
永 11 号 / 158
元宝 / 100
元丰 / 100
元林 / 101
圆菠萝核桃 / 166
圆核桃 / 146
云新 90301 / 158
云新 90303 / 159
云新 90306 / 160
云新高原核桃 / 160
云新云林核桃 / 161

Z

早核桃 / 167
早熟核桃 / 146
枣核桃 / 146
扎 343 / 101
昭鲁 32 / 163
昭鲁 45 / 163
浙林山 1 号 / 185
浙林山 2 号 / 185
浙林山 3 号 / 186
珍珠核桃 / 102
郑州 5 号 / 121
纸皮核桃 / 146
纸皮核桃 / 165
中林 1 号 / 102
中林 2 号 / 103
中林 3 号 / 103
中林 5 号 / 104
中林 6 号 / 104
周至隔年核桃 / 146
左权绵核桃 / 153

拉丁名（汉语拼音）索引

101007 号 / 122
101022 号 / 122
201017 号 / 123
201041 号 / 123
201045 号 / 124
909012 号 / 124

A

Akesuhetao 阿克苏核桃 / 149
Amigo 爱米格 / 105

B

Baipihetao 白皮核桃 / 141
Baofeng 薄丰 / 47
Baokexiang 薄壳香 / 48
Baokezao 薄壳早 / 48
Baomakepaohetao 薄麻壳泡核桃 / 141
Baopihetao 薄皮核桃 / 141
Beijing 746 北京 746 / 109
Beijing 749 北京 749 / 110
Beijing 861 北京 861 / 49
Bill 比尔 / 178
Boni 波尼 / 187

C

Caoguohetao 草果核桃 / 163
Chandler 强特勒 / 105
Changtiaohetao 长条核桃 / 141
Chaotianhetao 朝天核桃 / 150
Chencanghetao 陈仓核桃 / 141
Chico 契可 / 106
Chuanhe 1 川核 1 号 / 50
Chuanhe 10 川核 10 号 / 56
Chuanhe 11 川核 11 号 / 56
Chuanhe 2 川核 2 号 / 50
Chuanhe 3 川核 3 号 / 51
Chuanhe 4 川核 4 号 / 52
Chuanhe 5 川核 5 号 / 52
Chuanhe 6 川核 6 号 / 53
Chuanhe 7 川核 7 号 / 54
Chuanhe 8 川核 8 号 / 54
Chuanhe 9 川核 9 号 / 55
Chuanhetao 串核桃 / 142
Chuanzihetao 串子核桃 / 147
Chuxinghetao 楚兴核桃 / 142

D

Dabaikehetao 大白壳核桃 / 154
Daifeng 岱丰 / 57
Daihui 岱辉 / 58
Daixiang 岱香 / 58
Damazihetao 大麻子核桃 / 142
Damianrenhetao 大绵仁核桃 / 142
Dapaohetao 大泡核桃 / 154
Dapaojiamianhetao 大泡夹绵核桃 / 163
Dapigujiamianhetao 大屁股夹绵核桃 / 163
Dashake 大沙壳 / 155

E

Erbaikehetao 二白壳核桃 / 164

F

Fenghui 丰辉 / 60
Fengshou 5 丰收 5 号 / 110
Fengyou 1 凤优 1 号 / 127
Fenzhoudaguo 汾州大果 / 59
Fenzhouhetao 汾州核桃 / 150
Fufenggenianhetao 扶风隔年核桃 / 143

G

Guahetao 瓜核桃 / 143
Guahetao 挂核桃 / 147
Guanghuapaohetao 光滑泡核桃 / 143
Guangpihetao 光皮核桃 / 143

H

Hanfeng 寒丰 / 60
Hare 哈尔 / 178
Hartley 哈特利 / 106
Hechun 6 和春 6 号 / 61
Hehe 8 赫核 8 号 / 143
Heshang 1 和上 1 号 / 62
Honghetao 红核桃 / 128
Hongranghetao 红瓤核桃 / 147
Hongzhai 1 洪宅 1 号 / 188
Hongzhai 103 洪宅 103 号 / 196
Hongzhai 11 洪宅 11 号 / 190
Hongzhai 13 洪宅 13 号 / 190
Hongzhai 21 洪宅 21 号 / 191
Hongzhai 26 洪宅 26 号 / 192
Hongzhai 28 洪宅 28 号 / 192
Hongzhai 29 洪宅 29 号 / 193
Hongzhai 34 洪宅 34 号 / 194
Hongzhai 35 洪宅 35 号 / 194
Hongzhai 5 洪宅 5 号 / 188
Hongzhai 9 洪宅 9 号 / 189
Hongzhai 99 洪宅 99 号 / 195
Huanglonghetao 黄龙核桃 / 151
Huangpaokehetao 黄泡壳核桃 / 143
Huapihetao 滑皮核桃 / 164
Huashan 5 华山 5 号 / 111
Hui 5 会 5 号 / 161

J

J. hindsii 北加洲黑核桃 / 177
J. major 魁核桃 / 177
J. nigra 东部黑核桃 / 178
Jiacha 1 加查 1 号 / 128
Jiacha 11 加查 11 号 / 130
Jiacha 16 加查 16 号 / 130
Jiacha 21 加查 21 号 / 131
Jiacha 25 加查 25 号 / 131
Jiacha 29 加查 29 号 / 132
Jiacha 6 加查 6 号 / 129
Jianjianhetao 尖尖核桃 / 144
Jianweibahetao 尖尾巴核桃 / 144
Jianzuihetao 尖嘴核桃 / 144
Jidanpihetao 鸡蛋皮核桃 / 143
Jidanpihetao 鸡蛋皮核桃 / 164
Jifeng 冀丰 / 62

Jilong 冀龙 / 167
JinBao 1 晋薄 1 号 / 63
JinBao 2 晋薄 2 号 / 63
JinBao 3 晋薄 3 号 / 63
JinBao 4 晋薄 4 号 / 63
Jinfeng 晋丰 / 64
Jingxiang 1 京香 1 号 / 68
Jingxiang 2 京香 2 号 / 68
Jingxiang 3 京香 3 号 / 69
Jingyi 1 京艺 1 号 / 172
Jinlong 1 晋龙 1 号 / 64
Jinlong 2 晋龙 2 号 / 65
Jinmian 1 晋绵 1 号 / 66
Jinmian 2 晋绵 2 号 / 66
Jinmian 3 晋绵 3 号 / 66
Jinmian 4 晋绵 4 号 / 66
Jinmian 5 晋绵 5 号 / 66
Jinmian 6 晋绵 6 号 / 66
Jinxiang 晋香 / 67
Jinzhen 1 金针 1 号 / 172
Jodie 娇迪 / 179

K

Kangxianbaimizi 康县白米子 / 144
Kangxiansuizhuang 康县穗状 / 144
Kangxianwumizi 康县乌米子 / 144
Kelongzao 客龙早 / 70
Kuixiang 魁香 / 70

L

Laishuijixin 涞水鸡心 / 173
Laishuimahetao 涞水麻核桃 / 175
Lamb 浪花 / 180
Langxian 1 朗县 1 号 / 132
Langxian 10 朗县 10 号 / 134
Langxian 14 朗县 14 号 / 134
Langxian 19 朗县 19 号 / 135
Langxian 27 朗县 27 号 / 135
Langxian 35 朗县 35 号 / 136
Langxian 49 朗县 49 号 / 136
Langxian 52 朗县 52 号 / 136
Langxian 7 朗县 7 号 / 133
Laoyazuihetao 老鸦嘴核桃 / 164
Leavenworth 丽纹 / 180
Li 18 丽 18 号 / 162
Li 20 丽 20 号 / 162

Li 21 丽 21 号 / 162
Li 3 丽 3 号 / 162
Li 53 丽 53 号 / 155
Liaoning 1 辽宁 1 号 / 73
Liaoning 10 辽宁 10 号 / 78
Liaoning 2 辽宁 2 号 / 74
Liaoning 3 辽宁 3 号 / 74
Liaoning 4 辽宁 4 号 / 75
Liaoning 5 辽宁 5 号 / 76
Liaoning 6 辽宁 6 号 / 76
Liaoning 7 辽宁 7 号 / 77
Liaoning 8 辽宁 8 号 / 78
Lipin 1 礼品 1 号 / 71
Lipin 2 礼品 2 号 / 72
Lixiang 里香 / 72
Longnan 15 陇南 15 号 / 112
Longnan 755 陇南 755 号 / 112
Longzhu 龙珠 / 79
Lufeng 鲁丰 / 80
Luguang 鲁光 / 80
Luguo 1 鲁果 1 号 / 81
Luguo 2 鲁果 2 号 / 82
Luguo 3 鲁果 3 号 / 83
Luguo 4 鲁果 4 号 / 84
Luguo 5 鲁果 5 号 / 84
Luguo 6 鲁果 6 号 / 85
Luguo 7 鲁果 7 号 / 86
Luguo 8 鲁果 8 号 / 86
Luhe 1 鲁核 1 号 / 87
Lurenhetao 露仁核桃 / 144
Lushui 1 泸水 1 号 / 164
Luxiang 鲁香 / 88
Lvbo 绿波 / 88
Lvling 绿岭 / 89
Lvzao 绿早 / 90

M

M2 M2 号 / 168
M29 M29 号 / 169
M30 M30 号 / 170
M59 M59 号 / 170
M60 M60 号 / 171
M9 M9 号 / 168
Maanqiaohetao 马鞍桥核桃 / 145
Mahan 马汉 / 196
Maoshan 1 茅山 1 号 / 197

Matilonghetao 马提笼核桃 / 145
Mayahetao 马牙核桃 / 145
Mceinnis 麦克 / 181
Miducaoguohetao 弥渡草果核桃 / 165
Mihetao 米核桃 / 145
Milin 1 米林 1 号 / 137
Milin 16 米林 16 号 / 138
Milin 17 米林 17 号 / 139
Milin 8 米林 8 号 / 138
Mintle 名特 / 181
Muhetao 母核桃 / 145
Mutianyu 6 慕田峪 6 号 / 112
Myers (Elter) 迈尔斯 / 180

N

N8-19 / 124
Nanjiangshishizitou 南将石狮子头 / 174
Niangqinghetao 娘青核桃 / 165
Ning 2 宁 2 号 / 162
Ning 3 宁 3 号 / 162
Niudanhetao 牛蛋核桃 / 145

O

Osage County 1 奥齐 1 号 / 179

P

Pammel Park 20 帕米尔 20 号 / 182
Panshanshizitou 盘山狮子头 / 174
Paradox 奇异 / 182
Peanut 皮纳 / 181

Q

Qianghan 强悍 / 182
Qinglin 青林 / 90
Qingxiang 清香 / 106
Qinyou 1 秦优 1 号 / 113
Qinyou 2 秦优 2 号 / 113
Qinyou 4 秦优 4 号 / 114
Qinyou 5 秦优 5 号 / 114

S

S2-31 / 125
SLZ-13 / 125
Sanlenghetao 三棱核桃 / 147
Santaihetao 三台核桃 / 155
Serr 希尔 / 107

Shahehetao 沙河核桃 / 114
Shaling 1 沙岭 1 号 / 139
Shaling 2 沙岭 2 号 / 139
Shaling 3 沙岭 3 号 / 139
Shangluo 1 商洛 1 号 / 116
Shangluo 2 商洛 2 号 / 116
Shangluo 3 商洛 3 号 / 117
Shangluo 4 商洛 4 号 / 118
Shangluo 5 商洛 5 号 / 118
Shangluo 6 商洛 6 号 / 119
Shangsong 6 上宋 6 号 / 92
Shanhe 1 陕核 1 号 / 90
Shanhe 2 陕核 2 号 / 115
Shanhe 3 陕核 3 号 / 115
Shanhe 4 陕核 4 号 / 116
Shanhe 5 陕核 5 号 / 91
Shankouhetao 山口核桃 / 145
Shehetao 社核桃 / 146
Shimenhetao 石门核桃 / 152
Shuijingjiamianhetao 水箐夹绵核桃 / 165
Shuobao 硕宝 / 92
Shuoxing 硕星 / 119

T

Tai 15 泰 15 / 140
Tai LW 泰 LW / 140
Tai QLB 泰 QLB / 140
Tai SSZ 泰 SSZ / 141
Thatcher 莎切尔 / 183
Tom Roe 汤姆 / 183
Tulare 泰勒 / 108

V

Vina 维纳 / 108

W

WN1-2 / 125
WN8-20 / 125
WN10-13 / 125
WN10-15 / 126
WN13-1 / 126
WN16-16 / 126
WN16-23 / 126
WS1-19 / 126
WS1-36 / 127
WS2-19 / 127
WS13-7 / 127
Wei 2 维 2 号 / 156
Wen 185 温 185 / 93
Western 威斯顿 / 197
Wrights C-4 拉兹 / 179
Wuleihetao 五蕾核桃 / 147
Wumihetao 乌米核桃 / 148

X

Xiangling 香玲 / 97
Xiangzihetao 橡子核桃 / 148
Xiaohongpihetao 小红皮核桃 / 166
Xiaojiamianhetao 小夹绵核桃 / 166
Xiaopaohetao 小泡核桃 / 166
Xiazao 夏早 / 120
Xifu 1 西扶 1 号 / 93
Xifu 2 西扶 2 号 / 94
Xilin 2 西林 2 号 / 94
Xilin 3 西林 3 号 / 95
Xiluo 1 西洛 1 号（原商地 1 号）/ 95
Xiluo 2 西洛 2 号（原商地 3 号）/ 96
Xiluo 3 西洛 3 号（原秦岭 2 号）/ 96
Xinfeng 新丰 / 98
Xinxin 2 新新 2 号 / 98
Xinzhipi 新纸皮 / 99
Xisiyu 1 西寺峪 1 号 / 120
Xixianghetao 细香核桃 / 156

Y

Yangjiang 1 漾江 1 号 / 156
Yangjiang 2 漾江 2 号 / 157
Yangjiang 3 漾江 3 号 / 157
Yangshi 漾实 / 162
Yangshi 1 漾实 1 号 / 157
Yangza 1 漾杂 1 号 / 157
Yangza 2 漾杂 2 号 / 158
Yangza 3 漾杂 3 号 / 158
Yechenghetao 叶城核桃 / 152
Yi 63 彝 63 / 162
YLJ023 YLJ023 / 186
YLJ042 YLJ042 / 187
Yong 11 永 11 号 / 158
Yuanbao 元宝 / 100
Yuanboluohetao 圆菠萝核桃 / 166
Yuanfeng 元丰 / 100
Yuanhetao 圆核桃 / 146
Yuanlin 元林 / 101
Yunxin 90301 云新 90301 / 158
Yunxin 90303 云新 90303 / 159
Yunxin 90306 云新 90306 / 160
Yunxingaoyuanhetao 云新高原核桃 / 160
Yunxinyunlinhetao 云新云林核桃 / 161

Z

Zachetao 枣核桃 / 146
Zachetao 早核桃 / 167
Zacshuhetao 早熟核桃 / 146
Zha 343 扎 343 / 101
Zhaolu 32 昭鲁 32 / 163
Zhaolu 45 昭鲁 45 / 163
Zhelinshan 1 浙林山 1 号 / 185
Zhelinshan 2 浙林山 2 号 / 185
Zhelinshan 3 浙林山 3 号 / 186
Zhengzhou 5 郑州 5 号 / 121
Zhenzhuhetao 珍珠核桃 / 102
Zhipihetao 纸皮核桃 / 146
Zhonglin 1 中林 1 号 / 102
Zhonglin 2 中林 2 号 / 103
Zhonglin 3 中林 3 号 / 103
Zhonglin 5 中林 5 号 / 104
Zhonglin 6 中林 6 号 / 104
Zhouzhigenianhetao 周至隔年核桃 / 146
Zuoquanmianhetao 左权绵核桃 / 153